建筑院校学生毕业设计指导

[日] 日本建筑学会　编
刘云俊　译

中国建筑工业出版社

著作权合同登记图字：01－2009－3522号

图书在版编目（CIP）数据

建筑院校学生毕业设计指导 /（日）日本建筑学会编；刘云俊译.
北京：中国建筑工业出版社，2009
ISBN 978-7-112-11567-9

Ⅰ.建… Ⅱ.①日…②刘… Ⅲ.建筑学－毕业设计－高等学校－教学参考资料 Ⅳ.TU

中国版本图书馆CIP数据核字（2009）第204765号

Japanese title:『卒業設計の進め方』

Original Japanese language edition
Published by Inoueshoin Publishing Co., Ltd., Tokyo, Japan

本书由日本井上书院授权翻译出版

责任编辑：刘文昕
责任设计：郑秋菊
责任校对：兰曼利

建筑院校学生毕业设计指导
[日] 日本建筑学会 编
刘云俊 译
*
中国建筑工业出版社出版、发行（北京西郊百万庄）
各地新华书店、建筑书店经销
北京嘉泰利德公司制版
北京建筑工业印刷厂印刷
*
开本：787×1092毫米 1/16 印张：$11^3/_4$ 字数：295千字
2010年6月第一版 2016年9月第二次印刷
定价：40.00元
ISBN 978-7-112-11567-9
（28882）

前　言

2005年12月，日本建筑学会关东支部规划专门委员会在讨论下年度活动计划时，召集了2004至2006年度的主任和干事，确定了两个活动方针。一是将《通用设计集成》计算机数据库化，该项目的实施情况已于2007年4月发布在日本建筑学会关东支部的官方网站上。从通用设计具有的普遍意义以及学会活动为社会作贡献这一角度出发，我们决定要无偿地向公众提供相关科技信息。活动方针中的第二项即是本书《建筑院校学生毕业设计指导》的出版。

本书的出版恰逢各大学组织学生进行毕业设计的紧张阶段，我们把解决"如何引导学生探讨设计理念"和"每年都应该传达的基本思想"等问题作为本书编写的出发点。虽然规划和设计的教育方法会因每所大学的教育方针不同而各异，但要传达给学生的内容则有许多基本的共同之处。遗憾的是，迄今为止我们还未见到将"如何进行规划和设计"的共同内容加以归纳总结的出版物。

有鉴于此，我们组织相关的院校和设计事务所——他们也都是日本建筑学会的成员，共同研讨了有关规划和设计实施方法的基本事项，其目的是将这些内容加以整理，作为即将着手进行毕业设计的学生的教材。

"现代建筑评价专门委员会"一向把从规划学角度评价建筑作为其研究活动的中心内容，考虑到本书通用性的特点，在出版前与该委员会的主任服部岑生先生和干事西村伸也先生商议，由其下属部门"规划设计教育WG"来申请立项出版。为使本书能在短时间内出版，二位先生竭尽了全力。除了出版小组各成员之外，还承蒙诸多人士提供宝贵的原稿和照片，借此机会谨表由衷的谢意。本书从构思到出版，前后费时不过短短的1年10个月，全赖井上书院关谷勉社长及编辑部石川太章氏的热心组织，也是各位编委和诸位编者共同努力的结果，在此一并表示深深的感谢。

规划设计教育WG主任　广田直行

2007年11月

本书结构及使用方法

我们的目的是想把本书编写成一部建筑专业学生案头的常备书。如同本书的英文名称“STEPS TOWARD THE DIPLOMA DESIGN”所表达的意思那样，其日文书名「卒業設計の進め方」也传达出本书编者试图以即将跨入毕业阶段的学生为主要对象的意愿。

首先，为了让学生明了毕业设计的程序和注意事项，3个部分各自冠以“1设计”、“2准备”和“3作业”等标题，讲述了毕业设计中的方案制订、准备和实施方法。其中内容涵盖了建筑学的各个领域，甚至包括野外作业和制作各种图像，都进行了全方位的指导。希望读者能在进行毕业设计之前，大致浏览一下这些内容，并在进行毕业设计的各个阶段依据书中内容随时对自己的方案和设计加以改进。

“4探寻”，则列举了可为读者探索设计理念时作参考用的社会性话题，对其中的一些专题作过精细调查的研究者还介绍了各自的观点。这些内容，不仅适用于毕业设计，而且对于一、二年级的大学生进行各类课题的主题探索也具有重要的参考作用。

“5毕业设计案例”，系由亲身参与的毕业生介绍自己做毕业设计时的个中甘苦。如与协助设计的低年级同学的关系、日常的睡眠和饮食以及毕业设计完成前的反复斟酌与尝试等。目的在于使读者能近距离观察到毕业设计制作的全过程及人间的众生相，自己也从中得到借鉴，并让制作中的各种苦闷得以全盘释放。

“6参考资料”，是为了在本书的基础上做进一步探索而准备的附录。如果加入适当的主题，这些资料对于进行毕业研究的读者来说，无疑也是一座宝贵的数据库。

如果本书能够对正要踏入毕业设计阶段的读者在考查建筑本质方面有所帮助，并付诸实践，创作出自己满意的毕业设计，则吾等幸甚矣。

规划设计教育WG编辑委员　佐藤将之

2007年11月

编委会

[目录]

1 设计

2 准备

3 作业

4 研讨

5 毕业设计案例

6 参考资料

1 设计

1 何谓设计

研讨如何确定设计的概念和实现目标的手法

如果给建筑的设计下一个简单的定义，就是选择需要设计的对象和确定该对象建筑要实现的目标。可以说只要选对了实现既定目标的最佳方法，就一定能实现目标。因此，为了制订建筑设计方案，首先必须从选择设计的对象开始。选择设计对象伊始，便已进入设计阶段。当然，设计对象不是胡编乱造出来的，从设计的角度看，对象的选择是有条件的。

在进行设计之前，首先应该找出设计对象都存在哪些必须解决的课题以及有多少疑点。而且，要搞清楚通过设计希望取得什么效果、未来将如何演变，以及可预见到的反命题等等。下面所列举的是在设计过程中为设定课题和实现目标而应研讨的项目。

研讨如何确定设计课题和实现目标的手法

- 应解决的课题及是否存在疑点
- 是社会性课题还是私人课题
- 是否有应实现的具体设计目标
- 是否限定设计实现的时间
- 是否已开始研讨实现设计目标的手法

如果一时找不到合适的设计对象，碰到这种情况，我们给出几点提示。

重视"意外"的经历

说到发生事故的规律，有一条有名的"海因里希法则"。这条法则表明，一次重大事故的背后，让人体验到紧张感的几率是29次；而感到意外的几率是300次。但在毕业设计方面，应该说恰恰与此相反：辗转反侧思考岂止300次！不仅要想相同的问题，还须变换角度去考虑这些问题。其中的29次或许与设计相关，余下的则只能作为关键词来加以提示。通过改变视角，也许就会顿时大悟：啊，就是它了。从而得到一个满意的方案。不过这需要花费些时间，因此平时脑子里的问题意识是很重要的。

作为问题意识的来源，既有社会性的课题，也有非常个性化或私人的课题；但其中多是个人兴趣的产物。在这里，我们希望读者多多从个人经历中发现问题意识。

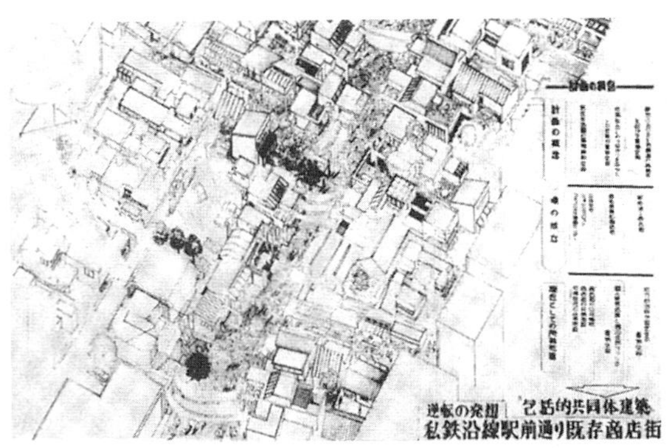

图—1 日本建筑学会设计竞赛（"购物空间"、1978年佳作、笔者）

即使从小处着眼，其印象亦十分重要

从儿时的回忆、对遥远故乡的思念和脑海中残留的印象里有时会发掘出值得设计的课题。利用这一方法，往往可通过对比来发现问题。在大都市与地方小城的对比中，则会给人留下立体的印象。进而，还可以参照其地理位置以及相关的复杂的历史知识，最终确定具体的目标。

立体的夜间标识

• 通过隧道前后设置的AM · FM电波对外播放的"黑木町观光指南"（1620Hz）
• 季节音及标志信息的设计（五月的鲤鱼幡和风车声）

图—2 小处着眼的例子（通向城内的入口方案、2006年、井原研究室）

确定设计的目标

我们终于迈出了第一步。容易把目标设定得过于夸张，或许是毕业设计的通病。当我们反观毕业设计中前辈集体创作的获奖作品时，却几乎没有一件是他们力所不逮的。我们从2006年的作品中随便拣出几件，如"图书 × 住宅"、"断面"、"可活动的多层小学校"，不仅标题平淡无奇，而且概念也算不上激进。也许赶不上时髦，但却平易近人，让人体会到一种草根的问题意识。

即使在处理有关城市和住宅的问题时，诸如“住宅区问题”、“市区的改造”等也似乎成了新出版物的常见标题。这些作品虽然题目听起来让人诚惶诚恐，却未弄清问题所在，也看不出问题是如何解决的。与其如此，莫不如就身边出现的问题提出解决的办法和方案似乎更容易一些。

从常见的风景和周围的景观中，发现一点儿问题并不难，所谓“思考莫离身边事”就是这意思。

在近年来的毕业设计中，给人感觉大型的设计方案越来越少。学生们观察事物的眼光更加敏锐，类似那种在经济成长期大都市中屡见不鲜的开发项目已经不多，即使在城市中也不得不紧紧盯住自己的脚下来寻找灵感。对泡沫时代有着充分了解的领导者们似乎也认清了这一点，经常会把一些新的观点昭示给大众。由于设计方案的目标设定也是时代的一面镜子，因此对自己的脚下进行充分探索的作业自然不可或缺。

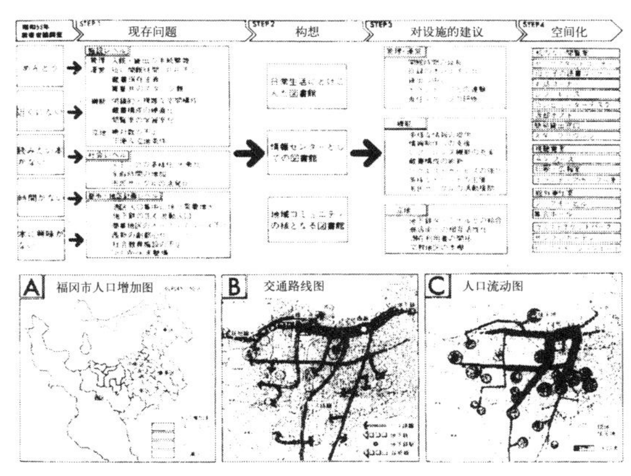

图－3 设计目标确定一例（日本建筑学会设计竞赛："公共图书馆"，1981年）

以一个方案为目标

制作设计方案的乐趣之一，就在于能找到一种符合设计的最佳方法。在将设计方案中效果图的形象变换成建筑物的过程中，个体之间表现出很大的差异。对于建筑方面的经验较少的学生来说，不能期待他们会创建出新的空间系统和产生多元化的空间。

因此，只要能想到一个方案或找出一种方法就可以了。即使并未掌握什么新颖的设计手法，但如果能把一些普通的设计手法巧妙地加以组合，也完全可以使问题迎刃而解。为了到达目的地，哪怕绕上一点路也是值得的。

还有一种方法，就是多花些时间和精力，几个人在一起反复讨论。刚开始差不多“99%是假说”，将可能的设计条件悉数列出，也许做不到100%，但其中的99%都是指向目标的。随着设计条件列举得越来越多，问题点也变得突出起来，最终将会从中发现必要条件。我认为，通过条件的重点选择，一定能够找到解决问题的方法。

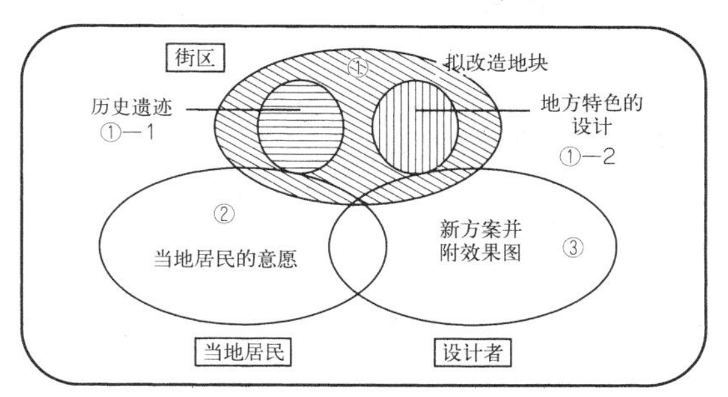

图－4 具有地方特色的设计方案（1997年、井原研究室）

着眼于现实确定设计方案

可以说作为设计方案的主题，大多都非常抽象，与主题有关的设定条件也不明确，因依据不足、条件少，所以提出的假说自然也就站不住脚。总之，不绞尽脑汁想出的主题就一定是抽象的。这是由于在设计开始阶段，对问题点和课题的发掘都不充分的缘故。如果确定的主题过于抽象，最好是能够试着找出确立这一主题的理由。

对主题及其确立的条件加以润饰和补充是完全必要的。这些需要润饰和补充的各种要素，也都始于建筑物的用途和所在地块。

作为标明设计方案方向性的要素之一，“地块”显得尤为重要。“地块”是设计对象要实现的场所，要将自己的设计理念付诸实施，既定的地块应该是实现这一理念的最佳位置。然而，现实中的地块除了要受到周边环境和所处位置的限制外，还有被称为地方特色的守护灵，用以昭示本地固有的问题点和方向性，因此在多数情况下制订的规划须据此加以修正。换句话说，就是要将很容易自我满足的设计方案，踏踏实实地植根于当地的风土之中。

在经济成长期，建筑类作品中的大多数都在模仿著名建筑师的设计，近年来这种情况已日渐减少。随着信息化时代的到来，如今的作品从形式到内容也变得越来越多样化。因此，时代要求我们必须做到，从起步阶段开始就具有强烈的创作欲望。

自己动手找到适当的方法，以解决那些显而易见的问题点和课题，并使之空间化，这就是毕业设计所追求的目标。为此，在对所有的方法进行反复的斟酌与尝试的过程中，我们所要达到的目的不过是回到毕业设计的起点，即目标设定是制订设计方案的重要步骤。

（井原彻）

2 用途设计

■不受限于建筑用途种类

在确定设计目标时，建筑用途对于建筑物的功能和所起的作用具有重要的指向性意义。

刚刚升入四年级，在寻找“毕业设计主题”的答案时，得到的回答基本都是美术馆和博物馆这些建筑种类，其中的大多数似乎出自建筑师的制图考试题。对于学生们来说，尚搞不清设计主题与建筑用途的区别，在脑海里浮现出来的往往是以前曾见到过的建筑种类和建筑用途，并把这些混同于设计方案的主题。因此，不是 × × 设施，而是该设施所包含的内容和功能。如果再进一步具体地提问，我们的答案也是排列出各单项功能名称的设施。从单项功能的建筑到具有多项功能的建筑，如果仅用建筑种类加以说明的话，尽管也是一种个人的诠释，会略显不足；然而，现实的情况是大多数人不仅对建筑用途不太清楚，而且经常把建筑用途与设施名称相混淆。

毕业设计中存在的问题是，不是要给作为设计对象的建筑从法的角度设置一个标准，以成为某种固定形态的建筑物；而是要弄清楚自己设计的建筑物到底是一座具有何种用途的建筑物，都有什么样的功能。因此，还必须回答“为什么现在需要这样的建筑用途”之类的问题。总之，给设计方案的创立以充足的理由，是设计行为的底气所在。

建筑物所体现的建筑用途，在不同的时代多少有些差异。作为公共设施，往往会冠上给人以亲切感的名称。此外，由于在建筑用途上使用的外来语，其含义不甚明确，有时竟被解读成多种定义，以致引起混乱。由此可以看出，建筑用途具有“名副其实”的性质，在制订设计方案时是一个必不可少的要素。

从“名副其实”的说法，可以认为建筑用途也是建筑的使用者对建筑内容的宣示。而且，在建筑用途中还承载着建筑物所在地区的环境状况、历史沿革和文化积淀等元素，因此在设计时必须深思熟虑。如果建筑用途已经确定，对于设计方案来说，由于设计者本人完全清楚设计所要达到的目的，而且企划和构想部分也已条分缕析，那么便可以认为完成了设计工作的一半。

接下来在考虑建筑用途应具备的各种条件时，则须明确诸如“由谁”、“在何时”、“出于什么目的”和“用什么及怎样使用”等问题。

所谓“由谁”是指使用的主体；“在何时”是说建筑物的使用目的会因时而异；“出于什么目的”和“用什么及怎样使用”则决定了目的和方法。鉴于上述，我们希望读者在制订建筑物的设计方案时，能够先弄清“由谁”、“出于什么目的”、“使用什么”、“怎样使用”这一系列问题。

假如你在脑海里还无法形成建筑物的具象效果，那就有必要再深入一步地思考下面的问题：“是谁将使用它”、“那是一个什么样的人”等有关使用主体方方面面的属性。如果使用主体者已经明确，又知道了使用的时间等要素，就能够想到出于什么目的了。

表 —1　变更用途及房间扩建案例（1983 年、井原研究室）

① 1952～1961 年		② 1961～1974 年		③ 1975 年～至今	
室名	活动	室名	活动	室名	活动
和室	插花 女子学习班 编织	和室 A·B	茶道·花道 书法·着装 俳句 育儿教室	和室 A·B	老年班 花道·茶道 和服·着装 赋诗·民族舞蹈 民谣
				学习室 1	西服裁剪 手袋缝制·娃娃
				学习室 2	编织·流苏花边 儿童绘画
				学习室 3	少儿书法 民俗讲座
讲堂	农产品评比 研究成果发布会 电影放映	讲堂	大众综合班 公民馆结婚典礼 领导者研修会	讲堂	剑道·乒乓球 民间舞蹈
家政教室	改善生活	料理室	烹饪讲座	烹饪室	烹饪讲座
				图书馆	闲置

■建筑用途有日常和非日常之别

说到建筑物的用途，因建筑种类的不同其用途也各异。有的建筑物平时经常使用，有的建筑物或许一年也用不了几次。不过，即使是一年用不了几次的建筑物也不能说没有必要。

就算是一年仅仅使用几次，也是一种连续具有重要意义的用途，亦即所谓非日常性用途。

因此，在考虑建筑物的用途时，我希望读者要注意建筑物的使用频度。因为只有考虑建筑物的使用频度，才能如刚刚讲过的那样，在某种程度上类推出一座建筑物的用途具有怎样的意义。

关注建筑物的使用频度问题，不仅不否定建筑的本质存在，而且还肯定其非日常的存在性。如果属于日常性的建筑，我们会从日常的心理层面去考虑，这对于思考建筑物的用途似乎并不是没有意义的。

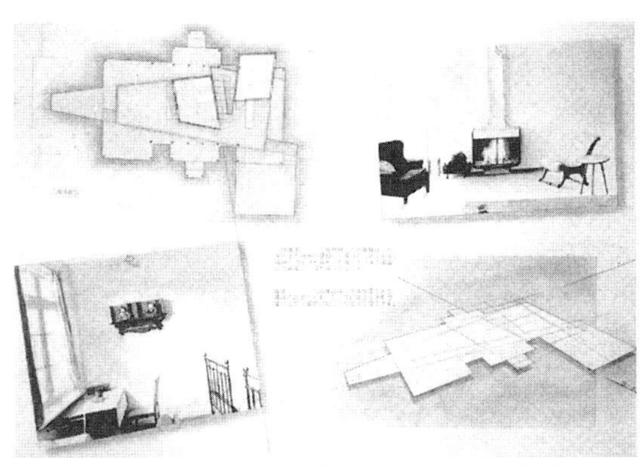

图－1　以住宅的"日常和非日常"为主题的毕业设计案例（1999年、井原研究室）

主要用途和辅助用途

建筑用途当然不止一种。对于建筑物来说，我们该怎样看待其主要用途与其他用途之间的关系呢?

可以这样认为，如果一种用途具有补充主要用途的功能，通过几种用途的相互配合有时便会产生某种新的用途。

在大学生的毕业设计中，人们耳熟能详的主题例子无非是"美术馆"和"艺术中心"之类。即使在这两者之间也同样存在着建筑用途上的差异。

从"美术馆"的一个用途，自然能够引申出"艺术中心"也具有"美术馆"的用途；不过，再进一步地探究，我们会发现各种用途也是相互影响的，并最终会导致用途的复合化。这样一来，一种已超越从前"美术馆"的新的用途诞生了。据此，我们还能够认定这是一种与旧有的概念完全不同的用途。

我们在如此思考建筑用途时，不可只盯住建筑物的单一用途，最好以新用途所具有的意义去透析几种用途，与此同时再把各自设计的主题具体化到设定的建筑用途上。

超出设想之外

如果试着考察一下在现实生活中存在的建筑物用途，固然能够发现有些正在使用的建筑物其用途与当初设计者的意图是一致的；但是，也有不少的建筑物用途与最初设计时的用途毫不相干。情况就是如此，有时建筑用途也不得不随着时间的流逝而改变。

表－2　变更用途和扩建房间案例（1983年、井原研究室）

	① 1952～1961年	② 1961～1974年	③ 1975年～至今
事务管理	室名　面积　（%）	室名　面积　（%）	室名　面积　（%）
	办公室 20.35m² (9.66)	办公室 14.04m²(5.55) 管理人室 13.68m²(5.41) 厨房 9.72m²(3.84)	办公室 26.46m²(3.75)
	小计 20.35m²(9.66)	小计 37.05m²(14.65)	小计 26.46m²(3.75)
小组学习		和室A·B 37.05m²(14.65)	和室 A·B 70.56m²(10.00) 会议室 41.80m²(5.93) 学习室 A 44.60m²(6.32) 学习室 A 45.90m² (6.51)
		小计 37.05m² (14.65)	小计 202.86m² (28.75)
全体集会	礼堂 121.03m²(54.42) 舞台 10.60m² (5.03) 休息室 13.97m²(6.63)	礼堂 98.80m² (39.08)	礼堂 155.5m² (22.04) 仓库 12.39m² (1.76)
	小计 145.6m² (69.08)	小计 98.8m² (39.08)	小计 167.87m²(23.8)
技术学习		厨房 26.64m² (10.54)	厨房 67.3m² (9.54) 图书室 28.6m²(4.05)
		小计 26.64m² (10.54)	小计 95.9m²(13.59)
其他	其他 44.82m²	其他 52.89m² (20.92)	其他 224.69m²(31.85)
	总建筑面积 210.77m²	总建筑面积 252.82m²	总建筑面积 705.41m²
利用者	务农者 青年团体	本地妇女团体 青年团体	普通市民·学生 妇女·儿童
内容	讲演会 发布会	各年级讲座中心	小组活动中心
相关事项	·建筑物与中学合用 （家庭科教室·和室） （公民馆·礼堂）	·扩建仓库 ·有时用作中学礼堂	·中学校园开放 （1977年～） ·毗邻小学校游乐场开放
事务馆	分担农协事务 + 公民馆事务	青年团体·妇女团体事务 + 公民馆事务	小组·团体事务 + 公民馆事务
建筑概况	·木结构平房 ·占地（学校校园内）	·木结构平房（使用旧木料） ·占地（租赁）217.725坪 （1坪约合3.3m²—译注） ·管理人居住	·2层钢筋混凝土结构 ·占地（市属）1023.25m²

当你设想到竣工的建筑物在历经多年之后也许会变更用途时，就能够自觉地将这一点吸收为设计的要素。

（井原彻）

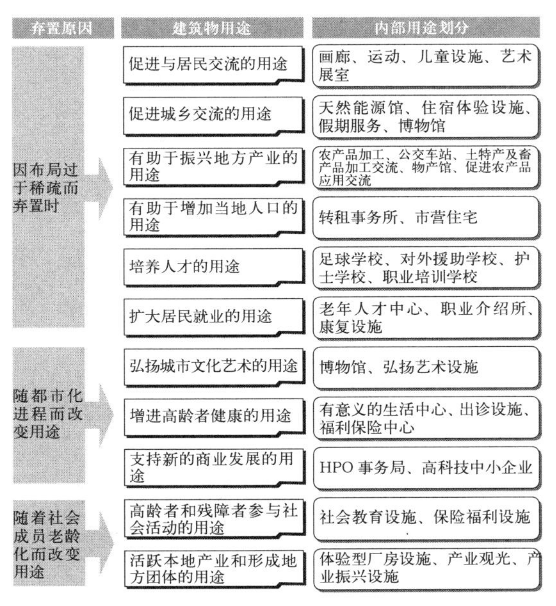

图－2　设想的随地区条件变化而变更的建筑用途案例（2006年、井原研究室）

3 规模设计

规模设计

在毕业设计的作品中，其方案的提出大都基于自由的想像，难得体现建筑学方面的制约条件。然而，在一定的场合，充满幻想或许正是毕业设计的特色。

有时我们发现，一些作品为了刻意表现建筑学的元素，或过于夸张而无端地扩大建筑的规模，或反之，为了追求迷你效果而将规模设计成最小化。

不管怎么样，有一点是可以肯定的：既然建筑是具有功能的，那么设计的建筑规模就应与它的功能相匹配。

规模标准与适当规模

一个充满幻想的设计方案，其中既有突出的部分，也有含蓄的部分。在考虑建筑物的规模时，往往会利用各种与建筑有关的参考书，那里面按不同建筑类别列举了一系列规模数据。例如音乐厅，就分县立、市立、町立和村立等不同场合该是什么样的规模，这即是规模标准。

一般情况下，都将县立设施作为规模参数的平均值，因此可以把这一数据当作设想规模的参照系。

现在，我们再回到设计方案上来看看会是怎样的情形。这时，首先要研究作为设计设想的规模，它的依据都有哪些。而且，还必须确保适当的规模，以满足自己设计的建筑用途上的要求。

从确定适当规模的角度着眼，现列出如下几点意见供读者参考。

1 建筑的利用者数目和利用频度、社会性根据

把住宅排除在外，在利用者为不特定多少的情况下，设想的规模要与利用者数目对应。笼统地说，就是看看利用者中真正利用的人到底能占多大比例。先从估算利用人数开始，然后再根据每个利用者的规模要素来进行规模设计。

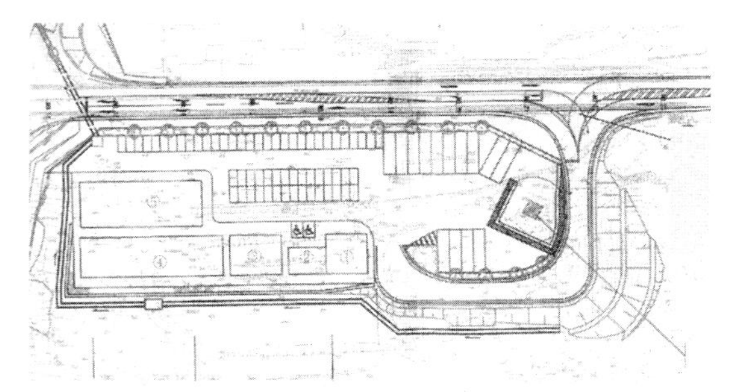

图-1 "公路车站"规模计算讨论方案一例（2007年、井原研究室）

尽管每一用途在概略地均摊到1名使用者后的规模是已经指标化了的，但有时也很难确定自己设想中的建筑物到底会有多少使用者。因此，作为目标设定的权宜之计，不得不依靠假设。

在制订毕业设计的设计方案时，如果面对的目标设定是含混不清的，那么对应的规模设计也很容易流于粗糙。

表-1　公厕规模汇总

	数据来源	便器数					
		男（小）	男（大）	女	儿童用	残障者用	合计
A	据《设计要领建筑设施编》中之计算公式	4	1	5	1	1	12
B	据《普通道路休憩设施编》中之图表（《公路车站便览》）	10	3	10	—	—	23
C	据《设计要领休憩设施编》中之图表（附设商店的休憩区）	8	3	11	1	1	24
D	据《设计要领建筑设施编》中之图表	10	3	13	1	1	24
E	据统计的日本公路车站的平均值	9	3	11	—	2	25

以上图表系在归纳此前有关公厕规模的相关数据的基础上，又结合各种设计指南和设计规范及现有调查结果编制而成的。

2 对规模诸元值的讨论

要设想到底有多少人并采用什么方式利用设计中的建筑。简而言之，应该求得利用行为所需的尺寸和幅度，这并非像在按比例尺缩小的地图上指指点点那样轻而易举。

设计的建筑空间，必须具有可满足利用者活动需要的规模，进而还要有与建筑物的各种功能相匹配的动线空间规模。设计的空间本身就留有余地；但是也有这样的建筑，留出的完全是一片空地，以待将来有新的功能需要时再进行设计。

每一用途和功能的规模诸元值，在多数情况下都没有包含关联空间和辅助空间。因此，在确定每一用途的规模时，必须注意一定要留有充分的余地。

在讨论每一用途的规模时，为使建筑用途的功能得以充分展现而留出的空地，也同样要求与功能相关。

■ 对未来交通流量的推测
* 公路车站预定启用时间设想为大约（2008 年度）10 年后。
→未来 2018 年的交通流量：28200 台 / 日

■ 停车台数的讨论结果
① 简易停车场的停车台数…小型车 40 台、大型车 9 台（日本国土交通省）
② 利用临时设施的停车台数…小型车 20 台、大型车 5 台（香春町）
↓
☆ 公路车站所需停车场规模…小型车 60 台、大型车 14 台、残障者用车 2 台

■ 关于公厕规模的讨论结果
☆ 公路管理者（国土交通省）设置的公厕（24 小时开放）规模…男（小）便器 10 个男（大）便器 3 个、女便器 10 个、小儿便器 1 个、残障者用便器 1 个

图-2　停车场及 WC 规模草案一例（2005 年、井原研究室）

3 设想规模及其效果（设计规模、社会效益、经济效益）

作为规模系统的设计，如果在讨论建筑用途的基础上能够设想其所应具有的规模，我希望读者还应讨论一下设定的规模会有怎样的效果。这里提到的效果，并非不能从实际利用率的角度进行评价和分析；但对于对象地域来说，更应该把设计中的建筑放在社会意义和时间要素的大背景下进行审视。例如，假设某种规模的建筑是必要的，也应对其作时间和效益方面的评估，即是否要进行一揽子的设计，还是根据情况分阶段地进行设计，并能够逐次地对每个阶段的设计做出修正，以使其更符合实际情况，据此深入到设计方案的方向性研究中去。

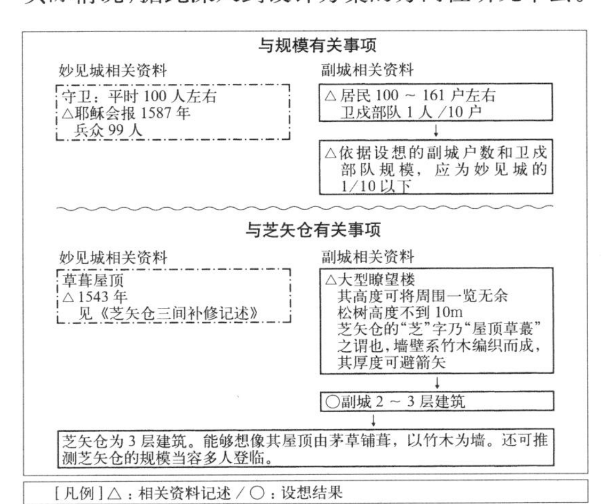

图-3　历史建筑的规模设想和贴近现代方案一例（1997 年、井原研究室）

■规模设计与地域的关系

在进行规模设计时，对作为设计对象的地域作细致的考察是十分重要的。这时不能单纯地依赖各种数字，而是要把地域作为一个扩展的空间来对待。在地域这个大空间里，包含着山川和道路等地理条件，这些都是对如何利用具有很大影响的要素。作为制订设计方案对象的地域，几乎都位于现实的地理空间内，并成为规模设计中的判断依据。

为了判断规模设计而要做的准备之一，就是须以各种各样的视角去分析设计对象。这是一种多角度看问题的方法。有时，必须援引多个领域的知识和观点来研讨面对的课题，诸如自然和地理的特点、道路方面的物理特征、人口的密集程度和人文的视角等。从设计对象地域的现状调查中，经常遇到跨专业进行讨论并提出各自观点的场面。

要从宏观上观察对象地域的整体状况，从微观上考察特色地域。通过了解自治会等团体的形成过程和高龄者所占的人口比，把地域空间不仅仅当作规模设计的对象地域。只有依靠对地域整体的印象，才能做出更合适的规模设计。

■规模设计和设计效果

在设想设计规模时，作为一种对比，常常会被问到设计效果问题。

设计方案的制订，必须以获得“脚踏实地的设计”为目标。因为设计方案是不能靠画饼充饥的。其中常见的错误是设计方案本身的超标准膨胀，这一错误源自规模设定的失当。针对于人体尺度（human scale，衡量建筑物及外部空间时以人体为标准的尺度。——译注）这一术语出现了“超尺度”的说法。在建筑领域，我们都将具体问题具体处理。

如果在按照规模设计设想规模时出现了超尺度的情况，就必须坦言承认梦幻中的情景与自己要描绘的景象是有区别的。因此，为了使效果、规模和尺度三者相互对应，就有必要再一次审查设定规模的依据都有哪些。规模设定的依据需经常审查。笔者希望，设计者应经常向自己发问：“到底有多少人利用这座建筑”、“把建筑规模设定如此程度的依据是什么”、“规模是否适当”、“这是象征性的规模吗”等。

在有些情况下，要标示出各种建筑用途所占有的大致的面积比。与制订设计方案相比，确定整体的规模结构似乎过于繁琐。有时，设计方案中的效果图就显得过于典型化和巨大化了。其中的症结恐怕在于设定的规模不适当，而规模又是与特定用途相对应的。所以，必须让设计方案的用途与设想的功能处于结构上的平衡状态。

在制订设计方案时，规模设计作为其中的项目之一，甚至会对建筑物的形象效果产生很大影响。因此，在实际操作中不能凭空臆断，而应充分考察作为设计对象的地域相关状况及其与设想建筑用途之间的关系，以适当的方式进行设计方案的条件设定。

（井原彻）

4 配置设计

■地块选择和配置设计

通常的设计，无论是住宅还是公共设施，都是先存在物理空间上的地块，然后再具体地进行设计作业。然而，大学里组织的毕业设计，在出题时只是一个设计课题并附有设计条件，由设计者本人选择相应的地块进行设计。在这种情况下，有时会明示（不得不明示）具体实存的地块；有时则是虚拟的地块。其中既有整块的地块，也有分散在不同地点的多个地块。

毕业设计时利用的地块，应该由设计者本人或同小组的其他成员来选择。那么，究竟在哪一阶段确定设计用地呢？对此，不能一概而论该在什么阶段。为什么？这是因为自设计立案阶段起，在具体确定建筑物用途等作业过程中，有时能够确定符合设计内容的设计用地；有时决定的只是针对作为概念的某个设计用地进行设计，而后续的操作也建立在这一决定的基础上。

然而，无论是实在的地块还是虚拟的地块，都是一个包含规模、形状和环境条件等要素的地块。只要我们对在这一地块上的什么位置、营造一座什么样的建筑以及这座建筑有多大（体量）等课题进行了讨论并最终作出决定，就可称为配置设计。选择地块的步骤不止一个；但对于已经确定的地块来说，都属于将设计内容具体化的最初作业。

■了解地块

建筑师宫胁檀曾经说："设计一座单体住宅，就是求得最适合仅存的一处地块的解。[1]" 作为毕业设计的主题，一般不会选择单体住宅，设定的形形色色的主题衍生出的建筑可能性将会得到无限扩展；对地块的想法也是一样的。基于以上的理由，在进行设计的同时深入了解地块的状况就显得十分必要；岂止是地块，在设计过程中，连地块与外部（周边情况）的关系也须了如指掌（图－1）。

在过去的设计课题中或者已经做过，在这里将有关收集地块具体信息的方法再简要介绍如下。

1 在地块及其周边漫步

边漫步边查看和了解地块各种状况。

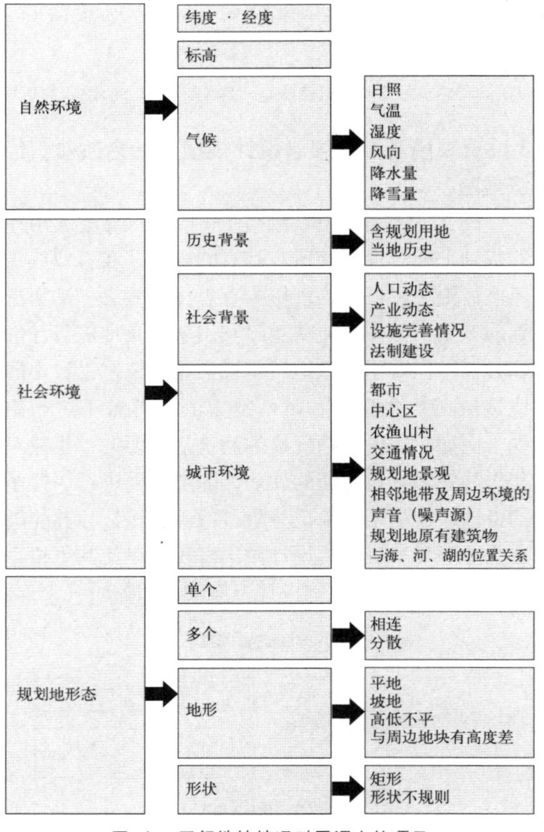

图－1　了解地块情况时需调查的项目

2 实测（步测）

以地块图纸（城市规划图等）为基础，实际测量地块内的物体（现有建筑、围墙和树木等）位置和高度、周围道路的宽度及地块的面积。事先应知道自己步幅的准确长度，用步数计算走过的距离，把握地块整体规模。

3 拍照

对地块的中心区域和自中心起的全景以及周围环境进行拍照。

4 把信息集中在一起

包括图－1中的调查项目在内，把上面1～3项收集到的与地块有关的信息（也包括地块图纸）都贴在一张大纸上。凡是在观察地块的过程中留意到的事，无论巨细全部记录下来（日照、风向、声音、周围建筑物的分布状况等）。把各种信息集中在一张纸上，制作成了解地块的信息库。

■配置设计作业

所谓配置设计作业，就是研讨地块利用的方案，将效果图立体化后，在确认其体量的基础上，制作研究模型。

在建筑物的布置方面，应以地块的现状（形状、规模、绿地和地块内建筑物等）为基础来进行设计。与此同时，还要搞清通往地块的入口、切入位置和行经路线。然后，在研讨地块内可能建立的动线（主要动线及辅助动线等）阶段，开始进行设计空间的划分。

在制作研究模型时，其中规划地的周边建筑物和绿地等要提前布置好。在掌握与地块有关的法规等设计条件的基础上，确定一个假设的体量（可制成盒状），然后揣摩在这个地块内到底能够布置多大的建筑；如果设想的建筑在这里无法安排，原因是什么。用于估算体量的可以是封闭的盒子，也可以去掉底和盖。如果是后者，会出现这样的情形，即当盒子重叠时则上下空间是相通的。归根结底，这样做的目的都是为了把握地块可布置建筑的体量，并能够通过这种方式在一定程度上捕捉设计目标的具体映像。在相同的空间内，可采用各种各样的布置和排列方式，并由此改变了原有体量的大小。因此，以同一个地块为对象，可以制作出很多种模型。最后把从中选定的模型拍成照片，附在前面讲过的那张集中信息的大纸上。

在地块形状不规则、凹凸不平或为坡地的情况下，应先制作地块模型。因为仅凭记忆和照片往往难以把握地块的整体状况。如果是坡地，最好在设计时能考虑到平地以上的断面状况。

图－2 中的研究模型是一个初步设计方案。根据规划用地的实际情况，道路通过的场所由箭头加以标示，然后试着把设计对象建筑物的主体空间布置在中央。接着，把设施功能的重要性和设想的空间估算成一个假设的体量，按照其重要程度配置在设计对象地块内，这一过程均由模型演示出来。这是一个平面扩散配置的例子，但在演进的过程中，空间体量逐渐具体化，其配置亦较初期的设计方案有了很大变化。

（安藤淳一）

［参考文献］

1）『眼を養い 手を練れ　宮脇檀住宅設計塾』宮脇塾講師室編著，彰国社，2003

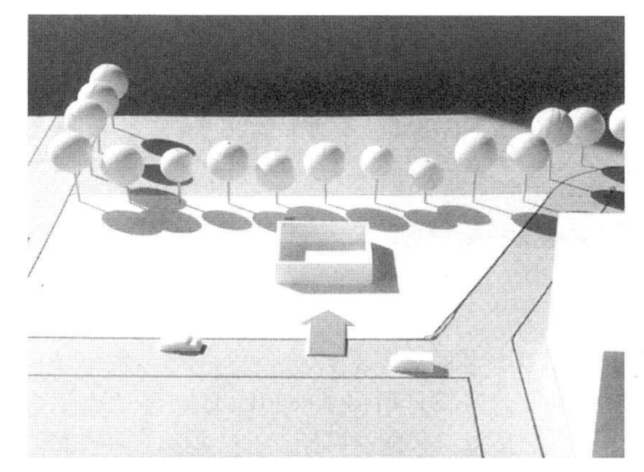

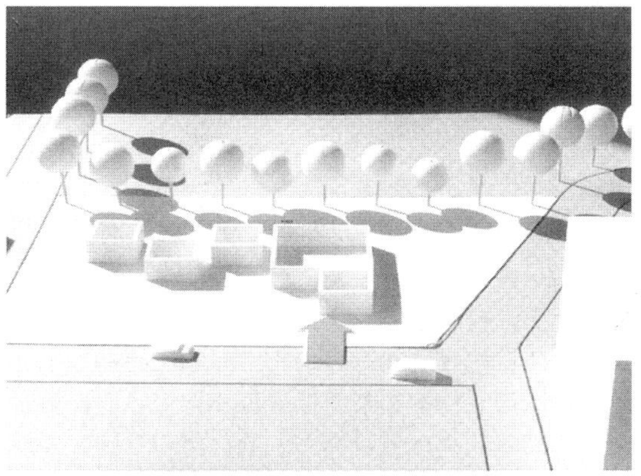

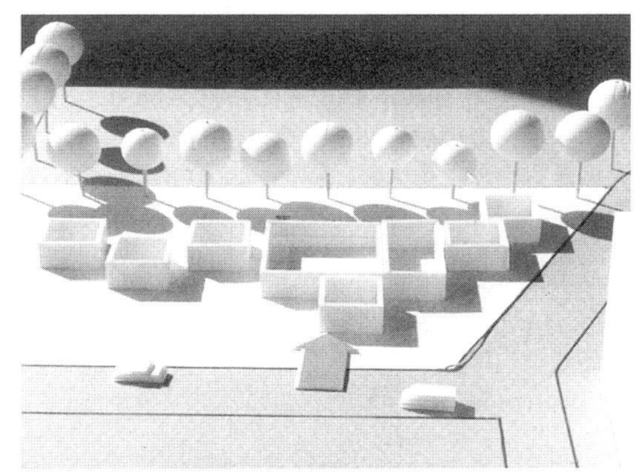

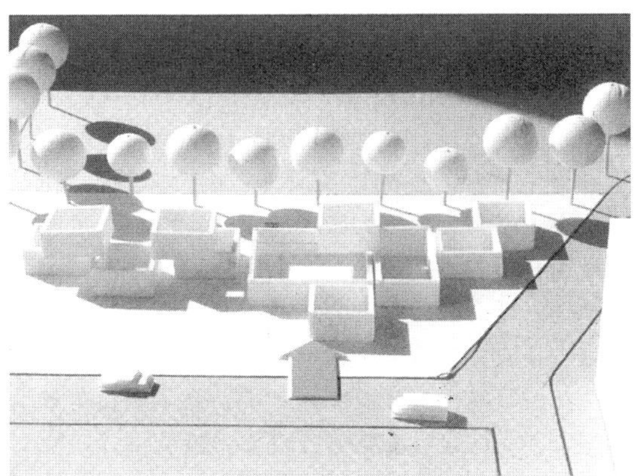

图－2　初期配置设计方案（学生作品）

5 功能设计

何谓功能图

编制建筑设计所要求的功能图是一种图式化作业，它是指将头脑中模糊存在的抽象空间映像，化作关键词和表示功能的单词或短语提炼出来，在独立思考这些词语相互关系的基础上再将其进行有机的组合或分离，最后制成图表。这也是设计初期阶段的作业之一，功能图在表示关系性上不牵扯具体的空间大小。

在编制功能图的初期阶段，关键是需确定必要功能（要求功能）[1]。首先，要在建筑整体形象的基础上，提炼建筑物所要求的功能。采用这里说到的方法，把凡是能设想到的空间和房间都一一提出，然后把它们框起来。接着再分别给它们标上表示具体功能的名称，成为指定的房间和空间，最后用线条将相关的框框连接起来。认为相互关系强的用粗线连接，关系弱的以细线连接。

下面要进行的是对局部的研讨。例如，把主要功能部分或类似于补充主要功能的管理部门那样的功能也同样提出，并用线条圈起来形成一个个框框。在反复进行这样作业的过程中，建筑的整体形象会越来越清晰，并最终固定下来。可是，功能图尚不能直接变成平面图。为了建造建筑物，还需要由此开始进行润饰，使其更加丰满。换言之，功能图可以看做是建筑物骨骼的展现。

在设计实务中的地位

我们在社会中进行的设计作业都是根据客户（设计委托人）附带种种设计条件（限制）的建筑规划来提出功能图，功能图则具体地表达了设计者将会提交一个怎样的建筑设计方案。作为功能图，从个人住宅到大规模的城市规划，其对象千差万别。在设计招标的场合，会有多个设计的竞标者向同一个委托人提交设计方案。目前，有些场合会给竞标者宣讲其设计方案的机会的，但也有仅需提交设计文件和图纸的情况。可以这样说，为了能当场对设计理念和具体设计方案进行宣讲，能从设计图纸上理解，或让委托人能够理解和领会，理念固然是根本，而要将理念明确表现出来，功能图则起到重要的作用。

功能图编制的对象

毋庸赘言，设计就是“确定要制成一件怎样的东西”[2]。在设计过程中，作决定和进行评价是其中不可或缺的要素。

毕业设计有时是个人独自进行，有时则由数人组成的团队参与。如果是团队，从设计的初期阶段开始，就采取一边讨论一边决定想法和方向性的形式，或是由成员分别提出方案，再从中取舍。在以大家的理念制作功能图的过程中，要把团队成员不同的想法归纳起来，然后决定和评价设计的方向。从这个意义上说，团队形式也具有信息交流的长处。如果彼此的认识和观点是共有的，还有必要进行再确认。

在个人独自进行时，同样有必要像团队那样，通过一边自问自答一边制作功能图这样一个过程进行再确认。对于自己确立的理念和设计条件，应结合研讨内容作出暂时的决定和评价，使之成为一个连续的步骤。如此周而复始，一定会产生问题点和局限性，从中发现原来不知道的东西。对发现的问题点和局限性必须一点一点地加以解决。

与以前的设计作业（设计课题）不同，对于设计条件，在逐步完善建筑物形象（总体设计）的过程中，必须进行多次的决定和评价作业。在这样的设计程序里，个人所做的设计其方向性是否有错误，应该以第三者的眼光进行评判。实际情况是，许多人都往往要经历一个从终点回到起点的过程。在确认的作业中，就应该返回到一开始编制的功能图上去。设计时，像下面那样反复的程序是很重要的。

PLAN → DO → SEE[2]（英文大意：反复斟酌设计方案。——译注）

在逐一决定头脑中正在考虑的事情时，关键之处就在于经验和知识、灵感的闪现以及个人趣味[1]。在进行设计作业时，要收集许许多多与设计条件有关的信息，然后从中选择取舍哪些可用哪些不可用。要生发现存建筑所没有的理念，靠的是问题意识。因此，“既然意识到了，就要不断地考虑意识到的问题”，“应针对问题积累知识”[3]。

此前的设计作业（设计课题）似乎也包含着同样的内容，但与毕业设计不同，是以个人问题意识生发出来的主题为基础，连构成前提的条件设置也是由个人决定的。这里还有一点与前面讲过的有很大区别，即使是由自己作出的决定，也会生出许多枝节，或许可称为毕业设计的独特之处。因此，功能图就是将头脑中考虑的问题图式化后制成的图表，希望读者能把它作为一种工具，用来对头脑中思考的内容进行再确认。

下面的 2 张图是根据作为幼儿保育教育设施而进行规划的设计课题绘制的功能图。图 −1 作为草案式的图表，归纳了首要的各种功能（要求功能），并将其置换成头脑里存在又都认可的空间名称，各个空间依相互间具有的关联用线条连接。由于是初步的功能图，因此一望可知系以具象化的主要空间为重点绘制的。

接下来看图 −2，能够理解这是在草案图表的基础上，又以具体的空间名称标示出要求的功能，相对于主要功能还出现了补充主要功能的空间，使功能图内容更加充实，主要空间的相互关系也一点点变得清晰起来。其中还加入了地块条件，在某种程度上，正逐渐形成具体的建筑形象。图中还能看到这当中出现了并不属于草案阶段的“走廊”，在让主要空间具有功能的同时，又将其置于重要空间的位置上。

这样一来，在功能图一点点地扩展其内涵的过程中，有时会出现刚一开始想像不到的空间。即通过把思考中的问题绘制成图使之更加直观，就可以对独立思考的目标对象内容和方向性加以确认。前面已经说过，功能图不一定直接与建筑物产生关联；然而，通过绘制功能图并据此作出决定的过程，便可对设计进行再确认。与此相伴，那种在初期阶段动则消散的主题概念，又慢慢凝聚起来，并得以升华。

（安藤淳一）

［引用文献］

1）『岩波講座　現代工学の基礎　設計の方法論　設計系Ⅲ』畑村洋太郎著，岩波書店，2000

2）『一目でわかる建築計画　設計に生かす計画のポイト』青木義次・浅野平八・木下芳郎・広田直行・村坂尚德著，学芸出版社，2002

3）『発想の論理　発想技法から情報論へ』中山正和著，中央公論新社，1997

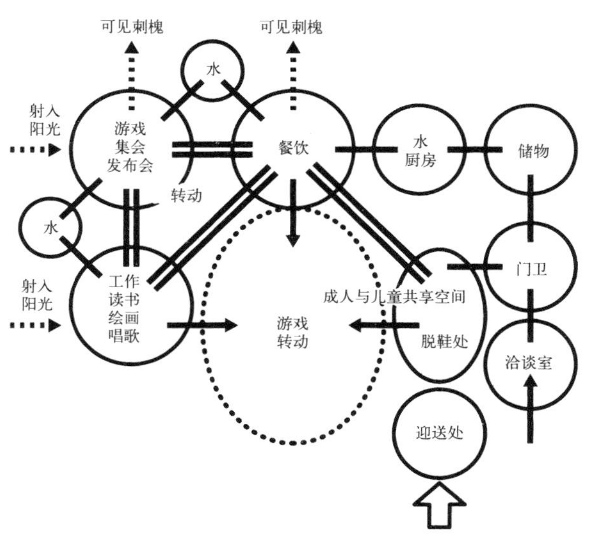

图−1　功能图（草案例）

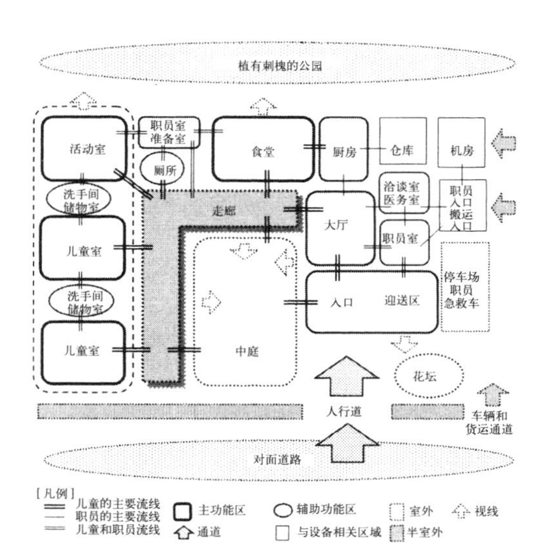

图−2　功能图（由草案发展而来一例）

6 结构设计

■发现“伟大的墙”

这一讲的内容，系关于毕业设计中谋划结构的方法，我想先从如何构思自己的毕业设计讲起。

在学生时代，我也有过做毕业设计的经历。回想起来，当时似乎想把一切并不肯定的各种机会都抓在手里，自然也有小小灵感闪光的时候，这对我后来事业的发展产生了很大影响。因此一件最终完成的毕业设计作品，都应被看做设计者心血的结晶，透过作品可以折射出创作者的情操和趣味。有时甚至匪夷所思：在进行毕业设计创作的过程中竟发现了一个从前并不完全了解的自我！

这时被找到的是一个什么样的自我呢？譬如说，涌现出的想法开始变得飘忽不定，因为总是觉得有一堵不如意的墙挡在自己面前，不久又意识到这堵墙是真实存在的，只要一碰到它就会跌跟头。然而，一旦勇敢地面对它，最终会将这堵墙打破，思想的潮水奔涌而出，就像鼓起风帆的航船，劈波斩浪驶向广阔的自由世界。这里的契机正是那堵墙的存在。如果让我说，毕业设计的意义恰恰也在于，你是否能找到那堵“伟大的墙”并以怎样的姿态对待它。

■毕业设计中的结构设计

在这里，我们要重新考虑毕业设计中的结构设计问题。说到结构，在脑海里很自然便浮现出组成某件东西或建筑物的构造体。如果只是把它贴上技术性的标签而称为“技术性结构”的话，不是太苍白了吗！毕业设计中的“技术性结构”是很难成为那面“伟大的墙”的。

包括毕业设计在内，学生时代设计作品的特点无论多么优秀，大多都没有建立在现实的根基上。例如，竟出现过在空中翱翔的建筑物，宇宙、月亮或消失的冥王星的设计方案。作为毕业设计的作者，认为这些纸上的方案“能够建造”的前提，不过是头脑一热想当然的结果。至于考虑得是否周到，方案可行与否，对他们都不是问题。设计过程中，由于单纯的“技术性结构”并非是实体建筑物所要求的，加之在考虑技术性问题时又缺乏必要的知识准备，因此便难以提出和解决面临的课题。从设计的角度讲，我想他们也许尚未碰到那面让人跌跟头的“伟大的墙”。

例如，了解一下现实情况是什么，能否想像现在就把房子建到月球上去？接着结合历史回顾一下人类都是怎样到月球上去的。人类在开始打算向月球进军时，一定是想尽一切办法获得穿越大气层

的速度，这一速度比音速要高得多。因此，人类必须首先要挑战音障的极限，这似乎是很可怕的一件事。我们知道，在进行音速条件下剧烈震动的实验经历了无数次失败之后，通过对尾翼做微小的调整，才制成稳定性大大提高的“技术结构”，并用于试验飞机上，最终实现了超音速飞行的理想。在这一过程中，人们经历了绝望、思虑、发现、信任、执着和爆发的喜悦。而且，又引发人们产生了更大的梦想。体现这些意愿的是，把人放飞到太空去的水星计划、由此发展起来的双子星座计划和实施月球表面着陆的阿波罗计划都相继出台。

在冲破音障的22年之后，凝聚着人们所有的梦想、智慧和勇气，地球人好不容易——真是好不容易——在月球上降落了。这其中有着许许多多必须克服的“技术性结构”方面的难题。诸如为了打破音障的极限而必不可少的速度计算、为减少空气阻力而采用的弹丸形机体、设法获得更大的推进力、重新返回大气层时的角度及保持这一角度的功能，以及此时剧烈的高温和可承受如此高温的外壳的开发及其装置。由于存在着无数难以克服的“技术结构”壁垒，不要说要在月球上盖房子，哪怕只是产生要去一趟的想法，也算作一面“伟大的墙”。

设计者对建筑物的遐想

其实也用不着费尽心思去找些客套话，对于那些与现实格格不入的学生时代的设计，即使真的打算把房子建到月球上去，这时也无需提出不切实际的“技术性结构”的要求。因为结构设计对毕业设计来说没有太大的意义，倒是应该把关注点放到其他方面去。然而，实际情况又如何呢？

我们仍然以在月球上造房子的毕业设计为例。作为一个绞尽脑汁也无法想像的结构体（所谓“技术性结构”），为了建房子得采用什么方法才能送到月球上去呢？设计者的头脑里想过这个问题吗？自己设想中的建筑到底有多大体量，如果使用航天飞机得需要多少架？不，你想过没有，航天飞机究竟能不能装载得了？这样一来，只能先在地球上制成大小合适的部件，再把部件运到月球上去。或者索性把火箭本身制成建筑物不是来得更方便吗？不过，如果真要这样做，得先调查一下这种形状的火箭是否还能飞得成。假如造出的火箭形状无碍飞行，还须描绘一下都有哪些功能及人们在其中生活的情景。

在月球上做建筑。是的，如果真要这样做的话，就须思考将其变成现实的前提条件。尽管相关内容还十分模糊不清，但人们的想法和观点肯定是多种多样的。而且，这些问题累积的结果，又再成为根本性的主题，重新返回到设计者本人那里。即使克服了所有的障碍把建筑完成，又该怎样理解设计者对此类建筑的考量呢？

组成的结构

对于我自己构思的毕业设计中的“结构”，从大的方面说，我认为有两个意义。其一便是作为实质构造体的“技术性结构”；其二是从目的、立意和程序的角度设立的条件结构。如果将其称为“组成的结构”，我想正是这个“组成的结构”才是毕业设计中要抓住不放的。说到“组成的结构”，对于自身内部与外部社会是怎样结合建立起来的，其想法因人而异。任意驰骋的无限遐想也会不断升华，在我构思毕业设计时曾举足轻重的“伟大的墙”，同样将挡在每个人的面前。（名和研二）

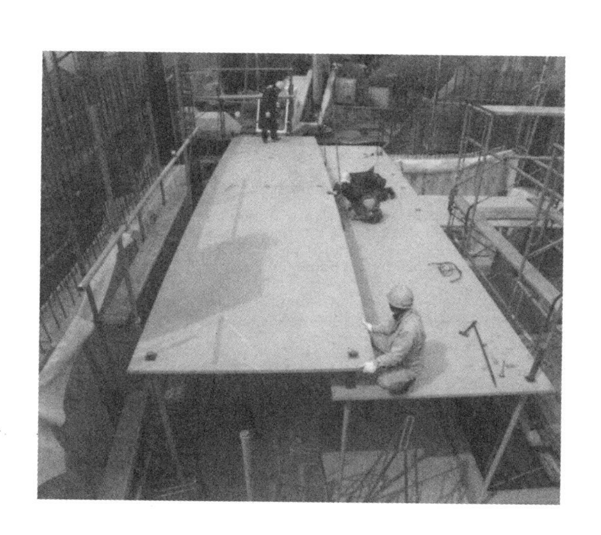

7 设备设计

建筑设备

建筑中的设备往往被看作结构的附属物，但对于健康、舒适和安全等可赋予人们高品质生活的功能来说，却是不可缺少的要素。可以说，正是设备才引发出各种建筑功能，成为承载建筑本质的一部分。建筑和设备就宛如车辆的两只轮子，只有在两者完全协调的情况下，才能称为完整的建筑。即，如果把建筑看作是为了适应种种外部条件和使用条件，以在其中过上舒适、健康和安全的生活的避难所，那其中的大部分功能都是由设备来承担的。对设备做出全面细致的规划和设计，则是充分发挥建筑物功能的必要条件。惟如此，始能提高工作效率并有利于健康保健，并令人有安全感。

除此之外，不应忘记将各种各样的材料用在现今的建筑上，营造出从环境角度看十分大胆的空间也都离不开设备的支持。为了使高层乃至超高层建筑具有相应的使用功能，便须配备搬运和能量供给系统。在完全被玻璃所包围的大空间里，则不得不设置空调系统，以便根据日照和气温等各种天气变化调节室内的温度，营造出舒适的室内环境。现代的建筑设计是以现代的设备创造出来的，只有确切掌握设备方面的知识和真正满足规划条件，才能进行建筑物的设计。

在这里，我们不妨对大学里的毕业设计做些讨论。其中让设备设计与设计内容并行的例子还不多见。不要说给排水配管和电气系统配线，连空调设备和热源机械的配置，都没有图纸可循。甚至难得从毕业设计中找到有关照明设计的内容，而这恰恰与空间设计密切相关。

在毕业设计限定的范围内，如果要触及设备设计的细部或许有一定困难。可是设计一座建筑不像描绘风景那样单纯，因为该建筑具有的功能和建筑相关环境状况也应该通过设计表现出来。因此在做建筑设计时，与设备设计须臾不可分离。一进入设计阶段，就应意识到设备如同人体器官那样，将挂满建筑物的空间内部。建筑功能需通过设备设计才能实现，与此同时，应意识到设备的配置也是建筑空间的存在形式之一，此点甚为重要。

设备设计的意义

建筑设备的设计分为几个阶段。首先，把为满足建筑功能要求和法律要件所必需的设备整理出来。接着，计算各种设备的数量和容量并进行选型。然后需要进行配置设计，包括配管、配电线路和机械安装位置等。此外，因为建筑设备与建筑主体相比使用寿命要短，所以还须在设计中加入有关将来

表 —1　建筑各领域及其作用

建筑领域		功能	拟人化名称
设计		所需的空间和配置 确保充足的采光和通风 内外面美观	体型、容貌
结构		抗台风和地震的结构 增加各开口部强度	骨骼
机械设备	给排水、卫生设备	所需用水、燃气等导入和分配 废水及污物的排放	消化系统
	空气调节设备	新鲜空气的吸入、过滤和分配 污浊气体的排放 温湿度调节	呼吸系统
电气设备	电力设备	接入电源 空调和给排水设备的电力供给 照明、万能插口 发电、蓄电 避雷、设置	循环系统
	通信、信息设备	中央监控系统 火灾自动报警系统 电话、对讲系统、防范设施	神经系统

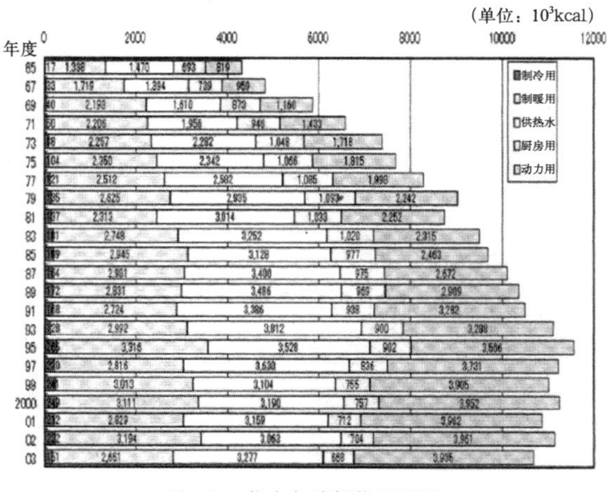

图 —1　住宅年消耗能量预测

改造维修方面的内容。

通过以上设计作业而配置的设备必须保证具有建筑物所要求的功能，这是不言而喻的。从LCC（英文life cycle cost之缩写，意为“生命周期费用”。——译注）和LCE(英文life cycle energy之缩写,意为“生命周期能耗”。——译注)的观点看来，不配置超出必要程度的设备，即“非过犹不及的适当设计”应是我们追求的目标。在提高生活环境水准的同时，必然增加能量的消耗；一座安全性、舒适性和便利性都更高的建筑，也要求支出更多的设备和能源成本。

对此，从全社会的角度出发，不能不把节能和经济作为必要条件置于突出地位。在设备设计中，经常会陷入这样两难的境地却又无法回避，有时必须根据具体情况，从能耗和成本方面对建筑物所要求的功能作出调整。

另外，设备设计并非只是将设备安置在作为骨架完成的建筑主体上，它与结构设计和规划设计也有密切关系。特别是在大型的建筑上，由于人员和物体的移动以及移动的路线在平面设计中占有很大比例，因此诸如自动扶梯和电梯等升降、搬运和避难设备、热源机械、通风管道和管道空间，以及其他各种管线等等，都将通过设备性能和容量对建筑设计产生很大影响。

设备设计多是在规划和结构设计的基础上，再使其具体化的。但是，通风管道和配管与结构体结合，以及安装在墙面、地面和顶棚上（或隐蔽配置）的设备设计等，却并非是后期才进行设计施工的，从建筑设计的开始阶段便应对此作通盘考虑。

表-2 建筑设备项目

给排水·卫生设备	1 给水设备 2 排水设备 3 卫生设备 4 热水供应设备 5 煤气供应设备 6 消防设备 7 厨房设备 8 净化槽设备	电气设备	1 变电用电设备 2 干线设备 3 动力设备、中央监控设备 4 电灯、万能插口 5 照明器具 6 广播设备 7 电话设备 8 有线电视共用设备 9 内部对讲设备 10 其他弱电设备 11 火灾自动报警系统 12 避雷装置
空调设备	1 机械设备 2 配管 3 通风管道 4 换气设备 5 自动控制设备	升降搬运设备	1 电梯、升降梯 2 自动扶梯 3 台架升降设备 4 小型升降设备

设备设计中的课题

随着社会生活水平的提高和工业技术的进步，时至今日，建筑设备所要求的条件也出现了巨大变化。一方面人们越来越关切以地球变暖为背景的社会环境问题，建筑物应该在具有满足当今生活水准的性能的同时，还有义务使设计的建筑具备节能的效应。另一方面，从LCA（英文life cycle assessment之缩写，意为“生命周期环境影响评价”。——译注）的观点看来，不能单纯地着眼于设施运行时的能量消耗状况，对于建筑和设备的性能来说，甚至要从经济性角度考虑从制成到报废整个期间的能耗，以及与此相关的CO_2排放量等。

此外，生活水平的提高及变化和各种设备技术性能的进步，要求建筑物本身也必须适应这种设备形态的变化。建筑物中设备的使用寿命与建筑物本身相比显得非常短暂。根据不同的设备种类，自建筑物完工到拆毁的整个期间，估计对设备的更换和改造需进行多次。近年来，开始流行建筑物可持续使用的观点，追求建筑的长寿命化。在设备设计上,也要求把其使用寿命延长到50～100年。当然，如此遥远的未来几乎不可预测；但是，紧紧跟随世界疾走的脚步，并在建筑和设备的设计上有所反映总是必要的。不要说与设备有关的性能、技术和产品信息，就是电力、煤气、石油和氢等能源供应形态的变化，都市形态的变化和规划及预测，进而与整个国家有关的气候和生活方式的变化……我们都能感受得到，这些也应该在设备设计中有所体现。

建筑和设备的设计必须适应现实社会和生活的发展形势。换句话说，就是要表现“未来建筑物应有的形态”，这是建筑设计，进而也是设备设计追求的目标。要认识到你所提交的设计方案正在创造未来的社会。 （崛 祐治）

图-2 以设备为主体的建筑设计案例
（左图：伦敦劳埃德船舶学会／伦敦，右图：蓬皮杜中心／巴黎）

2 准备

1 何谓毕业设计

■毕业设计所必需的

自远古时期人类诞生在地球上形成村落和城镇开始，建筑具有的改善生活环境的功能就为人们所认识。建筑学是随着历史发展起来的，作为一门科学，早在古希腊、罗马时代便已形成。在最古老的建筑专门书籍维特鲁威（Vituvius，Marcus，公元 1 世纪罗马建筑师。——译注）的《建筑十书》中，便要求建筑师应该精通理论和实践两方面的知识，并对此作了进一步的阐释："建筑师应能文会画，熟练掌握几何学，了解丰富的历史，虚心向哲人请教，通音律晓医术，明白法律专家之所云，还要有点星相学及天文学的知识。"现代建筑学的体系自然非古希腊罗马时代可比，已经变得更加复杂和规范了。然而，看看近年来国际上通行的国际建协（UIA）建筑师技能培训目标计划（表 –1），便可以从中发现，它的主要内容是建立在维特鲁威的古代建筑师技能论基础上的。另外，我们如果找来日本技术人员教育机构（JABEE）印发的《建筑学及相关专业知识技能要件》，也能看到同样的内容（表 –2）。

表 –1　建筑培训的文理科内容及培训目的（UIA）

所谓建筑即有关形成都市环境和都市空间的核心功能。因此，培养作为职能者建筑师的集中培训，至少应包括以下的文理科内容，以及与此相关的常规教育目标中所要求的内容
* 社会、文化和政治上的缘由 * 职能、技术人员和产业上的缘由 * 地区和全球生态上的缘由 * 科学及包括地区一般状况等学术上的缘由 * 国际上的缘由
此外还有，建筑产业、建筑职能、建筑自身方面的国际性发展、电脑和互联网的普及等一系列文理科领域的进步。 教育培训中学习这些文理科知识有以下两个目的
* 培养有能力、有创造性、能批判性地思考问题、具有一定的伦理观念的设计师和建筑施工技术人员 * 熟练掌握相关知识，对生态系统问题敏感，立志做一个负有社会责任的优秀世界公民
由于上述两个目的不存在根本的矛盾，因此无论在学校、培训机构或通过其他途径接受教育，即使是在地理和社会条件以及采用的手段存在明显差异的情况下，都应该以此为最终目标

■开始毕业设计之前

开始毕业设计之前，一般需要有几个准备阶段。首先，如普通设计一样，将自身模拟投影到具象化的空间中去。这样的具象，不是静止的画面，而是作为映像被创造出来的。此时有一点十分重要，即在具象空间中，知觉到的空间与实际空间的融合（在规模和形状上差别不大）。

在建筑的规划和设计的教学中，对实际空间和物体大小的测量一般采用两种方法。一是以尺度把握空间规模；再就是凭知觉了解实际空间大小。必须事先就要知道，到底是通过什么方式把握空间的形状、色彩和大小的。其中，有许多实际空间必须事先凭着强烈的意念去体会。此外，这些空间的结构形式也很重要，即所谓"空间的场面展开"。单靠翻看照片或影像，无论如何也得不到这方面的训练。建筑设计甚至还需要一点故事性，即围绕着既定的总体设计理念，展开一个实现理念的故事。而且为了使这个故事更加丰富多彩，同样需要"空间的场面展开"。为此目的，不仅要做到建筑专业书手不释卷，读点儿文艺小说也是必要的。

■毕业设计的目的及应采取的态度

究竟为什么要做毕业设计呢？一言以蔽之，相对于教学中布置的练习，毕业设计是在为自己做事。既然是自己想做的事，就应该当仁不让，并以全部勇气和信心努力完成它。而且毕业设计还是一次对自我的超越。在建筑师当中，有不少人现在的工作还多少得益于当初的毕业设计，毕业设计是大多数人事业的出发点。这是人生中一件珍贵的记忆。

■毕业设计实务

说到毕业设计与实务的关系，可分为自我设定问题的"构想型"和营造实体建筑的"实作型"。由于构想型仅凭自己的意思进行设计，因此大都是自问自答。思考"所谓建筑到底是什么"、"目前做的事意义在哪里"之类的问题。如果大彻大悟，则将倾其一生致力于建筑事业，且动力源源不断。在实务中，与其说关注重要的结构、设备、阶梯和升降机，莫不如说更多的是在评判新建筑的理念和处理手法。与此相对的是"实作型"的，则将更大的精力放在结构、材料、空间和与人的交往方面，对实务很有信心。作为毕业设计，可从两种类型中任选其一。

毕业设计到了最后阶段，大都会在设计这道坎儿前止步。这时，多数人为制作模型和绘制图纸忙得手足无措，或只顾请周围的人帮助出主意来解决问题。其实到了将来的某一天，这时的讨论和自问自答的经历一定会产生效果。

■何谓毕业设计

从世人的眼光来看，既然是大学建筑专业的毕业设计或研究生院的硕士设计，肯定与现实中正在施工的建筑设计没什么区别：不就是要规划和设计一座能造出来的房子吗？人们普遍认为，要想从大学建筑专业一毕业便成为合格的实务家是完全不可能的，实际情况也确实如此。然而，要真的实现毕业后立刻成为实务骨干的理想并非天方夜谭，只要舍得花时间也不难做到。现在的实际情况是，自大学建筑专业毕业几年之后，才勉强可以从事设计工作。难道社会对建筑专业毕业生所要求的只是具备这样的实务知识和能力吗？显然，为了胜任自己的工作，必须具备最低限度的技能和知识；而要在同行之间讨论问题，专业知识更是不可缺少的。

表－2　建筑学及相关专业技能和知识内容（JABEE）

1 设计：造型及空间创造的基本能力
· 设计构思时的三维思考能力 · 建筑历史及理论、相关艺术、技术和人文学科的应用能力 · 创造可同时满足美和技术要求的设计的能力 · 对影响建筑设计的纯艺术性的理解
2 知识：创造建筑的基础知识
· 世界建筑历史及文化先例的知识 · 有关建筑安全性的知识以及建筑舒适性的知识 · 与建筑有关的哲学、逻辑学和经济学的知识 · 关于环境保护和废弃物处理的知识 · 关于构建生态城市和营造建筑空间的知识 · 对建筑物的社会性影响的理解 · 对建筑师和建筑技术人员职业道德的理解
3 表现手法：以手工和口传信息为主的表现手法
· 通过资料收集和分析技术构思理念的能力 · 通过共同作业和发布技术成果传达理念的能力 · 使用记述、绘制和模型将理念具体化的能力
4 设计：创造空间的专业能力
· 为设定课题、想出解决问题的方法和做出批评性判断而制订策略的能力 · 综合多种要素，以适当的技巧进行创造性设计的能力
5 知识：创造建筑的专业知识
· 从园林营建学、市政设计、地区和城市规划、人口问题、资源等大局着眼的能力 · 结构材料及其生产的技术知识 · 在人工环境的构建中，与设计、施工、健康、安全有关的法规和制度的知识 · 服务系统、交通、通信、维护管理、保全系统的知识 · 在把设计变成现实的过程中施工设计图和说明书的作用以及调整概算的知识 · 有关建筑条件的知识
6 表现手法：以绘制图纸为主的表现手法
· 通过以手工和电脑进行的视觉对象设计将设计意图明朗化并提高设计规划水准的能力 · 理解建筑系由整体和部分组成的构造物，理解和设计细部的能力

那么，社会对建筑设计提出的要求究竟是什么呢？这是一个永恒的主题。如同要回答何谓教育、何谓大学一样，要想在这一小节中得出结论，实在是不堪重任。可是，当我们把问题仅局限于毕业设计时，本节便可以给出自己的定义。社会期待毕业设计能传达这样的信息：设计者对"建筑、城市、社会"有着怎样的思考，添加给"建筑、城市、社会"的是什么样的元素，试图对"建筑、城市、社会"进行多大程度的改善……但愿所有的毕业设计都能对未来的社会发展方向给出一些启示。

如果这样定义的话，有关主题设定、地块选择和方案设计等方面的社会性要求，仅靠建筑知识是无法满足的。还需要读很多书，经常看报纸，旅行和散步，与师长和亲友讨论等，通过这些建筑专业知识以外的学习活动拓展自己的视野。希望读者们能对此有兴趣。

毕业设计是设计者向社会交出的一份答卷，其中的主题和表现方法当然是多种多样的。不过，把这种多样性看做理所当然的事也有几分夸大之嫌。

毕业设计通常不会像实务那样顺顺当当。这是因为对于毕业设计的大作业量，设计者往往还不太适应的缘故。作为设计者本人，脑子里不是经常萦绕着"我的第一件作品要表达什么"这样的问题吗？焦虑和烦恼会始终伴随着自己。然而，截止的那一天迟早要到来，可以说毕业设计就是"继续考虑"与"截止期限"二者的相互争斗，最后"时间"把它们摆平了。

毕业设计首先要确定主题或理念，然后制订方案进行设计，接着绘图制作模型，最后将完成的作品提交上去。可是，"自行设定主题和选择地块的做法"，是从前的课题中所没有的。即通常的做法是，主题和地块已经确定，设计要据此进行。作为毕业设计，主题和地块必须由设计者自行确定。只有让主题和地块的选定与设计一体化地进行，才提高了难度，也变得更有乐趣，并给设计者提供了一个展示个性、思想和世界观的平台。

（胜又英明）

［参考文献］

1)『UIAと建築教育－所見と勧告』UIA建築教育委員会，島田良一仮訳，UIA，2002

2)『建築学および建築関連分野要件の知識・能力等の内容』日本技術者教育認定機構，日本建築学会編，2002

2 日程

■毕业设计与普通课题的区别

在四年级做毕业设计之前，因为要对几个课题进行整理，所以完成课题的操作过程就是一次完整的实践过程。那么，毕业设计与普通课题的区别究竟在哪里呢？具体归纳起来有如下几点。

①由于自己设定主题，因此在构思主题和制订方案方面要花费大量的时间。

②由于建筑物规模较大，提高了设计难度，因此作业量也随之增加。而且需要更多地依靠别人的帮助。

■制作方式

毕业设计由他人帮忙合适吗？也许会有这样的议论。即便是完全独立操作，但为了完成更好的作品而请人协助也是无可厚非的。协助者被称为“助手、顾问、帮手、帮忙的、合作者”，他们可以是学校里的前辈、同学、低年级学生、其他专业的朋友和别的学校的友人等。在设计过程中，可以与他们采取下面的合作方式（图－2）。

独立完成型：全部由1人（或1个组合）完成。

得到协助型：模型和制图部分请别人完成。

合作完成型：组织多人共同设计制作。

不管是那种方式，都各有长短。尤其是在请人帮忙的情况下，与平时的朋友和低年级同学的关系显得十分重要。而且，当确定请他人协助时，人员的日常管理也成为不能不考虑的问题。通常情况下，大都是把模型制作和CAD制图委托给别人完成。

■日程安排

对于毕业设计来说，日程安排是件很重要的事。由于设计规模较大，在制图上就要花去不少的精力。此外在模型、效果图或以CG进行的建筑渲染等方面也会占去大量的时间。因此，有必要先将总体构想提出，然后一边考虑怎样合理地分配时间，一边进行设计作业。

关于日程安排，如表－1显示的那样，分一年作业和半年作业两种模式（即一年内将毕业论文和毕业设计两件事全部做完的例子和只完成前期设计课题和毕业设计的例子），可作为毕业设计的日程安排参考（但由于主题内容的关系，有时或许会改变顺序回到起点）。

这里显示的是长期日程（以月为单位）；从初期到中期阶段为中期日程（以周为单位）；中期阶段为短期日程（以天为单位）；到最后的两周，则进入超短期日程（须以小时为单位）。实际设计作业的每一步都很容易拖后，会影响到最终完成的期限。无论是多么优秀的设计，如果不能圆满地完成

图－1　模型制作

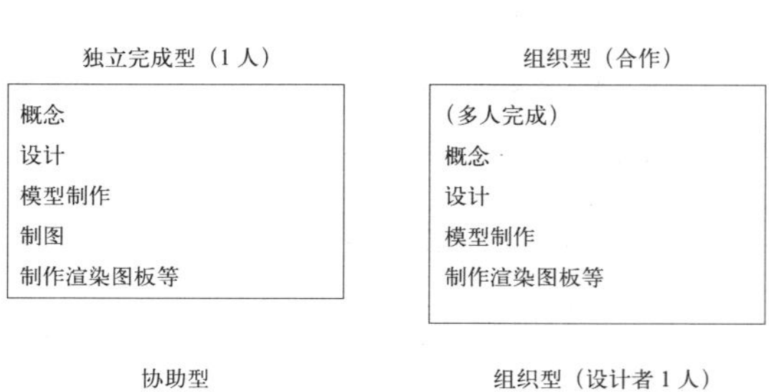

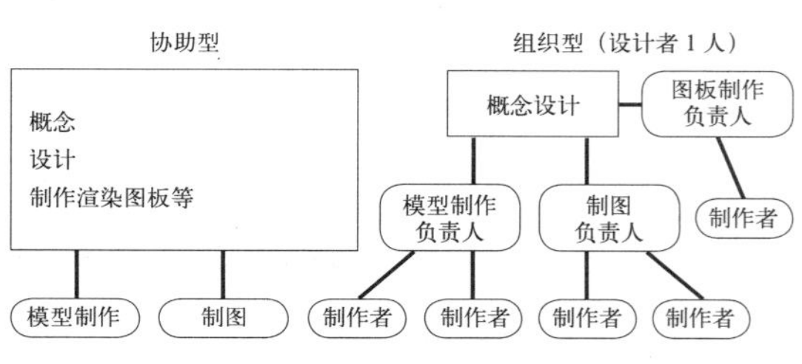

图－2　组织毕业设计制作的方式

最后的建筑渲染，也不可能把其理念传达给他人。因此，坚持由始至终的日程管理应得到足够的重视。

■中期报告意义何在

各所大学都规定，在最终发表毕业设计前须提交中期报告。需做中期报告的理由，是为了对毕业设计的进度和设计的意义进行确认。因此，学生必须在报告中包含如下内容：

- 主题
- 概念和方案
- 地块
- 体量模型

■设计作业拖延的原因

在进行毕业设计过程中，如果发生没有按规定时间完成设计而变得手忙脚乱时，大都出于以下原因。

1 对设计作业所需时间估计不足

对毕业设计所需时间不能预测和对毕业设计作业没有总体把握，往往会使制订的计划漏洞百出。为了防止出现这样的情况，应在毕业设计前向前辈请教。可能的话，最好多请几位前辈予以协助，将他们的意见相互参照，这一点也很重要。此外也可以到设计事务所兼职，一边工作一边学习，在实践中掌握设计作业的正确方法。

2 数据缺失

由于计算机故障而丢失数据的情况最为常见。其中有的数据丢失后再也无法恢复，也有的是因为计算机感染了病毒造成的。为了应对与数据有关的计算机故障，很有必要给数据存储一个小型的备份。一些十分重要的数据要使用外加硬盘存储备份三份。

3 打印错误

提交作品时大多已近截止日期，由于作品的提交过于集中，因此常常会出现打印错误。应对的措施是，要给作品提交时间留有充分余地，并在提交作品之前，在你信任的同学圈子里相互商量。

（和田浩一）

表 –1　毕业设计进度安排一览表

项目	1年	半年
■确立基本方针	4月	8月～9月
■调查 查找文献和论文 现代建筑、毕业设计作品集 过去优秀作品的诠释		
■暂定主题	5月	
■根据需要寻找助手		
■调查 对相关主题建筑物和设计作品的调查 对概念和相似事例的调查 对地块调查 与主题有关的周边情况调查（建筑以外领域）		
■确定主题	6月	10月初
■选择地块		
■制订计划	7月	10月中旬
■绘制概略草图	8月	10月下旬
■制作体量模型	9月	11月初
■中期报告 提示主题、概念、计划和体量模型	10月	12月初
■对方针、主题和概念的再确认		
■绘制详细草图 （有时会变更概念）	11月	
■制作草案模型		
■制图 描图和CAD	12月	12月下旬
■制作最终模型和拍照、绘制效果图		1月初
■制作最终建筑效果图用图板	1月	1月下旬
■毕业设计的汇总和提交		
■毕业设计发布会		2月中旬
■为毕业设计展示会作准备	2月	2月
■毕业设计展示会		
■参加毕业设计作品竞赛 JIA（日本国际建筑设计竞赛。——译注）、日本全国竞赛大奖、建筑学会奖、建筑设计新人奖等	3月～	3月～

图–3　毕业设计发布会现场景象（武藏工业大学）

图–4　准备毕业设计展示会的情形（新潟大学）

3 调查

调查的目的和意义

为毕业设计所做的调查，就是收集设计必需的信息以及对收集到的信息进行分类研究。翻开词典查一下，在“调查”词条下给出这样的定义：“为搞清事物的实际状况和未来的演进所做的研究。”(《大辞源》) 毕业设计中的调查分析对于理解和认识建筑给予社会的影响，以创作出满意的建筑作品和探索必要设计条件的确定及应解决的课题和手法等方面，具有重要意义。

为了探讨主题设定的背景和解决课题经由怎样的途径及使用何种手法，有必要对目前社会状况、对象地区的地理和城市人文特点、交通、历史背景以及现场周边的氛围等进行全方位的调查分析。

信息收集、调查分析内容

1 对毕业设计作品案例的研究

在大学里编纂作品集时，除了要关注以往作品的设计主旨、概念、方案和地块外，尚需多多参考建筑渲染的方法。在出版作品集之前，还应把过去的《现代建筑月刊 · 全国建筑专业毕业设计优秀作品集》(现代建筑社) 作为参照，并参观日本建筑学会举办的毕业设计全国巡展和新人画萃社的展览会，实际观摩展出的作品。从这些展览会的作品布置、作品构成和展示方法中，可以学到不少东西。

2 对典型作品和有争议作品的案例分析

《建筑设计资料集成》(日本建筑学会编：全一册) 和《建筑杂志》(日本建筑学会) 中发表的典型作品和有争议作品的案例分析对搞毕业设计的学生来说，是须臾不可离手的。尤其是《建筑设计资料集成》，系以日本建筑学会为主，经多年编纂修订而成，应将其当作案例分析的“圣经”来运用。在解读这些建筑作品时，基本的做法是，一边着眼于平面图、断面图和特记事项等，一边对分割空间功能、动线、区划及内外观设计等进行空间分析。通过这些分析，确定可成为调查对象的建筑，并在第一时间列入日程计划中去，以适时地进行现场访问调查。

表 –1 《建筑设计资料集成》(旧版) 各领域主题

1 集	环境	声音 / 震动 / 日照 · 日影 / 采光 · 照明 / 色彩 / 炎热 / 空气 / 湿度 / 水 / 放射线 / 火 / 外力
2 集	物品	饮食 · 烹饪 / 休息 · 睡眠 / 如厕 · 洗浴 · 化妆 / 更衣 · 打扮 / 生活管理 / 宗教 · 庆典活动 / 兴趣 · 创作 / 运动 / 演艺 · 演奏 / 教育 / 办公 / 医疗 / 销售 / 生产 / 物流 / 交通 / 音响 · 光学器材 / 设备机械 / 造园
3 集	单位空间 I	人体尺寸 / 动作特点 / 知觉 / 人员集会 / 行为空间 / 便所 / 洗浴 / 洗手间 / 盥洗室 / 厨房 / 餐厅 / 寝室
4 集	单位空间 II	办公 / 集会 · 会议 / 教室 / 阅览 / 工作间 / 美术工作室 / 座席 · 舞台 / 展览室 / 病房 / 诊疗室 / 康复室 / 实验室 · 检查室
5 集	单位空间 III	出入口 / 总台 / 走廊 · 楼梯 / 起居间 · 休息室 / 储藏室 / 车库 / 信息处理室 / 设备机械室 / 饲养 · 栽培 / 体育
6 集	建筑—生活	居住 / 福利 / 教育 / 医疗
7 集	建筑—文化	图书 / 展览 / 演艺 / 集会 / 余暇 / 住宿
8 集	建筑—产业	业务 / 商业 / 农业 / 工业 / 流通 / 交通
9 集	地域	农渔村地区 / 工业区 / 流通 · 交通 / 业务 · 商业区 / 住宅区 / 教育 · 文化区 / 休闲区 / 广场 · 道路
10 集	技术	安全 / 结构 / 结构手法 / 设备 / 标志 / 绿化 / 建筑造型 / 地域特点

3 竞赛应征作品的理念和表现技巧的研究

对有争议竞赛应征作品设计主旨和具体的理念、草图和技术方案等做细致研究，会从中获得不少的启发。此外，学习建筑师的各种表现技巧，可在构思个人毕业设计的图面表现手法和建筑渲染等方面起到重要参考作用。在准备进行毕业设计之前，应尽可能通过各种设计课题和当天的设计把这些表现技巧运用到实践中去。

表 –2 《建筑设计资料集成》(新版) 各领域主题

综合编	1. 构筑环境 2. 室内和场所 3. 空间配置及其方案 4. 地域和生态
环境	1. 人员 · 环境 · 设备 2. 建筑和环境 3. 建筑和设备 4. 地域环境 5. 环境设计案例
物品	1. 生活 2. 趣味 · 运动 3. 教育 · 信息 · 技术 · 医疗 4. 生产 · 流通 5. 设备 · 造园
人员	1. 人员与环境 2. 形态 · 动作 3. 生理 4. 环境 · 行动 5. 集会 · 安全
居住	1. 独立住宅 (传统民居 / 现代住宅 / 文化风俗表现 / 开放住宅 / 重视中间领域 / 关注环境 / 生命阶段变化 / 实现生活方式 / 作为象征的家) 2. 集合住宅 (住户 / 连接 / 多层 / 立体街道 / 高层化 / 配置 / 都市型 / 耐久性与结构方法 / 保存 / 多样性的居住方式)
福利 · 医疗	1. 福利 (福利和设施的体系、地区福利和城市建设、儿童福利、工作环境、残障、智障、老龄者居住 + 工作环境) 2. 医疗 (诊所、牙科医院、休养、温泉医院、疗养所、休养所、儿童医院、精神病院、医院门诊部、急救中心、急救 ICU、传统医院、综合医院、大学医院、病房布局、高级专门医疗、病房标准楼层平面图、临终关怀医院)
教育 · 图书	1. 教育 (学校建筑 / 幼儿园 / 小 · 中 · 高等学校 / 学校合作 · 合并 / 盲 · 聋 · 哑特种学校 / 学校空间) 2. 图书 (国立 / 大型 / 中型 / 小型 / 大学图书馆 / 专业图书馆 / 构成要素)
展示 · 演出	1. 展示 (博物馆 · 美术馆 / 博物馆 / 美术馆 / 科学博物馆 / 展示场地 / 动物园 · 植物园 · 水族馆 / 展览厅) 2. 演出 (歌剧院 / 剧场 / 地方剧场 / 商业剧场 / 电影院 / 多功能厅 / 剧场设计 / 传统剧场 / 露天剧场 / 临时剧场 / 教育设施 / 排练设施 / 爵士乐音乐厅 / 餐厅剧场 / 木偶剧场 / 天文馆 / 电影馆)
集会 社区 服务	1. 集会 (儿童馆 / 青少年中心 / 妇女和老年中心 / 会场 / 公民馆 / 生活学习中心 / 集会设施) 2. 成年仪式 · 婚葬仪式(结婚典礼 / 悼念仪式 / 火葬场 / 骨灰堂 · 墓地 / 神社 / 教堂) 3. 社区服务 (町 · 村公所 / 市政府大楼 / 县政府大楼 / 警察署 · 消防署 / 驻在机构 · 派出机构 / 复合设施 / 国家厅舍 / 中央街区 / 保存再生)
休闲 · 住宿	1. 休闲 (运动系统 / 游乐系统 / 交流系统 / 文化系统 / 自然系统) 2. 住宿 (古典旅馆 / 中心旅馆 / 商业 + 地区旅馆 / 小型旅馆 / 疗养旅馆 / 旅馆 / 公共住宿设施)
业务 · 商业	1. 业务 (概要 / 空间构成 / 小规模 / 高层 / 金融 · 证券 / 广播 · 播音室) 2. 商业 (概要 / 独立店铺 / 出租店铺 / 商品陈列室 / 百货店 / 批发店 / 购物中心 / 商店街 / 复合业态 / 新兴业态)
生产 · 交通	1. 生产 (概要 / 畜产 · 水产设施 / 基础材料型 / 加工装配型 / 与生活相关型 / 能源 · 废物处理设施) 2. 交通 (机动车系统 / 铁路系统 / 航空系统 / 船舶系统)
地域 · 都市 I	1. 都市据点再开发 2. 城市中心改造 3. 中心街区再生 4. 公共设施再生 5. 地域社会规划 6. 生态规划
地域 · 都市 II	1. 城市空间的构成 (城市空间的解读和用语 / 城市空间的广度和密度) 2. 城市空间规划 (环境规划 / 土地利用规划 / 交通规划 / 城市基础设施规划 / 城市安全环境规划) 3. 城市空间设计 (景观设计 / 公共设备设计 / 通用设计 / 环境色彩) 4. 城市设计实施方案 (城市规划 · 开发的法制框架 / 城市开发的构想和规划 / 城市开发的运作手法 / 设计路线 / 程序设计 / 社区组织)

4 研究论文审议

对于专心毕业设计的学生来说，一般都对阅读研究论文敬而远之。可是研究论文的成果与《建筑设计资料集成》及一般的图书杂志相比，应该是更重要的信息源。尤其是论文中所附的图表，对于以图式化创作和表现毕业设计中的理念和方案将起很大作用。

日本建筑学会的官方网站提供与建筑有关的检索服务。除此之外，还有国立情报研究所（NII）和Jdream Ⅱ（科学振兴机构）等的数据库也有大量的学术论文登录，只要输入关键词，便可以很方便地检索到相关主题的研究论文、图书和杂志等。可以最大限度地利用这些系统为毕业设计收集需要的信息。

5 设施访问调查方法

在做现场调查时，最好事先以电话或邮件等方式通知设施的管理者及操作者，告知此次调查的目的、内容、形式、方法及其访问者的名字和联络方式等，这样可使调查过程更加顺利。另外，在依赖提供的图纸资料或听取民意的情况下，如果能先行去做现场调查并编写和送达调查委托书，将可能大大提高调查的效率。

地块调查实践

1 寻找候选地块

为了选定地块，要试着尽可能多地对城市和地域进行实地勘察。为了找到候选地块，最基本的是要了解地形。自古以来城市和村落都选址在比较容易获得人们生活所需的水和食物的场所，或者是所在地域具有的地形特点宜于防止外敌的侵入。由于上下水道技术的发展，使人类的可居住范围不断扩大。当用广阔的视角去观察地理水系和地形特点时，或许会意外地发现十分理想的地块。如果着眼于城市中的住宅地和商业、工业、农业及渔业等产业区，平地、丘陵、江河、海洋和湖泊等自然环境区，以及构成彼此界线（edge）和借景的风光、自然景观及人造景观等，将会对把握城市、地域、地块结构和人文特点有所启发。

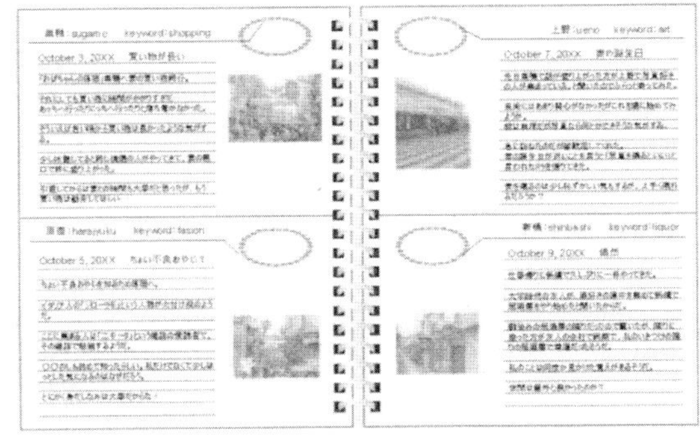

图—1　城市规划方案考察记载一例（制作：菅原亮人）

2 调查内容及方法

在调查中应携带对象地域的住宅地图、相机、写生簿和卷尺等，尽可能步行踏勘对象地域。在现场把一些自己感兴趣的地方标志在地图上，并记下要点；有的则需写生或拍照，以尽量留下详尽的资料。当几个人一同去现场作调查时，大家可在现场发表各自的看法，但不要固执己见，多听听别人的意见往往会从中发现可取之处以及一些新颖的观点。

作为调查内容，可以了解下面的各种要素：现存建筑物和结构体的位置、地块的面积、建筑物的规模、道路的长宽、交通标志、方位、日影、周边建筑、公共设施、公园、空地利用情况、树木和绿地位置及体量大小，进而还须分析与周边地域有关的风、热、空气、光、水、声音、电力、电磁波和振动等环境因素。如果在城市规划区内，可事先利用城市规划图来确认用地情况及相关法规制度。

另外，为了掌握以上这些要素每周每日每时的变化，还应在不同时间段进行多次调查。而且因邻接地块的状况也并非是永远不变的，所以对周边地块未来发展的预测就显得十分重要。为了把握对象地及其周边临界处的状况，多多留意那些标明公有或私有领域的物体、揭示板和暂设物，判定公有领域与私有领域的界限，也是一件很有意思的事。有关对象地的人员流动和滞留状况，以及观察到的人的行为和活动等，综合起来对确切了解当地特点也同样重要。然后，应尽早将这些调查的结果归纳起来，制成图纸和文书，并在专题讨论会上发表出来。

（山崎俊裕）

表—3　地块及周边状况调查要点

步行实地踏勘地块。
记下关注的要点，并进行写生和拍照。
考虑到每日每时的变化，调查应在不同时点多次进行。
观察地形和了解人文历史。
观察人员流动和滞留状况。
调查交通基础设施状况（最近的火车站、巴士车站等）。
调查周边道路的车流量和停车情况。
确认地块方位和周边建筑物的挡光情况。
掌握周边公共设施、开放空间状况。
设想来自周边的影响（风、光、热、空气、水、声音、电力、电磁波、振动等）。
将相邻地块的未来变化具象化。

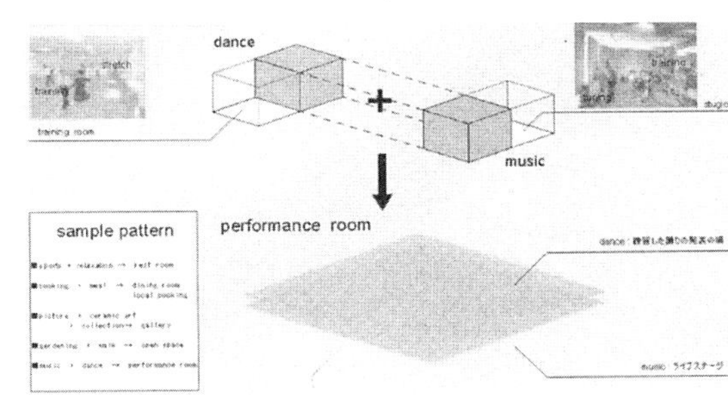

图—2　以调查为基础的空间模型一例（制作：菅原亮人）

4 主题的设定

设定主题的目的和意义

毕业设计的主题设定具有这样的倾向，即在一定程度上带有时代、社会、经济乃至政治等各方面的浓重色彩。毕业设计中的主题设定是一项重要程序，其目标之一便是挖掘潜在的社会问题，探索和讨论已暴露问题的解决方案和提出具体的方法论。主题的设定不仅要关注社会的潮流，而且必须着眼于建筑界前卫作品的理念、结构、材料、技法和环境系统等，在此基础上尽可能发掘出具有独创性的主题。

但从另外的角度来说，主题设定也不一定要紧跟时代的潮流和社会的倾向。既然建筑物是建立在与人类的相互关系基础上的，就必然存在与人类活动密切相连的普遍主题。一个并不时髦的对象也可以成为内涵丰富的主题。然而，近年来随着信息技术的高速发展，出现了一个明显的趋势，即社会、组织、家庭和个人的生活方式较之过去变得更加多元化和个性化，需要发掘和解决的命题也越来越复杂和隐蔽。在设定主题的过程中，不仅需要围绕主题设定展开充分的调查研究，而且还要直面当今社会的现实状况以及未来发展的方向，多方面地收集信息并做出可靠的分析。

作为信息收集的手段，应充分利用日常熟悉的报纸等各种媒体，密切关注目前社会上出现的热点问题。此外，作为主题设定契机的问题发掘过程、课题解决方法和构思方案时闪现的灵感等，都应在平时注意积累。

主题设定的重点

毕业设计可称为大学所学的建筑学的集大成者，也是一个回归建筑的原点和目标的过程。通过毕业设计要给社会传达怎样的信号，施工中的建筑可解决什么问题，进而还有作为针对规划设计背景和方案的检测项目等经常被问到的5W1H，都必须了然于心。即① Why：为什么有这样的计划；② Who,whom：由谁利用、管理和经营；③ What：是什么样的功能空间；④ When：何时兴建；⑤ Where：建于何处；⑥ How：怎样建设……在留意这些重点的同时，还要将最新的毕业设计案例及相关作品主题的广度、多样性和变化等进行分类，试着做些流行趋势的分析也是有用处的。

主题广度及其探索方法

毕业设计中涵盖的主题实在是多种多样。其中有概念的、紧跟现实的、追求拓扑学空间模型和形态构成方式的、拟使用花样翻新设计手法的以及

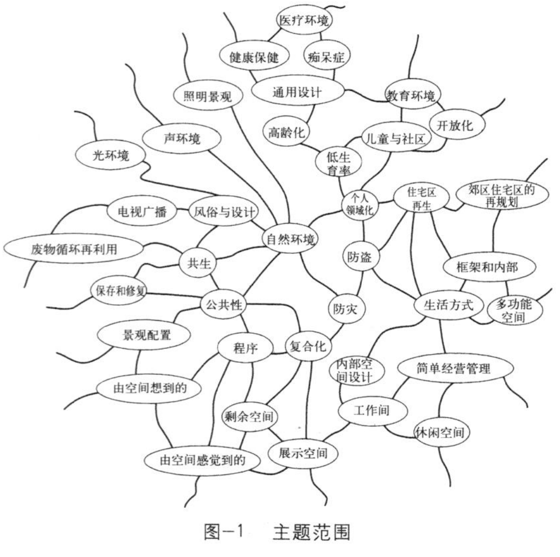

图-1 主题范围

表-1 日本全国毕业设计竞赛获奖者的主题和理念(2006年)

主题	理念	获奖者	所属大学
kyabetsu	通过给小的居住空间加上各种门，以改变与城市空间关系的强弱。人们的生活如同卷心菜的断面一样包裹着几层，并向着城市展开	藤田桃子	京都大学
《起伏的住宅地—A new suburbia》	建在丘陵与低谷间，系常见的民居形式。不过地面仍保持自然状态，使房子看上去有点倾斜。总是让人能想象出多少有些变化的空间。住在这里会感到不一样的氛围……	有原寿典	筑波大学
《空白处的密集建筑群》	以木结构房屋密集街区的一座建筑为范型，使用反转的手法，并以环境改善和生态建筑为目的、以木结构房屋密集区改造为中心，拓展城市的功能	桔川卓也	日本大学
overdrive function	如果能够不以空间来决定人的行为，并让所有的公共建筑都以这样的理念来进行营造，岂不是一件快乐无比的事吗！这是一种不局限于功能主义静态空间概念的人性化思考方式，其目标是以这样的思维方式来造出风景一样的建筑	降矢宜幸	明治大学
《都市的visual image》	画廊一样的商业设施。每个空间都具有充满人和物的结构。只要纵观整体，建筑的结构会顿时消失，呈现出来的是完全由人和物组成的一道道风景	木村友彦	明治大学

融入对社会批判讥讽元素的，不一而足。

最近，随着信息通信技术和CAD、CG技术的普及，又出现了以无需场所的乌托邦社会主题和虚拟计算机网络空间为基础设计的方案。而且类似将从前未完工建筑通过CG复苏，或采用大规模的实际三维城市空间的模拟试验也在进行中。

作为高度信息通信社会的又一个层面，还出现了由地区特定人群或个人所关注的主题，类似这种体现共同体和社会成员视角的主题有逐渐增加的趋势。如果先于主题设定来选择地块，往往会从地块中产生鲜活的灵感，并由此生发出主题和映像。这时，在文学作品中出现的场面和情节会在眼前形成一个个画面，如果将这种形象的时间流以流程图描述下来，一定非常有趣。至于未规定地块的设计也有不少，这些设计的主题完全依赖人工制作的模型来体现，而不依存在城市空间中开发出的缝隙和场所。作为与最近城市和建筑设计的潮流合拍的主题，其中有不少都把注意力放在商业建筑的装饰、公寓的豪华程度、作为标志的建筑表层和建筑立面上，并有愈演愈烈之势。随着移动电话的普及，也能看到把个人（personal）与社会（common）、私（private）与公（public）的概念领域性和关系性的主题加以采用的案例。

另外，相对于过去那种受制于功能的建筑设计理论，反对的声音也不绝于耳。他们在设定的主题中加入许多叛逆的元素，重新构筑出具有多样化、复合化和模糊化功能的空间。在对城市或地域进行调查时，存在着人和物、广告和招牌等建筑以外的事物和信息，涵盖这些内容的临界概念有时也会成为主题。历史性建筑的保存和复原最近又突然成了热门话题。与此相关，城市改造的众多项目以及各种NPO组织的各项活动本身同样被纳入到主题中来，其中用于毕业设计的也不少。而且，正在超越建筑物的范畴，不断涌现出过去不曾想象的形形色色的主题。诸如全球视野的景观设计、以地球环境为重点的生态设计和以地区及城市的可持续发展为目标的远景规划设计等等。由于近年来犯罪现象频发以及受到地震造成的巨大破坏的影响，强化地区和城市的防止犯罪及防灾害功能、避难所的建设、临建住宅和共同体的重建等也被积极地列入主题。

除了以上列举的事例外，可成为毕业设计主题的对象仍然大量存在。为了了解主题范围并尽可能在第一时间确定主题，对过去设计理念竞赛中的主题、设计方案竞赛及实施竞赛获奖作品的设计理念及建筑渲染方法等都应仔细加以揣摩，把前人的心血结晶作为自己的借鉴。

（山崎俊裕）

表－2　规划设计程序和调查内容一例

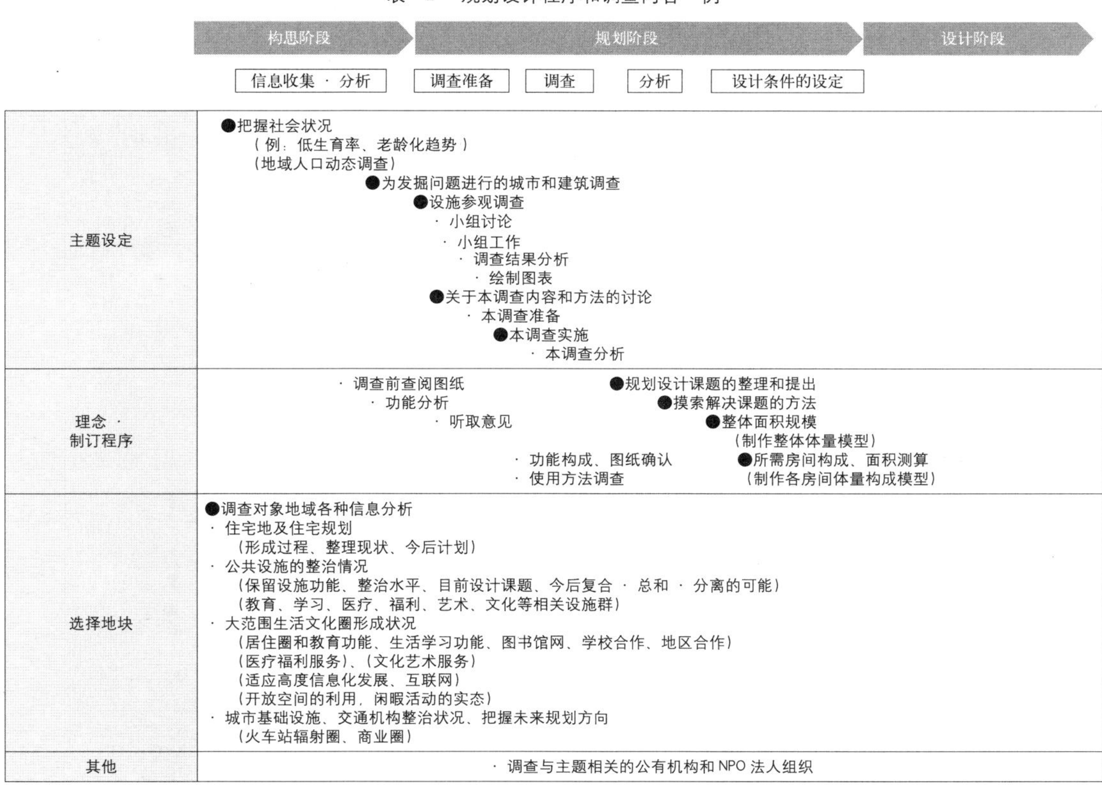

构思阶段 → 规划阶段 → 设计阶段

信息收集 · 分析　调查准备　调查　分析　设计条件的设定

主题设定	●把握社会状况 （例：低生育率、老龄化趋势） （地域人口动态调查） ●为发掘问题进行的城市和建筑调查 ●设施参观调查 · 小组讨论 · 小组工作 · 调查结果分析 · 绘制图表 ●关于本调查内容和方法的讨论 · 本调查准备 ●本调查实施 · 本调查分析
理念 · 制订程序	· 调查前查阅图纸 · 功能分析 · 听取意见 · 功能构成、图纸确认 · 使用方法调查 ●规划设计课题的整理和提出 ●摸索解决课题的方法 ●整体面积规模 （制作整体体量模型） ●所需房间构成、面积测算 （制作各房间体量构成模型）
选择地块	●调查对象地域各种信息分析 · 住宅地及住宅规划 （形成过程、整理现状、今后计划） · 公共设施的整治情况 （保留设施功能、整治水平、目前设计课题、今后复合 · 总和 · 分离的可能） （教育、学习、医疗、福利、艺术、文化等相关设施群） · 大范围生活文化圈形成状况 （居住圈和教育功能、生活学习功能、图书馆网、学校合作、地区合作） （医疗福利服务）、（文化艺术服务） （适应高度信息化发展、互联网） （开放空间的利用，闲暇活动的实态） · 城市基础设施、交通机构整治状况、把握未来规划方向 （火车站辐射圈、商业圈）
其他	· 调查与主题相关的公有机构和NPO法人组织

5 理念、方案

何谓理念

所谓理念（概念、想法），可以做出如下解释：“成为所创作的作品或制造的产品骨架的出发点和观点”（日本《大辞源》）；如果是广告即“突破既成观念，以新的视角看待商品和服务，并赋予新的意义，将其作为卖点的想法”（日本《大辞林》）。说到毕业设计中的理念，则是把对主题的诠释和设想通过建筑形式表现出来时的规划设计主旨。毫不夸张地说，理念的新颖和耐人寻味以及具有的说服力、现实感和独特性等，会在很大程度上影响到对作品的最终评价。最为重要的是，应该以简洁明了和浅显易懂的方式向第三者传达自己的毕业设计到底要表现什么意愿；始终不要忘记绘制的图纸是将设计中的理念、程序和空间结构等图式化的结果。

了解范型和突破范型

为了创造出一个全新的理念，必须验证构想和方案中的想法是否能成为新的模型。因此，很重要的一点便是尽可能多地参照和分析现有的规划设计实例和空间功能结构等。通过对这些作品的分析，就可理解、认识和评价具有范型特征的基本要素以及表现出的多样性变化，或许还有可能从中发现不曾存在过的新模型，并在方案制订中另辟蹊径。当然，也有很多人并不采取这样的步骤，单凭个人想出的主意作为构想和方案的基础，经常到了最后才发现这个方案不过是已有方案的翻版，只是局部做了一点改动而已。

AIR 设施形态模型

对应项目	图式	事例数（n=25）
TYPE：1 设施内有演播室，兼作休息室		7 例（28%）
TYPE：2 设施占地内有演播室，其余场所为相邻设施借用		2 例（8%）
TYPE：3 保留演播室，余为相邻设施借用		14 例（56%）
TYPE：4 年年借用设施，活动用设施因项目而改变		2 例（8%）

■演播室　■停留场所

AIR 活动室空间模型

TYPE：A
设施内有各自专用空间

TYPE：B
将有限的空间转用于各程序

A：演播室
B：画廊
C：其他

AIR 设施形态和活动室空间的 TYPE

图－1　艺术家住宅的空间结构图解（制作：铃木都司）

与主题设定一样，对于理念的确定来说，调查分析既往的事例也很重要。而且，还要深刻认识和理解为什么创制出这样的造型以及此前又是经过怎样的途径发展起来的。当前出现的一种倾向我认为应引起人们注意，即在没有充分理解造型意义及其由来的情况下便不分青红皂白地破坏它，并以此标榜和炫耀自我。为了不陷入自我本位的窠臼，应把个人遇到的困难和所受的挫折都记载下来，向多个对象敞开心扉道出自己的想法，聆听各种各样的意见。

从前按不同建筑类别划分的规划设计理论，近年来随着信息通信、建筑材料和结构技法的发展，正在迎来新的造型。现代的功能集约化概念已不再依存物理距离的接近，正在必然地形成空间结构的集约化和分散化两种极端的潮流。可以说，如何提出与多样的集团单位和多样的行为模式相对应的弹性空间结构系统方案，已成为今天的一大课题。

何谓方案

建筑设计中的方案概念可给出多个定义。毕业设计之前的课题，通常都以设计条件来表示。这些设计条件包括课题主旨、总建筑面积、与设施功能对应的室内空间构成及其面积等。而且在进行毕业设计时，这些设计条件具有一定的自由度，设计

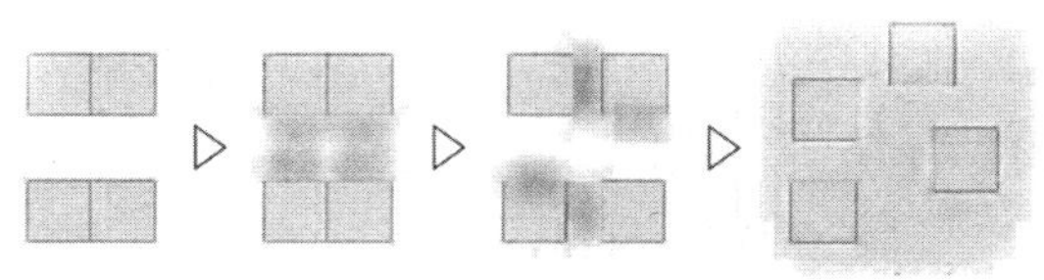

图－2　空间结构模型（制作：宇谷淳）

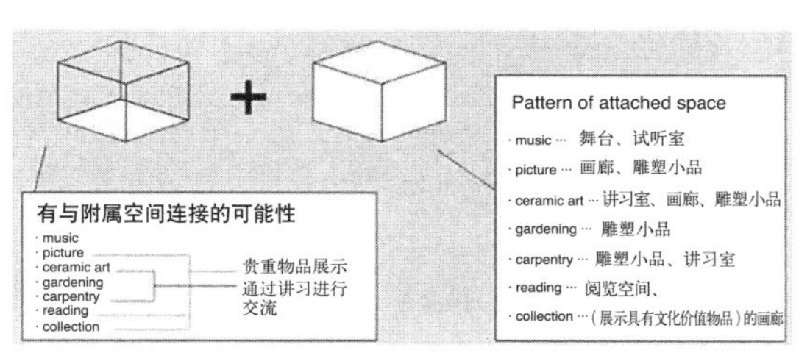

图－3　再编方案模型（制作：菅原亮人）

者可对应主题和理念自行调整和设定。与设定主题和提出理念相同，制订方案的想法和步骤构成评价的要点。与方案制订具有自由度不同，在尚不具备有关体系化规模设计和必要室内空间构成方面的建筑设计知识的情况下，便糊里糊涂地进行设计作业的现象也不少见。如今由于人们有了更多的余暇时间，需要各种各样活动学习的空间和场地，并提出更高的多样化和个性化的要求，因此在建筑规划上也出现了复合化与专用化、集约化与分散化、大型化与小型化等两极化的倾向。人们也期待着能出现对不同倾向都有所反映的规划方案。

有时，根据毕业设计的主题还不能搞清方案本身的概念，或者方案压根儿就不存在。在将抽象化、概念化的空间造型及其空间结构手法的方案化为一个主题时，方案一般都还处于模糊阶段。这时，地块往往尚未确定，大多都与评价脱节。如果认为方案中的设计手法是普遍采用的，最好利用试验模型展示出具体化的地块、建筑用途及功能等等。

■方案制订方法

依据主题设定各部空间的功能和面积是制订方案的主要目的。其中功能设定的重点，是怎样将设想的建筑利用者行为模式变成各种映像。那么，对于复杂化、多样化和模糊化的功能要求，应该怎样将空间本身变成具象呢？在最近的城市改造和公共设施规划中，作为在基本构想和基础规划阶段揣摩利用者到底需要什么的手段，正在尝试使用城市改造规划图和组织专题讨论会。为了使专题讨论会能真正有意义并取得成效，很重要的一点就是要在讨论过程中听到从专业角度提出的建议，并适时地将这些意见归纳起来。在做毕业设计时的课堂讨论中，设计者和指导教师就像合作的伙伴，经常在一起围绕着某个专题进行争论和各抒己见，同样是值得采用的方式。

作为规模设计的体量测算和面积设定的方法，在选择地块过程中，为了边考虑地块与周边建筑物的关系边计算可确保的体量及总建筑面积，可采用有代表性的两种方法。一种是从设想的各功能区通常的面积结构比例算出各室内空间面积的方法（分割法）；另一种是以一个人所能摊到的标准面积份额（m^2／人）以及单位空间距离和容积等作为指标，计算出所需要的各房间面积和设想功能区面积，最后加上共用空间面积，就得出总和面积的数值（累计法）。如果有条件，最好能将这两种方法合并使用。不过，有时也会出现根据确定的主题和指定的规划无法使用现有面积指标的情况。这时，就只好试着选择替代面积指标来测算面积。

在地块的选择上，还有一个问题便是与现行法规契合的程度。受到设计可能变成现实的诱惑，有时难免会与法规发生一定限度的碰撞；然而，我觉得作为学生的毕业设计没有必要拘泥于法规的限制。需要注意的是毕业设计中某种不依存地域或地区的单体建筑应该排除在外，这样的建筑设计必须确保设有两个方向的逃生出口和楼梯，而不能只配置电梯，以满足相关法规的最低要求。

■理念和方案设定实践

这里设想的体量、规模和功能等条件是否妥当，对于区划和动线的设计实现与否等问题，必须先在构想阶段便进行研讨。即使在构想理念和方案的阶段，具象写生和研究模型制作同样是不可缺少的，出于主题的需要，形态研究先行一步也是自然而然的事。

我们在此列举的理念和方案设定实例，均是以公开发表毕业设计中期报告时提交的作品作为参考资料，以供读者学习研究之用。

（山崎俊裕）

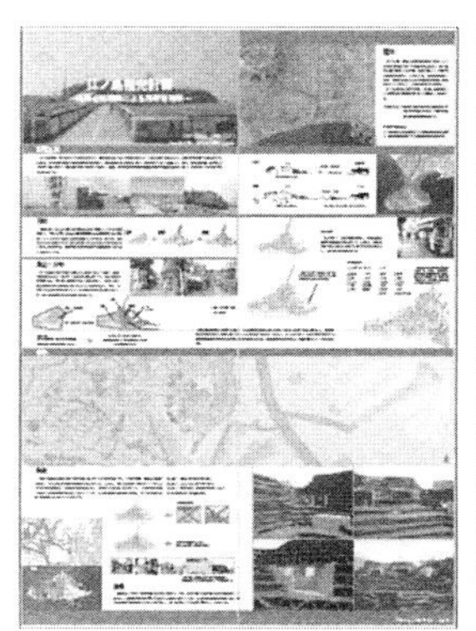

‘ENOSHMA RENOVATION’　井川英之

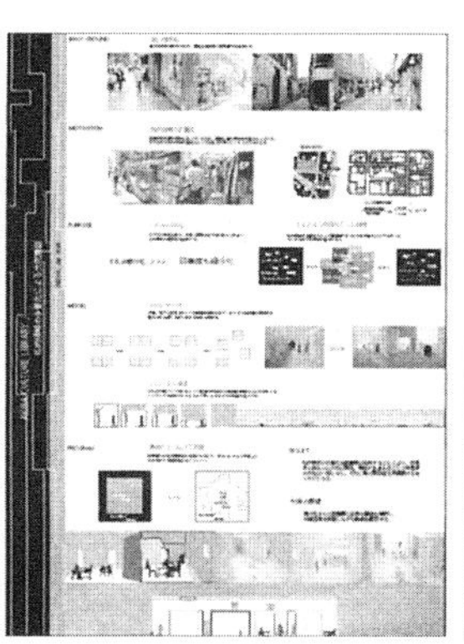

《私有领域连续体》宇谷淳

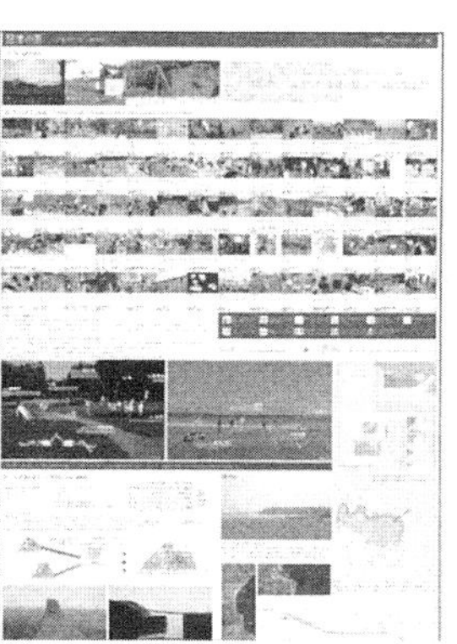

《记忆之园》花冈雄太

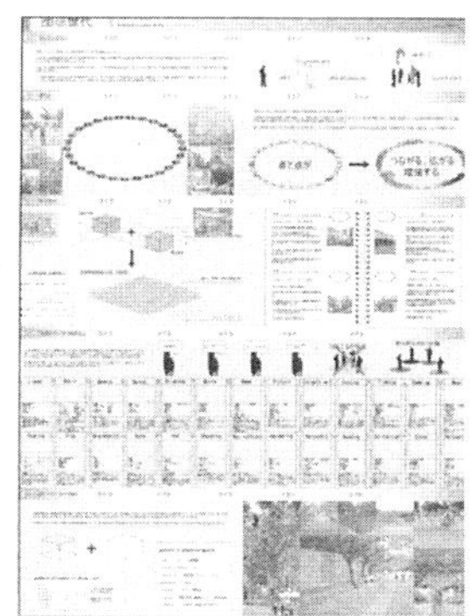

《悠闲者的爱好》菅原亮人

图－4　毕业设计中期发表的图板实例

6 选择地块

■选择地块的意义

在选择毕业设计的地块时，有各种不同的形式。例如，有时主题和地块都一起确定下来。这时也许不会再为寻找地块而烦恼。可是，我们经常会对照着书本，试图检验一下对于已确定的主题来说究竟还有没有更适合的地块。下面将要讲到的是由毕业设计指导教师（或建筑学科教研室）指定地块的方式。采用这样的方式，便应该想一想该地块被指定的理由是什么。设定毕业设计主题的关键往往就隐含在这些理由当中。与此同时，还要参照书本来思考地块的意义。其次，是由自己选择地块的方式。在本节里，我们将对设想的这一方式进行解说。

■何谓地块

所谓“地块”到底指的是什么呢？据《建筑大辞典　第2版》（彰国社）的释义：“①建筑物占用的土地，广义讲系指街区和规划地的总称。②一座建筑物或具有不可分关系的两座以上建筑物占用的成片土地；虽具有不可分关系，但为建筑基本法意义上的道路分开的情况下，仍以另一地块对待。亦称‘建筑用地’。”

另据《广辞苑　第4版》（岩波书店），则对其做了如下解释：“用于营造建筑物和设施的土地。道路、堤防和河流等占有的土地。”除此之外，《建筑基本法》也对地块一词下了定义。据《建筑基本法实施令》第1条（用语定义），地块的含义是“一座建筑物或具有不可分关系的两座以上建筑物占用的成片土地。”

从以上定义可知，地块就是可造建筑物的场所，甚至包括道路及河流等在内。换句话说，凡是建筑物或其他结构体能够占用的土地都可称为地块。这些均指狭义上的地块；在毕业设计中，无论采用何种形态，只要能营造出建筑物或类似的什么东西，即使不对地块加以定义也没什么关系。

■依法使用的地块与用途的关系

在《建筑基本法》第48条附表2“据地域规划而对建筑物用途的限制”项下，明示了“规划地域种类”与“建筑物用途”之间的关系。至于规划地域的种类，一般在各市、町、村的土地规划科的网页上都标示出各个地块所在的规划区域。例如，座席面积200㎡以上的剧场或电影院便只能建在商业用地或准工业用地上。必须在确认地块（规划区域）与主题关系的基础上，对选定地块所在规划区域进行调查，再依据附表2“规划区内建筑物用途限制”中的规定来审查自己设定的主题与法规是否一致，这对于考虑地块与主题关系很有帮助，应引起足够的重视。

■与主题的关系

从根本上说，毕业设计的主题和地块被认为是不可分割的，因为在主题中包含着方案内容和建筑形态。主题先行还是地块先行，这两种方式都可利用。当遇到一个非常有吸引力的地块，并打算在那里建点儿什么的时候，就必须设定主题，即确定下来在该地块上到底要建一座什么样的建筑物。因

表－1　地块分类

■日常类		
是日本国内还是国外？ 市内还是郊区？ 陆地还是海上？ 是否现存地块？	日本国内 市区 陆地 现存地块	外国 郊区 海上 目前不存在
■非日常类		
实有地块还是虚拟地块？ 地面还是空中？ 在地球上还是其他天体上？ 是静态的吗？ 人类有无生存可能？ 是否固定在基础上？	实有地块 地上、地下 地球上 静态 人类可生存 固定在基础上	虚拟地块 空中、宇宙 其他天体、宇宙空间 动态 人类不能生存 脱离基础
■调查类		
地块调查可能否？ 能否进入？	可调查 可进入	不能调查 不能进入
■背景类		
有无生活基础设施？ 是否有建筑物？ 地块有无交通手段？ 有无景观上的特点？ 地块周边是否有历史氛围 地块所在处有无发展前景？ 是否是有问题的土地？	有生活基础设施 有建筑物 有交通手段 有景观特点 地块有历史氛围 发展前景可期待 地块有瑕疵	无生活基础设施 无建筑物 不易至地块 无景观特点 当地无历史氛围 无发展前景可期待 系无特殊问题地块
■经验类		
自己进行过土地勘察吗？ 他人进行过土地勘察吗？ 是自己生长的地方吗？	自己进行过勘察 他人进行过勘察 不是自己的生长地	自己未勘察 他人未勘察 是自己的生长地
■认知度类		
当地知名否？ 是毕业设计常常选择的地方吗？	知名 是	当地不知名 无名地块

此可以说，为了充分展示选定地块的魅力，必须设定适当的主题。

通常情况下，从实务角度讲，自地块确定开始便进入规划设计阶段。当然也存在相反的方式，即要建什么已经确定，但地块尚在寻觅过程中，如打算建设集合住宅的开发商探寻住宅地块，计划建购物中心的公司寻找适于建购物中心的地块。

■选择地块的重要性

大多数建筑设计都要从地块中获取灵感。换言之，如何利用地块所具有的优势元素，是建筑设计的重点之一。

那么，所谓具有优势元素的地块应该是一个怎样的地块呢？例如，其周围有优美的景观，或者所处位置优越等。可是，有时也会见到这样的情况，当地块所在位置十分理想、周边景观又很优美的场合，而建筑的设计却相形见绌。

选择地块的关键之处在于地块的背景情况与设定的主题（设计建筑物的用途）是否融合，以及设计中的建筑物布置在规划的地块上有无必然性。如果建筑物只是被用来作为一种装饰品，那就毫无意义。谁也不可能把设计的建筑选在无人光顾的地块上，这样做的目的是想通过新建筑物的落成使规划地块及其周边地区发生一些变化，完全是有意识（与建筑用途无关）这样做的。不过，作为一般原则还是应该让设计的建筑主题与选定的地块匹配为好。

■地块分类

36页表－1列出了各种地块分类情况。从这个地块分类表可以看出，即使都被称为“地块”，对其认识也形形色色。因此，在选择地块时必须从多角度进行审视。

例如，我们看一下“实有地块还是虚拟地块”这一问题。一般来说地块应是实在物，假如不是实在物，将无法解读地块的背景信息。可是在没有地块的情况下也可能提出设计方案，这时或许只是把完全虚拟和想象的土地作为地块。因此，地块就未必是实在的。对于毕业设计来说，“解读地块背景信息”是重要的课题，也是一种技能训练。如果地块并非是实存的，则需重点加以说明。

■地块的选择模型

最近，经常作为毕业设计地块出现的是在表－2中汇总的实例。例如“特种城市用地模型”，其中列举的都是浅草、秋叶原和歌舞伎町之类的特色街区。因为街区本身就具有特色，所以相应的设计使这些特色更得以发挥，往往是设计借助了街区特色的力量。望对照表－1，理解地块的多样性，并从这些表中汲取有益的元素。

有时，会给地块取一个很形象的名称。拿东京来说吧，就有松涛、白金和田园调布一带的高级住宅区、歌舞伎町和涩谷中心街、六本木的繁华街、西新宿和汐留的摩天大厦街、浅草、北品川的历史街区、代官山的休闲街、上野的文化街等等。

在参加毕业设计发布会时，通过给规划地块所起的地名便可向与会者（一般听众和评审者）形象化地阐释地块与主题是怎样结合在一起的。其中的映像来自于地名的映像，如果占有地块的建筑用途的依稀影像与主题融合成一体的话，以脑海中放大的影像作为前提，便能够加深对主题和设计的理解。即使觉得不和谐，也说不定会成为产生新规划的酵素，并对建筑物的设计也给予深远的影响。假如地名所具有的形象与规划建筑的用途不相匹配的话，这种失调感也同样将影响及于评价自身。

（胜又英明）

表－2　地块实例

■特殊城市用地模型 浅草 秋叶原 涩谷 上野 新桥 下北泽 自由之丘 代官山 吉祥寺 东京火车站 （丸之内、八重洲） 六本木 歌舞伎町 西新宿 池袋 表参道 代官山 大久保（新宿） 巢鸭 伊势崎町（横滨） 黄金町（横滨） 北品川（旧东海道）	■住宅地模型 田园调布 松涛 白金 芦屋 成城学园 大磯 ■新区模型 多摩新区 港北新区 千里新区 高藏寺新区 筑波科学城 ■火车站模型 东京站 上野站 新宿站 大阪站 博多站	■公园模型 日比谷公园 上野公园 新宿御苑 滨离宫 山下公园 野毛公园 ■港口模型 横滨 神户 小樽 门司、下关 ■河流及桥梁模型 隅田川 神田川 涩谷川 贺茂川 信浓川 道顿崛	■避暑地模型 轻井泽 箱根 清里 日光 ■基地模型 座间 横田 横须贺 嘉手纳 岩国 ■废墟模型 军舰岛 横滨赛马场 九龙城寨 大谷 废坑 ■市场模型 筑地 大阪市中央批发市场	■填埋地模型 佃 月岛 神户人工岛 幕张 有明 六道湖 ■岛屿模型 佐渡岛 江之岛 直岛 ■古都模型 京都 奈良 镰仓 ■城下町模型 金泽 松本 姬路 小田原	■传统式建筑群模型 奈良井宿 妻笼宿 仓敷 祗园新桥 白川乡 · 五箇山 川越 大内宿 ■世界遗产（文化遗产）模型 岩岛神社 琉球王国城 纪伊山地的灵场和参道 ■世界遗产（自然遗产）模型 屋久岛 白神山地 知床 ■湿地模型 钏路 尾濑

7 转向设计阶段

■关于设计方法

终于要开始进行实际设计作业了，必须采用某种方法才能把构想中的东西设计出来。在这里要谈的是一般的设计方法，有关建筑师的具体实例我们将在“3 设计作业方法”（56 ～ 63 页）中加以阐述。在设计过程中，可以采用设计者自己满意的方法。对于被收录在这里的设计方法，希望读者能在设计实践中再一次进行确认，使设计方法变得越来越丰富，以便碰到困难时成为解决问题的一把钥匙。

■从语言到设计实践的转换

建筑设计总是被一些专门用语所左右。在这些专门用语中，大致具有两种意义。一种是语言词汇；另一种便是空间术语。必须要具有这样的能力，即由某个词汇产生联想再演绎成一个故事。所谓的设计概念和空间的接续，大多由此生发出来。具体地讲，就是记下某些词语，并对其中的一部分做图式化的描绘。再把描绘出来的部分积累起来使之空间化，而空间的接续会让你感受到空间的变幻无穷。因此，全神贯注地观察空间也是积累知识的过程。经常关注实存的空间，会时不时地有灵感在脑海里浮现。

毕业设计则要超越个人掌握的用语范畴，即要超越以前见过的建筑和空间。

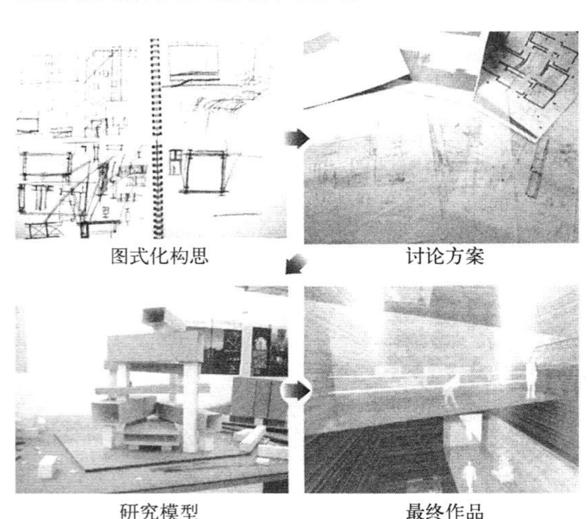

图－1　向设计转换一例（制作：森屋隆洋）

■从条件到设计实践的转换

对于建筑设计来说，把握设定条件是其中的关键。如果已经有了建筑用途及地块形状等条件，有时会让设计者自行确定设计概念和设计规模等条件。重要的是，设定的条件相互之间具有关联性。对自行设定的条件能否给出满意的答案（设计）是设计成败的关键。设计进行不下去的原因，多半是由于在条件设定上做得不够好。

与条件优越的土地相比，倒是苛刻的土地条件反而会使设计进行的更顺利。此外，动线设计也是方案的内容之一。但需要注意的是，动线设计所渲染的图形不会直接形成空间设计。

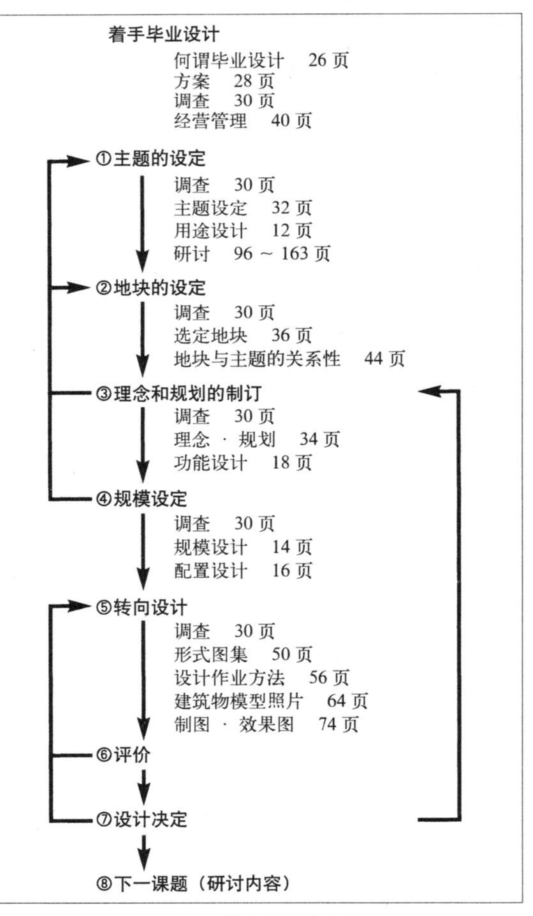

图－2　转向设计的步骤

为了使毕业设计的最终作品能向社会展示更多的新鲜元素，并从建筑专业角度获得较高评价，有不少学生完全不考虑结构和设备问题。然而，学习建筑设计就应把建筑物当作一件集大成的创作成果，必须把握自己设计的建筑物的所有细部。何况在大多数情况下，一座优美的建筑物，其结构设计也一定是优秀的。

■从造型规则转向设计

人们普遍认为美的东西一定是有规则的。一边对此不断加深理解，一边进行设计作业是很重要的。尽管画家毕加索在晚年采用了一种独特的所谓立体主义的表现手法，但观其早期作品却是写实风格的更多一些。只有熟练地掌握最基础的知识，才能标新立异并形成个人的独特风格。否则的话，就有可能变得自以为是和孤芳自赏。希望读者起码能理解以下几点：

1 composition（结构、组合）

使设计整体的比例关系和程序具有协调感。包括轴线、统一性和多样性、对象与非对称、黄金比例和图与地（从设计上说，就是建筑物与空白处的关系）等。

2 Analogy（类似、类推）

指根据已存事物的形态来进行具体设计。悉尼歌剧院（图－3）即以风帆和贝壳作为主题形象而闻名于世。

3 Metaphor（隐喻）

以更容易引起人们具体的形象化联想的语言作为建筑和空间的表现形式，比较典型的如“人生就是一场戏”之类的比喻。在建筑上，当我们说到许多一排排成列的立柱时，往往会比喻成像树林一样。这一点或许正是勒 · 柯布西耶（Le Corbusier，1887 ~ 1965，法籍建筑师、画家，生于瑞士。——译注）的得意之处。

图－3　比拟和类推／悉尼歌剧院（摄影：赤木彻也）

■自我评价

对设计完成的作品，应该从设计条件、设计理念和造型效果等方面做出自我评价。在学生的设计作品中，比较常见的表现形式是从设计到渲染一气呵成。正确的方法是在设计过程中，对方案的部分及整体应不断地进行修改，使之逐步完善。在进行总体设计时，对于增添还是砍掉某些空间需要反复考虑。有时，这样的作业必须像雕刻那样细致。其次，则要做出逻辑和美学的评价，并自始至终构成评价再评价不断反复的过程（见 38 页图－2 及 57 页图－1）。接着在进行取舍选择时，将考虑舍弃部分的替代方案，使设计的广度得以拓展。

另外，在进行评价时的比例感也很重要。如果设计评价者与设计者本人的比例感不同，将很难获得满意的评价。相对来说学生的比例感都不很强，因此容易陷入设计规模超尺寸的怪圈。如果能试着把人和家具放入模型或透视图中观察，便可知道比例是否适当。

■当设计进行不下去时

设计初期设计进行不下去的表现之一，就是只要没有把各个部分的概念一一确定下来，便不想进入设计阶段，这样那样的想法在脑子里不停地转来转去。假如只是把各种想法留在头脑中，便找不到支点（设计的基点）在哪里，多半会一直在原地踏步，怎么也迈不出第一步。与其如此，莫不如采取这样的方法：将思考的问题用写生或模型之类图式化的手段表现出来，然后再从中找出概念。根据不同情况，还可以采用先制作模型，再参照模型绘制图纸的办法。总之，当设计进行不下去时，应首先将细部图式化，并对其做出评价，然后引出下一步的方案。　（和田浩一）

8 经营管理

■学习毕业设计经营管理的理由

由于搞毕业设计的人在四年级之前便已做过设计课题，因此能够在完成课题的过程中对经营管理的概念有一个大致的体验。毕业设计之所以需要经营管理，是因为只有这样才能使设计作业变得更有效率。毕业设计中经常会遇到有关何时提交方案的问题，其中包括毕业设计作业时间的不可预测性，或者由于不了解毕业设计作业的全部程序，在临近收尾阶段，又增加了新的作业量。为了学习“作业时间的预测”和“作业全貌”，最好能借助于前辈毕业设计的经验（参照28页“2日程”）。

■毕业设计与现实社会中设计实务的区别

毕业设计与现实社会中的设计实际业务（如设计竞赛和设计方案）不同的地方在哪里呢？我们可从现实社会实际业务设计的作业方法中，学到有关毕业设计该怎样经营管理的经验。

①现实社会中对设计作业的完成时间有着严格的规定，绝对不允许拖延。

②实际业务中，一般以创意的设计者为中心，由他负责组织团队和进行日常管理（表－1）。

③实际业务中与设计有关的各种制作费用均可摊入成本。为了工作，舍得花钱。

④组织团队进行设计。独自一人完成设计的情况很少见。当然，也会有业余打工者协助的时候。不过，一般都指定一个对设计负主要责任的人。

⑤整个设计可看作是一项系统工程，其中的参与者有模型制作者、图纸的绘制者、结构和设备方面的专家、概算编制人员、法律和安全顾问、图像制作专家等。最终作品是这些人员共同作业的结果。

■毕业设计的经营管理

1 建议

毕业设计多数都是在学校教师指导下完成的。因此，学生通常都是一边定期接受指导教师的建议一边进行设计作业。作为指导教师，应该充分了解学生设计作业的进展情况和存在的问题。自己的指导教师是最能理解自己作品的人，这对毕业设计审查来说尤为重要。在审查毕业设计作品的评审会上，指导教师可对设计者没有讲解清楚的部分向其他评审者做补充说明。除了指导教师以外，从前辈、同学、晚辈、朋友和熟悉的建筑师那里同样可得到各种各样的建议。

问题在于是否能不断地听取别人的意见。有时尽管是一厢情愿的谈话，并无缘由和来头，也能意外地得到一个好的建议。如果可能的话，最好连续地接受同一个人的建议。不过话又说回来，即使得到什么样的建议，做决定的是本人。别人的建议，说到底只是一种参考意见，最终应由自己做出决断（表－2）。

表－1　参与设计竞赛的团队构成（例）

建筑设计组
创意
结构
设备
估算
施工方案
室内设计
防灾
景观设计
声学设计
照明设计
标志设计
升降机
维修管理
安全
专家顾问组
学校设施
医院、福利设施
剧场、会堂
博物馆、美术馆
图书馆
机场
作品渲染组
模型
CG
建筑渲染
方案书设计

表－2　提出建议的人（例）

校内
指导教师
其他设计专业教师
工程专业教师
非建筑专业教师
同级生、高年级生、低年级生（设计专业）
同级生、高年级生、低年级生（工程专业）
同级生、高年级生、低年级生（非建筑专业）
校外
建筑师
其他大学建筑专业教师
其他大学建筑专业学生
朋友、熟人、家属、亲戚
网友
与地块有关的
政府机构人员
周边街区相关人员
地块一带人员
地块利用者
专家
结构、设备、防灾
学校、博物馆、医院、剧场
经营者、利用者
学校管理者和利用者
博物馆管理者和利用者
医院经营者和利用者
剧场和大厅经营者和利用者

表－3　毕业设计成本预算一览

基本费用
电脑
打印、印刷
数码相机
扫描器
外接硬盘
存储器（维修用）
闪存器
CAD 软件
渲染图制作软件
CG 软件
复印机
热切削器
摄影器材
制作模型工具
制图工具
参考文献
运作费用
硬纸板
打印用油墨
模型材料
建筑渲染用材料
帮忙者餐费
调查和购物所用交通费
调查时的复印费
模型运输所需租车费
联络用通讯费

2 成本管理

做毕业设计所用的一切不可能都是免费的，事先必须准备一定的费用，普遍认为需 10 万日元左右。即使如此，事先也很难对毕业设计的成本做出准确的预测。以基本费用为例，就必须准备以下几项：

- 购入电脑、打印机和硬盘的费用；
- 购入维修用闪存和备份用硬盘等存储器的费用；
- 购入 CAD、CG 等应用软件的费用。

作为运转费用，至少有以下几项：

- 模型材料费；
- 油墨费用；
- 帮手的餐费；
- 购物所需交通费等（表 –3）。

因此，最好事先编制一个预算表。当临近毕业设计的收官阶段，设计者想要一边打工赚钱一边进行毕业设计的作业是很困难的。因为无论从身体上还是精神上都难以承受这样的负担，所以在时间宽裕的情况下一定提前准备好必要的费用。

3 作业场地

作业所需场地面积，要根据作品的大小、电脑的台数、帮手的人数及是否夜以继日工作来决定。作业场地必须早早就确定下来。如果想利用大学里的制图室作为作业场地，多半要经过商量才能知道可行与否。一般情况下，作业场地都显得有些局促。尤其成问题的是，制作模型的场地更加不好找。如果使用电脑工作，倒完全可以分散在几个地方；但模型制作却必须有一个足够大的空间。关于制作模型的大小，不要轻易决定，须经过反复考虑才行。如果想把模型做得过大，不仅无法从制作现场运到展会上去，而且保管起来也十分不便（图 –2）。为了避免在制作模型时弄脏墙壁和地面，需要准备喷涂料用的箱子（图 –1），这个可由制作者共同设计。

4 在有时间的情况下应提前进行的作业

在任何情况下，总会有设计者或帮忙的人能腾出手来的时候，应该充分利用这样的机会，做一些“空手时的作业”。帮忙者总是不闲着，正是做好毕业设计的一个诀窍。例如，可利用点点滴滴的时间进行地块图形绘制、家具和景观配置、制作地块模型、制作人物和景点模型、制作家具模型和制作树木模型等。

5 健康管理

毕业设计一般都在冬季进行，这正是容易患感冒的季节。学校里有很多人聚集在一起，互相传染的可能性更大。加上不规律的生活、不正常的饮食以及睡在制图室和研究室这样寒冷的空间里，都成为患感冒的原因。因此，应该采取一些预防感冒的措施。不只是感冒，还需注意别因过度疲劳而病倒。对于合作者的健康绝对不能掉以轻心。

6 安全措施

能够预想到的事故首推火灾，尤其是给模型设置照明的时候，很容易因过热而起火，因此不要让插头一直插在万能插座上。此外，使用切割工具等也有受伤的危险，特别是在彻夜工作的时候，因为精神头不足，一着急更容易出事，切割机刮伤手指的事故屡见不鲜。

7 防盗

在大学里进行设计作业，对防盗窃之类的危机意识都比较淡薄。比电脑还要珍贵的是毕业设计的 CAD 等存储数据。丢失的数据是用钱也无法买到的。

8 应对发布会和审查会

毕业设计的终场节目是发布会和审查会。有时即使彻夜不眠地工作也很难准备得十分周到。为保证当天不至于手忙脚乱，我们在这里将发布会和审查会的相关事项列举出来供读者参考。

- 审查会或发布会的时间和场所是否已确认；
- 出席发布会的着装准备了没有；
- 展示用场地是否足够大，清理了没有；
- 有无模型所需的电源；
- 如果以电脑进行渲染演示，有无所需电源；
- 展示用的图表和图板是否已经准备；
- 为作品配置的照明光线是否均匀，有无阴影；
- 是否已准备了发布时要用到的指示棒；
- 是否已作过发布的演练。

（胜又英明）

图–1　自制的喷漆箱

图–2　自制的装模型的包装箱

3 作业

1 地块与主题的关系

■前言

1 概要

在这一节，我们将从与毕业设计有关的统计数据中试着找出近年来的发展趋势。作为参考的资料是以2003年度日本建筑学会举办的“全国大学及专科毕业设计展示会”173件应征作品中的171件为主要对象。

这些作品无一不给人以造型完美的印象，而且还表现出丰富的地域特色和高超的才智，真是色彩纷呈，让人眼花缭乱，很难用简单的一句话加以总结和概括。在此，我们仅就“地块”、“主题”和“方案”等3个大的方面做些归纳，目的在于尽可能客观地描述现状。

2 统计的原则

关于“地块”，主要统计那些已经着手规划设计的地块。先是从地块与大学所在地的位置关系进行比较开始，然后再以人文环境和自然条件作为确定开发程度的主线，从城市到农村直至偏僻地区，将地块所在区域细分为32种类型，做出统计数据。

在“主题”上，对于每件作品的设计主题，从重点以工程学逻辑追求真理到与社会接轨的强烈意识等方面进行分类，共分为17项。

至于“方案”，我们将其作为作品中设计的结果看待，统计的是最终完成的结果。从小到家具一类的东西，到大至庞大的城市总体规划，这方面的关键是要把设计的内容以图像或模型展示出来。

最后谈及的是“地块 × 主题”及“主题 × 方案”的交叉统计，以此来揭示彼此的相互关系。

■关于地块

1 大学所在地与“地块”

由于作品来自全国各地，因此不难想象作品的风格也体现出各地不同的风土人情以及城市化程度的差异。这里我们根据设定地块及作者所属大学的所在地的都、道、府、县进行统计，并按照与地块关系的密切程度以图－1标示出来。＜图－1.A＞为大学数，＜图－1.C＞为地块数，＜图－1.B＞为流出流入数（大学数－地块数）。

从图中可以一目了然，地块及大学几乎都集中在位于东京、大阪和名古屋等政令指定城市的自治体内。但令人不解的是，＜图－1.B＞中的“～－3”让我们意识到即使像坐拥大阪府和京都府等大规模城市地块的自治体也在向外流出。此外，5所大学以下的县流出流入都较少，与其到大城市，莫不如把近处作为考察的对象更为方便。

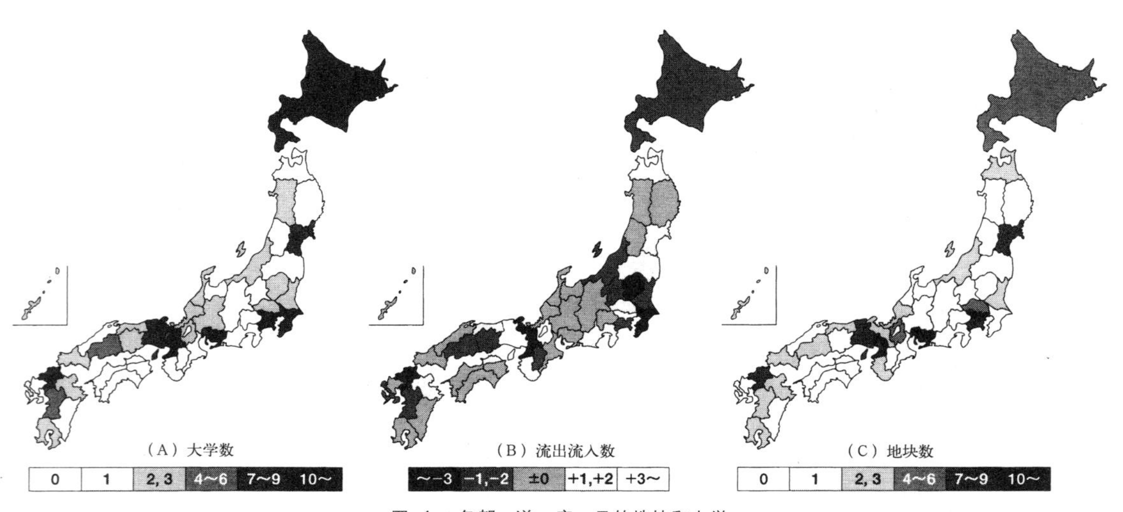

图－1　各都、道、府、县的地块和大学

2 “地块”的含义

在建筑设计中，大多都会将地块作为设计条件之一。当把着眼点放到作为设想规划方案的毕业设计上时，有的已经确定了地块；有的则可能是先做出效果图，然后再据此寻找合适的地块。无论是哪种情况，作为把概念清晰地烘托出来的背景都起着很大作用。下面我们将从包括已设定地块在内的周边地域开始，尽量描绘出众多作品所处的背景状况。

另外，在统计过程中我们将所在地自作品的地块图内分割出去，并以卫星照片（Google Map,2007 年 1 ~ 3 月）为基础进行分类。即使设定的是虚拟的地块，例如设想周围都是高层建筑，在分类时则判定其为市中心。

3 “地块”的倾向

从“各类型统计结果”来看，作品数量基本与所在地区人数多少成比例，尤其值得注意的是，在“城市”的“非城市基础上”显得非常集中。按照这一类型的“各细分种类统计结果”，将作品地块设定在“繁华商业街”这类让学生感到亲切的地方的占大多数；相反，对“写字楼街区”倒不太有兴趣。在不熟悉的地段发掘课题的难度也比较大，或许是设定地块集中在某一地区的原因。

表 –1　地块的分类和统计结果

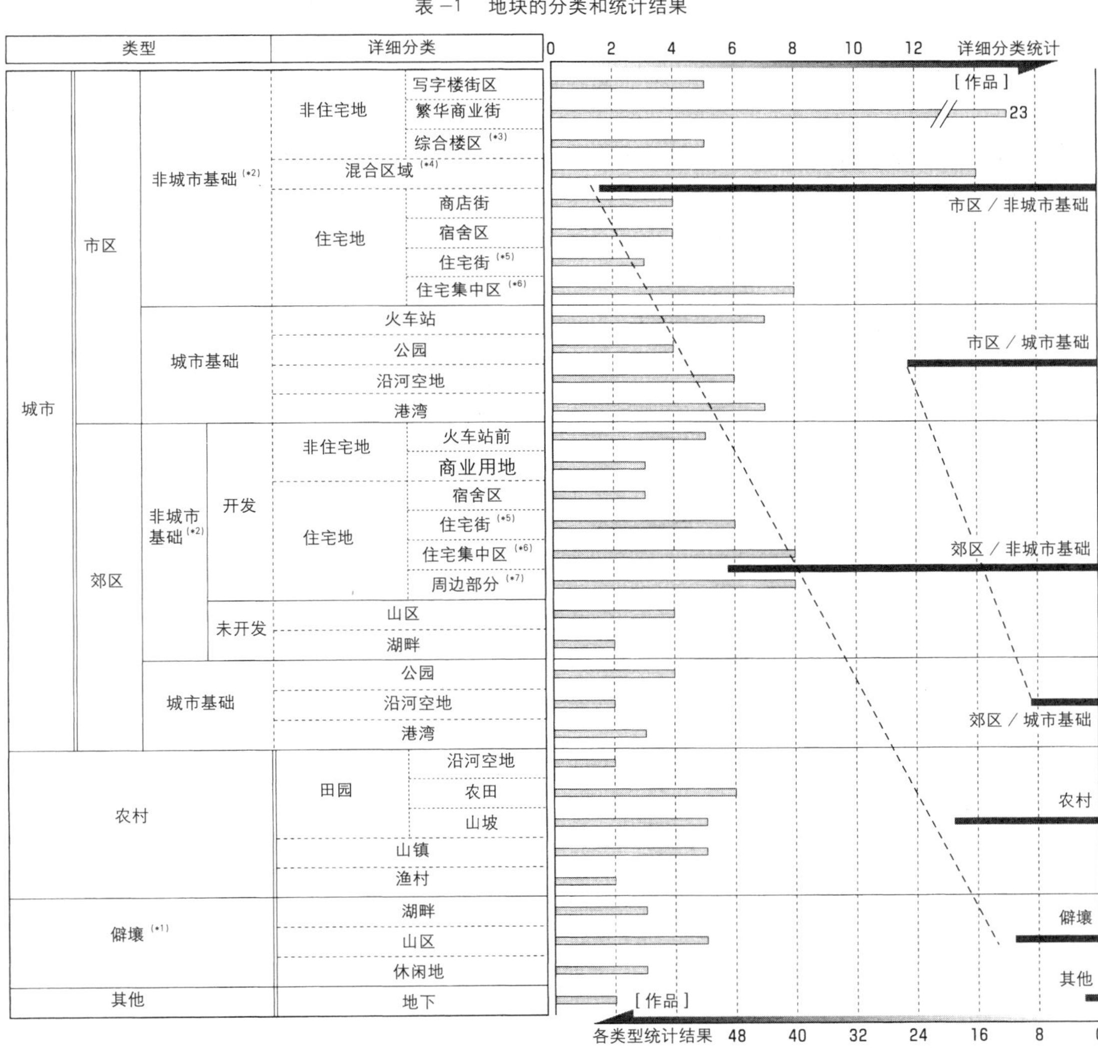

（*1）僻壤：处于原始状态，人类无法生活的地方。
（*2）城市基础：构成日常生活基础的公共设施及其用地。其中的多数都带有明显的土木结构物的特征。
（*3）综合楼区：系指矗立着各种各样的高楼，其用途又各不相同的区域。
（*4）混合区域：住宅与其他设施混杂在一起，街道不规整的区域。其中有许多地方，正因杂乱则更凸显其魅力。
（*5）住宅街：地块内住宅较多，且留有空白，道路也较宽的区域。多半都是能够维持良好的生活环境的地方。
（*6）住宅集中区：建筑物布满整个地块，公寓也混在其中的区域。多半都是小巷纵横其中，日照和通风也不好的地方。
（*7）周边部分：住宅开发区域与未开发区域的交界处。多半是可以用来建小学校和公园等较大的地块。

■关于主题

1 “主题”的作用

此处所说的“主题”，系指作为设计核心的作者意图。这其中当然包含着个人的情趣，以及对社会的关注和对当前建筑设计状况的意识，在种种要素融合在一起的过程中，最后形成作者本人的观念。

由于毕业设计的主题是由作者本人决定的，因此与以前的设计课题相比有很大的区别，也成为对设计内容产生较大影响的重要分歧点，这也正是在现实设计实际业务中无法体会到的乐趣所在。

尽管一个设计所要实现的目标会因人而异——这是不言而喻的事，然而应该强调的是，并非因此就决定了设计作品的优劣。

因此必须注意到这样一种现象，即在对主题进行分类时，由于资质的差别，不同的人可能做出不同的解释。甚至是一种想当然的理解，忽略了作品本来显而易见的客观性。作为一种对策，应该从作品为说明设计主旨而编写的文章中抽出相当于主题的部分进行分类。归根结底就是要沿着作者本人对自己作品的说明这条线，而不是随意掺入从图板解说和对效果图的印象中理解的内容。

2 “主题”的倾向

作为主题分类的特征，首先可举出“哲学思想的”和“批判的”两种，都是比较极端的观念。从总的数量上看，毫无疑问都属于少数派。但是，由于其中包含着传承和延续历史的内容，是从建筑设计深层领域才能窥视到的部分。

在其他设计领域，将建筑放在周边环境背景中的“地域 · 城市”作为主题的作品也不少见，其特点是“创意”与“方案”几乎占有相同的比例。

在设计中还表现出这样的两种倾向：一种是仅以地块范围内为对象的局部观点，另一种则是把地块及其周围环境结合起来的全局观点。这在细分的过程中就不难发现。在以“地域 · 城市”为主题的4件作品中有3件位于作品集中的区域（约10件左右），这些作品对建筑在包括建筑本身在内的地域社会所起的作用都必须给予某种程度的关注。

表 -2　主题分类汇总

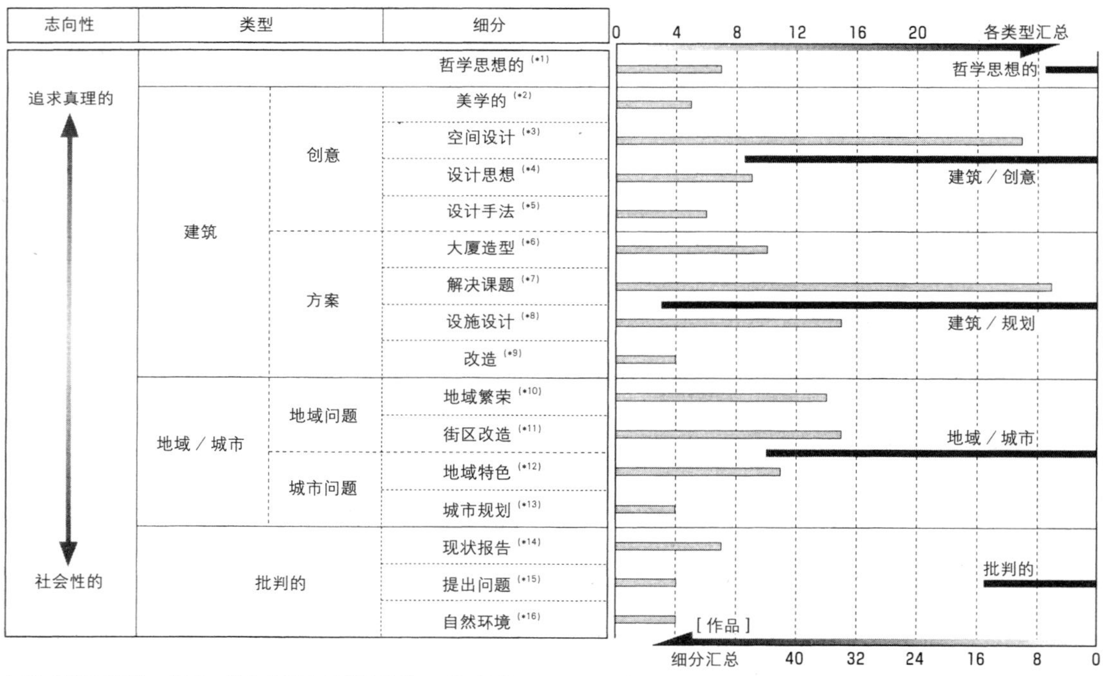

(*1) 哲学思想的：基于一般抽象概念所做的设计。引用哲学原理是其特征。
(*2) 美学的：单纯追求造型美的东西。
(*3) 空间设计：以空间形态为主所设计出的新空间。
(*4) 设计思想：为生成空间而进行的思考过程的体系化。
(*5) 设计手法：以独创的原则所进行的空间形态操作，亦指合理的设计。
(*6) 大厦造型：以构想新的大厦为目的的操作。
(*7) 解决课题：将与生活相关的各种问题转换成空间图式进行考察并加以解决。
(*8) 设施设计：对已确立的设施进行符合物理及社会状况的最佳设计。
(*9) 改造：通过改变用途或大规模修缮而提升原有建筑物价值的行为。
(*10) 地域繁荣：利用建筑物使商业街或住宅区重现往日的热闹景象。
(*11) 街区改造：花费一定时间来改善地域社会条件。
(*12) 地域特色：利用建筑物体现出当地固有的价值和独特性。也是强调地块选择的理由。
(*13) 城市规划：以广阔的地域为对象的总体规划。不着眼于具体的建筑物是其特点。
(*14) 现状报告：利用设计批判已显而易见的问题。
(*15) 提出问题：通过设计来触及被制度和习俗掩盖的问题。
(*16) 自然环境：以保护自然环境为目的的设计。

■关于方案

1 大学所在地与“地块”

在设计过程中，要将最初的理念融入设计里去，与此同时，通过与周边物理社会状况的协调，逐渐获得现实感。因此，这是一个变形的过程。尤其是在许多富有想象力的毕业设计作品中，可以说理解理念的价值就是转化成实在设施的一种翻译作业。变换的结果都完全以完成作品凝结的方案来表现出变换的倾向。这即是本小节的目的。

以作品中的图纸为重点，再结合展示作者记述具体功能的图板和语汇，对各种设施形态进行了分类汇总。

2 “方案”的倾向

在全部方案类型汇总中，以“文化设施”最为突出，约占1/3左右。这一结果，应该说充分反映了作者对自由度较高的设计领域的偏好。不过，历来受到重视并必然为设计课题所采用的“住宅”领域，其倾向性依然明显。而“复合设施”中的多数作品，却没有表现出对毕业设计倾注多少热情。一般都把体量设计得过大，这或许是为了要将更多的功能包括进去的结果。

经过细致分类，类型较为集中的项目（文化设施3种、集合住宅和复合设施2种）总数超过10个；其余的项目比较分散，均显示出能够充分反映作者的意图。

表-3　方案分类及汇总

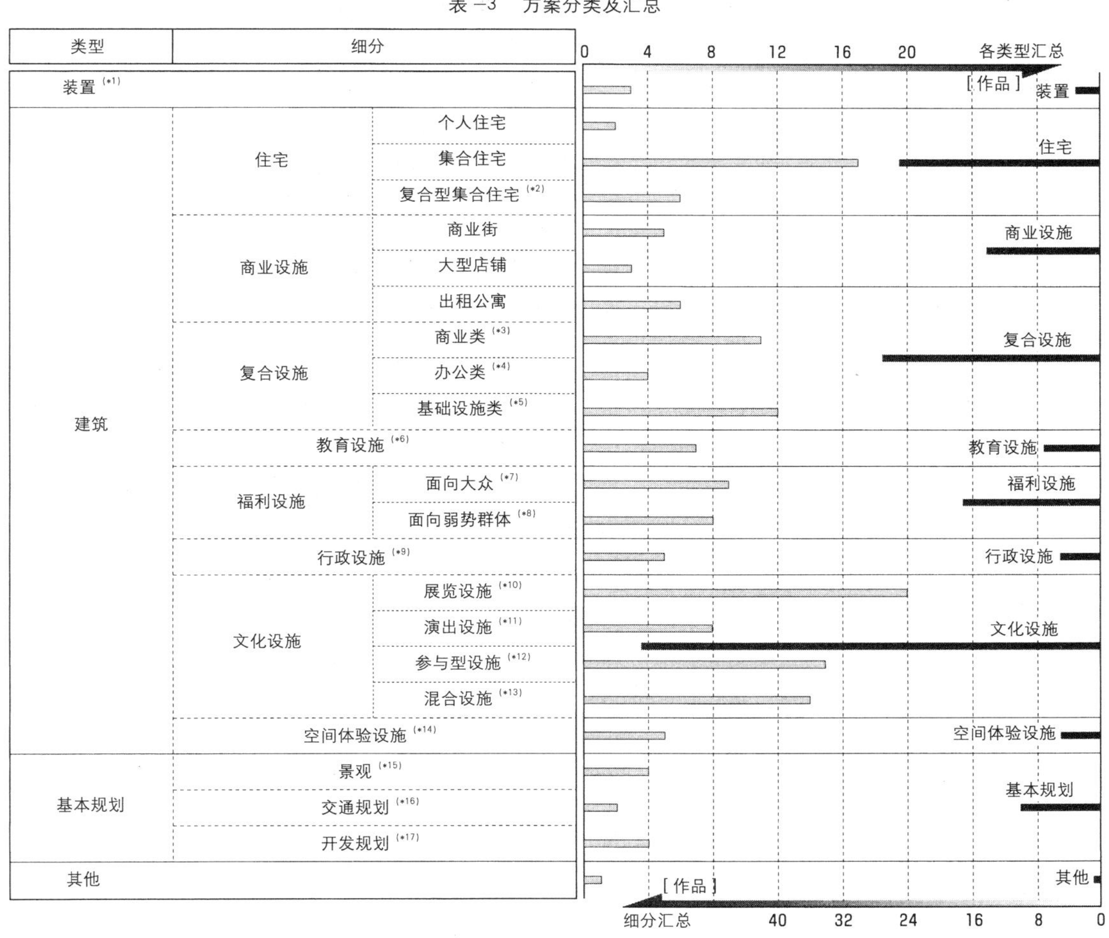

类型	细分	
装置 (*1)		
建筑	住宅	个人住宅
		集合住宅
		复合型集合住宅 (*2)
	商业设施	商业街
		大型店铺
		出租公寓
	复合设施	商业类 (*3)
		办公类 (*4)
		基础设施类 (*5)
	教育设施 (*6)	
	福利设施	面向大众 (*7)
		面向弱势群体 (*8)
	行政设施 (*9)	
	文化设施	展览设施 (*10)
		演出设施 (*11)
		参与型设施 (*12)
		混合设施 (*13)
	空间体验设施 (*14)	
基本规划	景观 (*15)	
	交通规划 (*16)	
	开发规划 (*17)	
其他		

(*1) 装置：公共设备，移动式亭子等。
(*2) 复合型集合住宅：底层设计成非住宅式的其他功能的集合住宅。
(*3) 复合设施／商业类：以商业设施为主的多功能复合设施。
(*4) 复合设施／办公类：以写字楼为主的多功能复合设施。
(*5) 复合设施／基础设施：以火车站和码头等交通停靠点为主的多功能复合设施。
(*6) 教育设施：幼儿园、小学、中学、大学。
(*7) 福利设施／面向大众：公民馆、交流设施。
(*8) 福利设施／面向弱势群体 少年宫、老龄者福利设施、医院。
(*9) 行政设施：政府机关、保密机构。
(*10) 文化设施／展览设施：美术馆、展览馆、画廊。
(*11) 文化设施／演出设施：剧场、体育场。
(*12) 文化设施／参与型设施：由车间厂房及雕塑等组成的体验型学习设施，用于创作、讨论和制作等的设施。
(*13) 文化设施／混合设施：将以上功能组合在一起的设施。
(*14) 空间体验设施：无确定功能，用于体验空间本身的设施。
(*15) 景观：道路两侧建筑的立面设计，建筑物空中轮廓设计。
(*16) 交通规划：交通网的布局设计。
(*17) 开发规划：城市建设规划方案。

表 -4 "地块 × 主题"交叉汇总

地块·类型	细分	哲学思想	美学	空间设计	设计思想	设计手法	大厦形态	解决课题	设施设计	改造	地域繁荣	街区建设	参与型设施	城市规划	现状报告	提出问题	自然环境
主题·类型			建筑								地区·城市				评价		
主题·细分			创意				规划				地区问题		城市问题				
城市·市区·非城市基础·非住宅地	办公街区	1			2							1	1				
城市·市区·非城市基础·非住宅地	繁华街区	1	1	4		1	2	5	3			1			1	1	3
城市·市区·非城市基础·非住宅地	综合楼街区				1							2		1			
城市·市区·非城市基础	混合地区	1	1	2		1	1	1		1	2	2				1	
城市·市区·非城市基础·住宅地	商业街			1							2		1				
城市·市区·非城市基础·住宅地	宿舍			1	1		1					1					
城市·市区·非城市基础·住宅地	住宅街					1		1			1						
城市·市区·非城市基础·住宅地	住宅集中区			1		1	1		3				1		1		
城市·市区·城市基础	车站				3			2	1					1			
城市·市区·城市基础	公园		1					2				1	1				
城市·市区·城市基础	沿河空地		1		1			1	1					1	1		
城市·市区·城市基础	港湾			2	1	1					1		1	1			
城市·郊区·非城市基础·开发·非住宅地	火车站前			2				1			1	1					
城市·郊区·非城市基础·开发·非住宅地	商业用地							1	1				1				
城市·郊区·非城市基础·开发·住宅地	宿舍区						2		1								
城市·郊区·非城市基础·开发·住宅地	住宅街			1				2	1		2						
城市·郊区·非城市基础·开发·住宅地	住宅集中区			1				4			1	2					
城市·郊区·非城市基础·开发·住宅地	周边部分			2	2			2		1	1						
城市·郊区·非城市基础·未开发	山区			1					2						1		
城市·郊区·非城市基础·未开发	湖畔						1	1									
城市·郊区·城市基础	公园			1			1		1				1				
城市·郊区·城市基础	沿河空地											1			1		
城市·郊区·城市基础	港湾	1		1							1						
农村·田园	沿河空地	2															
农村·田园	山脚							2	1	1					1	1	
农村·田园	休闲地			1				2				1			1		
农村	山镇	1		1							1	1					
农村	渔村											1	1				
僻壤	湖畔										1		1				1
僻壤	山区			2		1				1			1				
僻壤	休闲地		1	1									1				
其他	地下						1									1	

注）方格内为各类型或细分各组的统计数字，以颜色深浅区别之。

0	1~2	3~5	6~8	9~11	12~

“地块 × 主题”的倾向

我们可以做这样的理解，所谓“哲学思想”和“评价”，系指无人居住的地区；“创意”为影响较大的地方；而“规划”则指选定的人员较多的地块。从不同角度去看，“市街地／非住宅地”完全是一码事，都是具备考察条件的区域。

另外，在对待“地域问题”中的“城市”和“农村”两方面，不能厚此薄彼。只是站在“郊区”的立场上来考虑“城市问题”会有些困难。但在现实中，“郊区”也很重要。

“主题 × 方案”的倾向

最引人注意的是，设计方案向“文化设施”这一主题的集中，特别在论及“地域 · 城市”问题时多数都包含这样的内容，只是它的合理性令人质疑。还有事例显示出明确的选择取向，对于“地域问题”和“城市问题”做出这样的划分：将前者作为单一功能设施，后者看做功能复合的设施。除此之外的情况，目前尚未发现。

意识选择倾向的缺位，不知道是出于维护多样性的良好环境的需要还是因为找不到合适课题的缘故。

（细田崇介）

表 -5 “主题 × 方案”交叉汇总

“地块 × 方案”汇总

主题 类型				建筑								地域 · 城市				评价		
主题 细分				创意				规划				地域问题		城市问题				
方案 类型	方案 细分		哲学思想	美学	空间设计	设计思想	设计手法	大厦形态	解决课题	设施设计	改造	地域繁荣	街区建设	参与型设施	城市规划	现状报告	提出问题	自然环境
装置					1		1							1				
建筑	住宅	私人住宅					1				1							
		公寓	2		2	1		3	3	2			3	1				
		复合型公寓				1	1	1	2			1						
	商业设施	商业街				1						3	1					
		大型店铺						1				1					1	
		出租大厦	1	1				1	1	1								
	复合设施	商业类			1	1			3		1		1	2		1		1
		办公类			1				2						1			
		基础设施类				3	1		3	1		1			1		1	1
	教育设施				2				3	1			1					
	福利设施	面向大众						1	1	1	1	2	3					
		面向弱势群体			3	1			1	3								
	行政设施				2			1								1	1	
	文化设施	展览设施	1	3	3	1		1	4	1		2	1	1		2		
		演出设施	2		2			1		2						1		
		参与型设施			2		1		2	1		1	2	1		2		2
		混合设施	1	1	3				2	1		2	2	3				
	空间体验设施				2				1	1				1				
基本规划	景观				1		1				1	1						
	交通规划				1										1			
	开发规划				1								1	1	1			
其他																	1	

0	1~2	3~5	6~8	9~11	12~

2 各种形态理念

■“各种形态理念”的用法

本节的目的是提供一些极简单的关键词以获得形态理念。

在“4 研讨”一节中，主要涉及在构思从形形色色的社会热点提炼设计主题时所起的作用；而本章的目的试图为进行实际的毕业设计提供一点帮助。其中在本小节“2 各种形态理念”里将要重点谈到一些观点，即如何理解在具象造型和构成形态方面环境所具有的意义和价值。

毕业设计中的方案取材范围，自身边的话题到城市乃至国家等等。现在我们将把这些形形色色的世界大致按比例进行排列。以本小节找出的关键词为契机，希望读者进一步理解这些关键词的含义，并在此基础上提出设计作品的方案。

■建筑·城市空间与形态

关于形态，可进行各种各样的分类，也有许多不同的说法。高木隆司氏在《“形态”探讨》一书中，就人们目光所及的各种形态做了如下的分类。第一种是“出现在自然中无生物世界的”，如靠着表面张力支撑着的肥皂泡和水滴、拉住链条两端松弛时形成的曲线等。第二种是指“生物的形体和器官，或如蜂巢那种由生物筑成的”，水母则具有轴对称性和几乎所有动物都在形态上明显表现出左右对称的规律（图 –1）。第三种是“餐具、家具和建筑物之类由人类制造的形态”。建筑·城市空间虽然都属于第三种形态，但却是在第一种和第二种形态的启发下才营造出来的。自 19 世纪后半叶开始，采用自然和生物形态被称为“新艺术风格”（法文 Art Nouveau，源自 19 世纪的法国和比利时。——译注）的设计实例日益增多，这些都应归属于第二形态。安东尼奥·高迪是这一时期（在西班牙，这一时期被称为现代派思潮）最有代表性的建筑师。

图–1　营造壶状蜂巢的蜜蜂（摄影：佐藤靖男）

“形式追随功能”是美国建筑师刘易斯·沙利文的名言。作为一位奠定建筑高层化结构基础的著名建筑师，面对建筑领域一味追求形式上标新立异的状况，满怀忧虑地说出了这番话。作为现代化的公共建筑，不仅具有一般的功能，有时还必须根据与室内功能联动的设施运营方案来确定形态的匀称。

以上，从建筑细部到建筑·城市的形态平衡，我们知道了形态具有的无限可能性。自下页起，将以各种各样形态的关键词作为基础，来讲解最基本的形态问题，笔者希望能起到抛砖引玉的作用，老师和同学们可就建筑和城市理论展开热烈讨论。

（佐藤将之）

[参考文献]

1)『建築・都市計画のための空間学事典 改訂版』日本建築学会編，井上書院，2005
2)『空間デザイン事典』日本建築学会編，井上書院，2006
3)『空間体験—世界の建築・都市デザイン』日本建築学会編，井上書院，1998
4)『空間演出—世界の建築・都市デザイン』日本建築学会編，井上書院，2000
5)『空間要素—世界の建築・都市デザイン』日本建築学会編，井上書院，2003
6)『かたちのデータファイル デザインにおける発想の道具箱』東京大学建築学科高橋研究室編，彰国社，1984
7)『環境行動のデータファイル 空間デザインのための道具箱』高橋鷹志＋EBS編著，彰国社，2003
8)『単位の辞典 第5版』二村隆夫監修，丸善，2002

01 形态的知觉 · 图与地 · 形态

Books of Recommendation

■《从生物看世界》约克斯柯尔，岩波书店，2005 年
■《斑点艺术工艺》铃木成文监修，杉浦康平编，工作社，2001 年
■《街道的美学》芦原义信，岩波现代文库，1979 年

Example of Design

被用于说明和把握城市及建筑有无什么功能之类的状况。所谓形态，系指全体而非部分。在多数情况之下，与其将侧重点放在形态的作用上，莫不如更加关注形态的和谐、概念的构建及验证上。

■知觉

人类具有视觉、听觉、嗅觉、味觉和触觉，这些俗称五官感觉。所谓知觉，系指依靠眼、耳、鼻、肤等器官的功能对内外环境中事物的感知。而且，知觉不仅可以就主要的感觉内容从视知觉、听知觉和触知觉等特有的性质方面进行分类；还能够就运动知觉、时间知觉和空间知觉等时间及空间范畴上加以分类。此外，也可将二者合并使用，分别被称为视空间知觉、听空间知觉和触空间知觉等。

■图上的图形与空地

知觉的基本结构，通过物体与其周围的边界加以区分。这时在眼前浮现的“图”及作为其背景的“土地”二者的关系，成为形态心理学的基本概念。

在做毕业设计或设计课题过程中，制订地块规划时，建筑物的部分被涂成黑色成为“图”，而其余的空白处则作为“土地”存在；城市的道路和铁路等移动手段也同样作为“图”绘制下来，并以此进行城市功能的分析。被围的部分成为“图”，而外面围着的部分就是“土地”。不过，根据不同条件，图和地可进行转换。需要注意的是，这个图与地的反转图形会改变原有的观点。如何理解知觉到的形态，将对环境设计给予启发。而且，即使这样的作业与形态并无直接联系，但对设计过程中概念图的制订及运营方案的验证具有重要意义。

■形态

形态一词，德语为“Gestalt”。翻译成日语，为“形”、“形态”等。在形态心理学上，提出总体优先于部分的说法，即部分的性质由整体结构决定的原则。

图可以被看做是几种事物的集中表现。决定这种知觉上的统一和渲染的要素，被称为形态要素，是由 M · 韦尔特海梅尔（Wertheimer,Max，1880～1943，奥地利心理学家。——译注）研究的成果。在设计过程中，不仅需验证体量的匀称，还要将人们共有的场所放在部分与整体的关系中加以审视，然后作为分解的空间一一提示出来。这时，才能应用形态这一概念。

（佐藤将之）

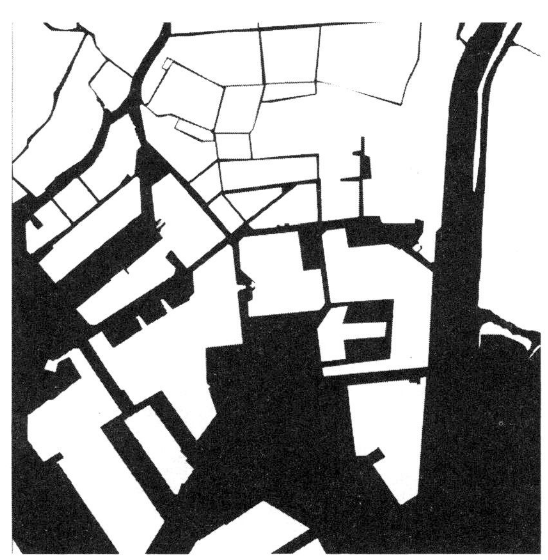

黑色表示水，白色表示陆地。一望可知其中的人工造地和水路较多。

图-1　东京下町的水路

尽管个个形态大小不同，但从整体上看去便能够发现，无论色彩、高度和体量平衡等方面都存在某种倾向。

图-2　威尼斯城区

02 人类的感觉—私人空间·以人为标准的尺度

Books of Recommendation

■《人体及动作尺度图集》小原二郎编，彰国社，1984 年
■《环境认知发达心理学》加藤孝义，新曜社，2003 年
■《可变生活环境论》野村绿，医齿药出版，1997 年

Example of Design

■仙台梅地亚中心内的长椅
■法国国会图书馆阅览室座席配置

■距离与通信

所谓感觉系指由视觉、听觉、嗅觉、味觉和触觉等接受刺激时经验的心理现象。尤其是具有空间特征的人类存在，会因人与人之间距离的不同，而使这些感觉发生很大变化。

城市和建筑空间中的人类生活具有各种各样的形态，由于利用了人们的距离和空间，使得通信的功能也完全改变了。人们都试图保持着与他人的距离和空间，不让他人加入自己个体周围，像这样的心理上的领域被称为私人空间。R · 索马对这种看不见的私人空间进行了种种实验和研究。

此外，曾说过“距离即通信”的 E · 霍尔，也像下面那样列举出人的 4 个距离带：在私人行为上亲昵距离（约 45 cm）；可看清对方表情，进行私人间谈话的个体距离（45 ～ 120 cm）；在工作和社会性集会中使用的社会距离（120 ～ 360 cm）；演讲等公众场合使用的公众距离（360 cm以上）。在此基础上，西出和彦氏又以日本人为对象，标示出图－1 那样的人与人之间的距离种类。

■以人为标准的尺度和通用设计

在城市和空间的各种状态中，基于人体和人的感觉或行动的尺度被称为以人为标准的尺度。为了造出更适于人们生活的东西，必须选择这样的尺度。在以学龄前儿童为对象的幼儿园中，阶梯的每级高度都设计的较低；而在为老龄者所建的设施里，则没有阶梯。老龄者和残障者均被看做是环境中的弱势人群，以他们为对象的各种设施要求无障碍可自由移动，是一种专用设施；如果不分男女老幼，任何人都适用的设计，被称为通用设计。需要注意的是，不可将这种通用的概念绝对化，从某种观点看来，只能是一种方便使用的设计。从设计角度，必须这样认识。

对于环境中弱势人群的特殊关照非常重要。可是，有时为了提高儿童的自立意识和维持老龄者尚余的活动能力，会在幼儿园里配置相当于成人尺度的设施环境，在养老院里的部分区域设置一些台阶。这应该成为环境设计中的重要出发点。

（佐藤将之）

[引用文献]

1）『環境認知の発達心理学』加藤孝義，新曜社，2003，116ページ，図7-1

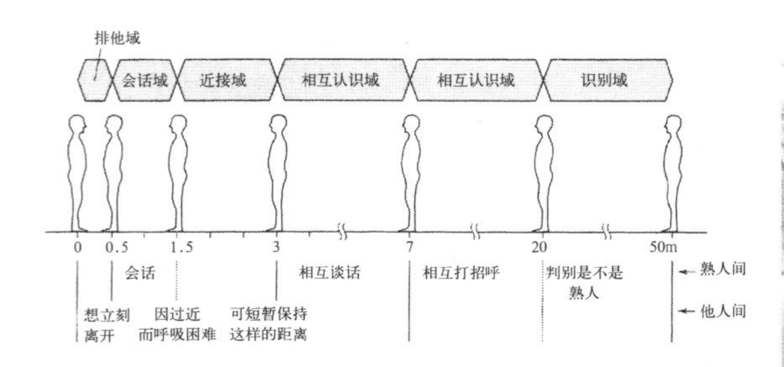

图－1　人际的距离等级

图－2　仙台梅地亚中心内的长椅

03 空间单位 · 中间领域

Books of Recommendation

■《设计基本尺度》勒 · 柯布西耶，鹿岛出版社，1979 年
■《不在自己家》外山义，医学书院，2003 年
■《空间——从功能到形态》原广司，岩波书店，1987 年

Example of Design

■国立西洋美术馆（柯布西耶 / 东京都台东区）
■中银办公楼（黑川纪章 / 东京都中央区）
■宇奈月养老院（外山义 + 公共设施研究所 / 富山县）

空间单位与结构

表示测量和功能单位的“模数”一词，意味着建筑设计中确定尺寸的基准和单位长度，也是决定细部尺寸的要素。建筑师勒 · 柯布西耶根据人体的各部尺寸独创出以人为标准的尺度（模数与黄金比相乘的造语），并将其实际应用于国立美术馆的设计。

作为构成空间的单位，既要考虑砖瓦、混凝土块和榻榻米等建筑材料的因素，也必须将医院内的护理单元及养老院的生活设施单位（看护组合）中使用建筑的人的行动和功能等因素包括进去，通过对这些要素的归纳和统一，才能形成各种各样的空间。

归纳和统一的方法，是将空间大体上分为公共空间和私人空间两种。在由外山义自己设计的老龄者设施中，单人房间与外间之间又设有一个内玄关（半私人空间）；而在被几个单人房间围起来的区域再设置一个可分别在各个房间前谈话的场所（半公共空间）。通过这些中间地带的设定，使得人的聚集密度成阶梯式变化。

除此之外，尚须在设计中对室内与室外、一层与二层和居住者与管理者的场所特点做认真的探索，细致研究二者的区别。在这二者之间有无中间领域及其构筑方法是建筑物品质的决定因素。

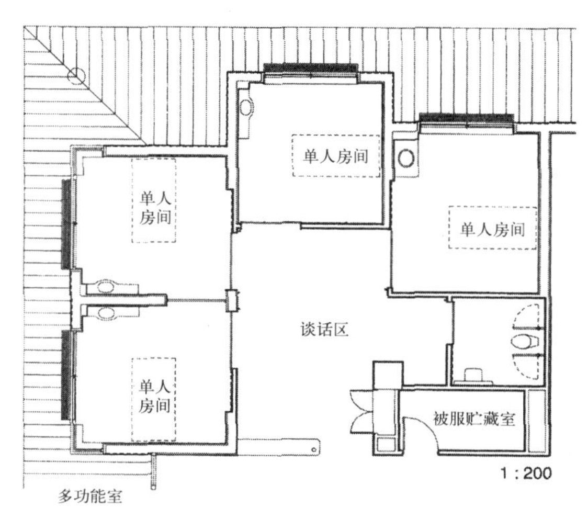

图—1 宇奈月养老院（设计：外山义＋公共设施研究所 / 富山县）

比例 · 立面

不要忘记对高度方向的关注，同样用于以人为标准尺度的“黄金比”便是其中的代表。所谓黄金比，即 $1:(\sqrt{5}\pm1)/2$ 的比例，作为一种最为谐调的比例被广泛地应用于各类设计。明信片和 A4 纸的长宽比都是按照近似于黄金比的值来设计的。

高迪设计的神圣家族教堂有着高耸的塔尖，其空间则是利用绳索垂下时形成的“悬垂线”构成的，在以各个单元空间组成整体空间的同时，其象征性的立面给人的印象极其深刻（图 —3）。

另外，在上面列举的空间单位中还有一种多层空间，如图 —2 中像五重塔一样的标志性建筑。

（佐藤将之）

［引用文献］
1）『建築設計資料集成—福祉 · 医療』日本建築学会編，丸善，2002，52ページ，左下図

图—2 中银办公楼（设计：黑川纪章 / 东京都中央区）

图—3 神圣家族教堂（设计：A · 高迪 / 巴塞罗那）

04 连续 · 场面展开 · 时间

Books of Recommendation

■《刘易斯 · 卡恩的空间结构》原口秀昭，彰国社，1998 年
■《东京改造》弗里克工作室编，广济堂，2001 年
■《荒地和游览地 对于建筑何谓场地品质》青木淳，王国社，2004 年

Example of Design

■六义园（环游式庭园 / 东京都文京区）
■新潟博物馆（设计：青木淳 / 新潟县丰荣市）
■横滨港大三桥国际旅客终点站（横滨市）

■并列连续的空间

在以立柱和桁架连接的空间中，可感受到方向、距离和时间（图 -1）。有时，类似这样排列起来的空间还被用于表现制造这一场景的人的权威大小。此外，这样的空间也被作为连接场所和领域的手段。并列则是构成空间的起点，也是能够产生种种心理作用的空间，作为一种象征性的场所十分有效。

■由空间移动产生的变化

空间的移动，成为能以具备各种感觉的身体进行体验的机会。维特鲁威主张，建筑应该保持“用”、“强”、“美”。空间设计正是将这些方面综合起来才创造出人们的移动体验。由于空间的移动，使景观和环境都成为连续的和变化的，我们把这种连接称为场面的展开。

在相同的街区里，路边连续的场所会给人以统一感。在大厅或楼梯等具有高低差的场所中，很容易让人产生先入为主的期待感和庄严感。尤其是环游式庭园和参道等处，更加会有那样的感受。这是因为阶梯的水平差和迂回曲折的小径使上下左右产生了种种变化的缘故。而且这些空间还有季节式的时间流动，成为一年四季连续变化的场所。

■与时间变化对应的建筑和城市形态

能够想象出空间在时间上的变化，这对制订建筑和城市的设计方案来说很重要。上班和上学都要从城市中穿过。一天里学校会有各种各样的移动出现，随着年级的升高，教室也在变换。入秋后便要做防雪的准备，随着季节的更替，就像人们增减衣服一样，建筑的外观也在变化。许多年过去了，家庭里的人口会增加或减少，居住的房子也须随之扩大或缩小。在战后的几十年里，由于土地的分割，被称为“狭小住宅”的最低限度规模的住房增加了。随着人口出生率的下降，城镇里的学校也改作他用，变成了旅馆和办公室等各类设施（用途转向）。建筑和城市的建设方案必须能跟上时代飞快变化的脚步。

（佐藤将之）

图-1 夏尔 · 戴高乐机场（巴黎）

连体建成的住宅为彼此相互支撑的结构体，由相同的空间结构组成。

图-2 谷中的四軒连体住宅（东京都台东区）

儿童图书馆扩建，原图书馆外墙变成内墙。

图-3 国际儿童图书馆

（设计：安藤忠雄 · 日建设局 / 东京都台东区）

05 象征·风景·形象

Books of Recommendation

- ■《风景学入门》中村良夫，中央公论新社，1982 年
- ■《城市印象（新装版）》凯文·林奇，丹下健三、富田玲子译 岩波书店，2007 年
- ■《日本的景观》樋口忠彦，筑摩书房，1993 年

Example of Design

- ■佛罗伦萨大教堂（意大利）
- ■标志塔（横滨）
- ■茂江沼公园（札幌市）

作为象征的建筑

所谓象征就是标志或记号，是将无法直接知觉到的事物具象化的结果。一听到“教会”便联想到十字架，说起“神社”就在眼前浮现出牌坊的样子，有这种体验的人不会太少吧。这些东西都能够在地图上以记号的形式表现出来。而且，如同巴塞罗那与安东尼奥·高迪设计的神圣家族教堂、梵蒂冈与圣保罗大教堂、札幌与计时台和电视塔之间的关系一样，

作为风景的设计

另外，建筑还以自然为对象并融入自然，构成风景。由安藤忠雄设计，沿六甲的倾斜地建起的公寓；由长谷川逸子设计，与新潟的河岸堤防和神社及周围地形融成一体的新潟市民艺术文化会馆等。都是这方面具有代表性的建筑（图 –2）。

进而还有一种以较大规模和体量自身即可形成风景的标志性设计，这与设计一般的建筑物不同，因为操控土地的缘故，所以必须根据气温、湿度、雨量、土壤和树木等多种条件进行全面规划设计（图 –3）。

以日常生活构筑的形象

人们年复一年的日常生活，正在构筑着城市的形象。如同 K．林奇讲过的那样，城市的形象并不是一种客观的呈现，而是居住在这所城市里的人实际上怎样去看它，然后在心中留下的清晰的映像（《城市印象》）。在他的这部著作中，对城市的视觉形态做出下面 5 种分类：

① path：道路；② edge：边缘；③ node：节点；④ district：地域；⑤ landmark：标志

以上这些都是人们在了解城市时可能想到的景象，对这些条件如何加以规划，并使各种要素相互融合，是创造出在人们看来具有魅力的城市的关键所在。

（佐藤将之）

作为城市象征矗立的建筑。

图–1 佛罗伦萨大教堂（意大利）

由河岸堤防连成空中庭园，地上也现出屋顶的斜坡，建筑物与自然融为一体。

图–2 新潟市民艺术文化会馆（设计：长谷川逸子 / 摄影：长谷川崇）

位于城市的标志性设计，成为关注时间与维度的非日常场所。

图–3 茂江沼公园（摄影：桥本雅好 / 札幌市）

3 设计作业方法

■设计程序

设计需有一个进行各种思考的过程，这里将就毕业设计的程序加以阐释。不过，毕业设计与上课时做的设计课题及业主委托的实务设计相比，既有相同的部分，也有不同的地方。一般地说，最自由的是毕业设计；最受限制的是实务设计。在进行实务设计时，因有业主的关系，多半都会给定一些详细的条件，诸如具体的地块及其用途，包括建筑费用等。而毕业设计，其设计条件和设计对象本身完全由自己设定。此外，从设计内容方面看，可以分为抽象（概念）性设计和具体性设计。概念式的设计往往与社会性信息和灵感有着密切的关系；与此不同的是，在做具体性设计时，存在几个熟知的必经程序。

这里我们以程序设计者为例，就一边绘图一边创造具体空间的程序做出说明。了解这一点，不仅可以用于毕业设计，而且在平时做设计课题和实务设计中也同样能够作为一种有效手段加以利用。

本小节是这样构成的：左边为设计时一般的思考方法，右边为记述的某位建筑师（下称“建筑师 A”）在以小型公共设施作为设计课题时设计程序的一部分（请其一边谈思考的问题一边进行设计，后面是录音内容的集萃），目的在于了解思考方法这一程序到底具体指的是什么。

学生的设计程序，常见的步骤基本都是先确定课题，再设定条件，然后据此一次性地完成空间的设计。可是，如 John Zeisel（1981）讲过的那样，建筑设计的“设计者在某个时候必须逆向思维。与其以推进问题的解决为目的，莫不如远离这一方向。设计者要多次反复进行一系列活动，每次反复都会解决不同的问题。这些零零碎碎的见解如同朝着多个方向的运动，最终将汇集到一个方向上来，成为面向单一行为的一个运动”。他的意思就是要把设计行为看成“螺旋形程序”。此外，R.D.Watts（1981）也用图 −1 来表示，“分析”、“综合”和“评价”在同一空间内反复进行周期循环的过程中，使维度不断抬高。实际的设计，要一边反复多次经历

Design Process／建筑师 A 的例子

- Prosess1　把握地块状况
- Prosess2　配置设计
- Prosess3　概念和体量设计
- Prosess4　动线设计
- Prosess5　功能和规模设计
- Prosess6　外观和环境设计、景象的空间操作
- Prosess7　外观设计、空间群的操作
- Prosess8　进一步讨论体量配置
- Prosess9　确认体量之间连接方法
- Prosess10　确认体量和概念
- Prosess11　讨论细部
- Prosess12　确认景观功能
- Prosess13　确认体量匀称
- Prosess14　确认体量和功能
- Prosess15　细部设计
- Prosess16　确认景观功能
- Prosess17　空间细微调整
- Prosess18　图纸化

[设计条件]
设计内容：公共设施
现状：位于东京郊区平坦地块上，作为公园现正利用中。
用途地域：第二种高度地区
地块面积：698 ㎡　建筑占地率：60%　容积率：200%
提交图纸：手绘各层平面图
　　　　　立面图 2 张及断面图 1 张（均为 1/200）
设计时间：约 3 小时
* 以下显示的思考内容约为实际的 1/4 左右。

■ Prosess1 把握地块状况

我们在考虑问题时，首先不是想要采用什么方法去了解地块周边的状况，而是要考虑应该先琢磨什么事才是最重要的。只要大致搞清地块的轮廓，无论从任何角度都可以意识到这个地块所呈现的面貌。在本人亲自去踏勘地块轮廓线的过程中，就要反复想一想地块留给自己什么样的印象。特别是方位。甚至连地块的边边角角都要看一看，比如说在角落里有块绿地什么的。笔直的步道也让人产生疑惑：为什么非得把步道修得这样直呢？还得亲自走一走，看看从这里进去是否又能从这里出来，考虑一下，这里的

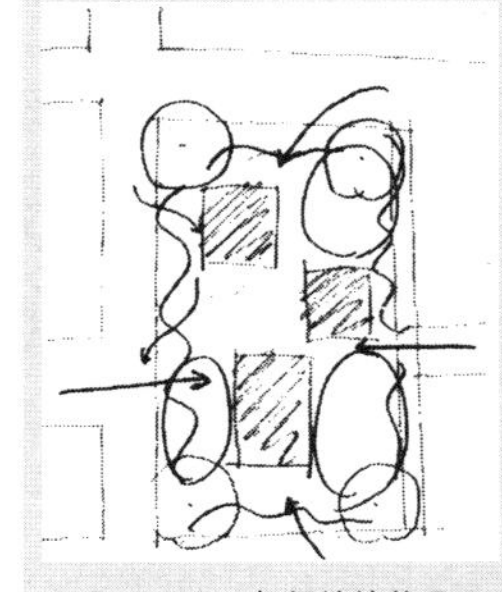

Prosess1　把握地块状况

如建筑师A那样的程序，一边向着获得最终作品（答案）的目标迈进。

将设计中的思考大体分类，有如图－2中列出的几种："定义"、"配置"、"关系"、"功能"、"规模"、"细部"和"景观"（由于这里的说明是以空间构筑为主，因此省略了建筑师思考的法规、建设费用和施工方法等方面的内容）。设计作业便是在对这些要素加以综合的过程中进行的。在这些要素中，"配置"、"功能"、"规模"和"细部"等主要依靠建筑学方面的知识。另外一方面，"定义"、"空间关系"和"景观"则没有要领可循，是需要个人创造性的部分。对其的评价，在很大程度上取决于个人的好恶。现在，我们将以调整"定义"和"空间关系"的"景观"构筑方法为中心做些阐释。

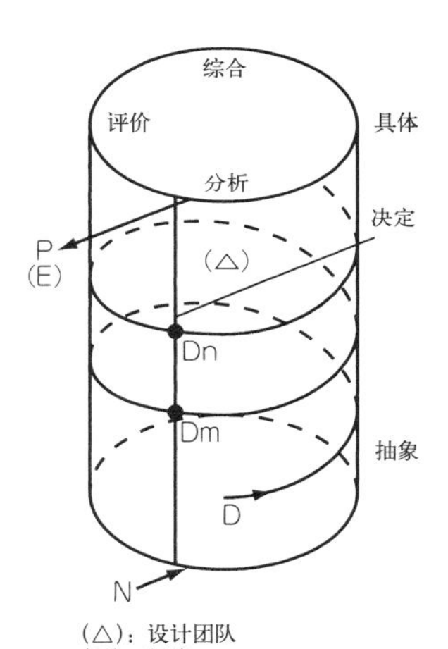

(△)：设计团队
(E)：环境
D：文件
N：人们要求
P：设计团队与周边环境的联系

图－1　R.D.Watts 模型[1)]

定义		"希望具有稳定性的空间"等比喻性表现或建筑常规表现
配置		"管理室设在哪里好"等设置空间场所及状态空间的操作
关系		"从楼梯能看到外面"等2个以上空间的关联
功能		"这是可移动的间壁"等详细功能
规模		"这里进深2m"等大小和体量上的概念
细部		"这里全镶嵌玻璃"等整体中的细微部分及具体处理
景象		"读杂志的人累了休息"等头脑里出现的映像

图－2　思考的内容

道路是不是四通八达。还应考虑到，在这个地块内稀稀拉拉地布置着几处设施。例如，虽然体量多大不太清楚，但总还具备一些功能吧。其余的部分，就成为空白空间留在那里。

■ Prosess2 配置设计

如果从公共广场的功能来考虑，其中坐落着固定的建筑物，其南北向较长。点式布置实际上并不等于就是孤零零的一座建筑物，还存在其他各种方式。如这里或许是整个建筑物的入口，根据情况也可看做是大厅，完全存在与下一个空间连接的可能性。通过这样的点式配置，并不是要成为七零八落的布局。对于应该通过什么方法将点式的存在变成具有统一风格和形态的建筑成为今后的课题之一。这里所说的变化，就是指当你自己在建筑物中漫步时想象着："我会看到什么呢？"这种情形。未来，无论是日本还是世界，都不会止步不前，一个通用设计的时代正在到来。因此，怎样设计出残障者和健全者同样可以使用的建筑设施则成为我们面临的课题。究竟应该如何解决这一难题呢？真正意义上的通用设计和可变设计是精神上的人与物质上的人之间的交点。从公共场所来看，扶手的设置和没有台阶都是设计上的可取之处；然而，更理想的状态应该是营造出一个可让人与自然接触的氛围。

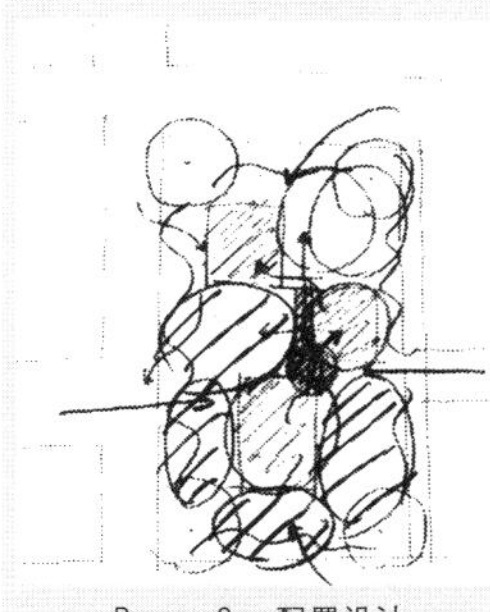

Prosess2　配置设计

■ Prosess3 概念和体量设计

能够让利用者乐于利用这自然应该是公共广场具备的条件（定义）。这里假如先在纸上涂一片绿色，肯定能让人想起树木的种类。例如，栽上几棵山毛榉会怎么样呢？是不是有点儿太大了，不合适吧？落叶阔叶树不是可以适用于任何街道吗？而且富于变化，使一年四季的景致也不同。类似这样的事情，必须与当地情况密切结合起来才行。而且要与建筑设计同时考虑，建筑物必须具有一定程度的公共性，在建筑物周边将会形成一道怡人的风景，这一点十分重要。面向道路的房屋该如何考虑居住环境问题呢？不妨全部镶嵌玻璃（细部），或者把围墙设计成可以对外开放的。那么该怎样进行管理的问题也提了出来。作为一种理想状态，最好任何位置都可以自由出入。同时，周边还没有较高的建筑物。像建在平坦地块上的2、3层的建筑，出入显得很方便；可是，如果地形有些变化会怎么样呢？在考虑了这些问题之后，才确定建3层结构的，并使容积达到饱和（配置）。在考虑城市区域规划时，建筑的好坏不取决于规模和体量的大小；即使再小的建筑也必须把品质放在第一位。当考虑到同一时间里有多少人一起使用时，如果是公共广场，将会

Prosess3　概念和体量设计

■何谓“景象”

所谓“景象”，指在勾画草图时脑海里浮现的情景。仍以建筑师 A 为例，他想到了这样的景象：“汇集在这里的人们，办完事就像潮水一样沿着光滑的地面从出口涌到大街上去。一走出大厅看到的像是两条马路的交叉点。”在此例中提到了“出口”、“办事处”、“大厅”和“马路”等 4 个空间，可以理解为由这 4 个空间的连续构成了“景象”(图−3)。换句话说，“景象”即 4 个空间的“连接”。一个熟练的设计者，在遇到设计不同空间的尺度问题时，空间的大小并不是一个一个确定的，而是凭着握笔杆勾画草图时体会到的尺度大致认识实际空间，在虚拟的体验中进行设计。而且，在此阶段虽然也考虑到“办事处”的空间，但只能将其置于模糊的地位，主要精力必须放在由“景象”演化出的空间连接上。让我们再看看在设计这样的“景象”时所使用的思考中的假想行为，如“汇集的人群”、“办完事”和“沿着光滑的地面涌出”等设定的第三者（在本例中为第三者，但多是在个人假想时出现的），正在让他们做出各种各样的行为。需要将这些丰富的“景象”变成许多形象，反映在设计上。

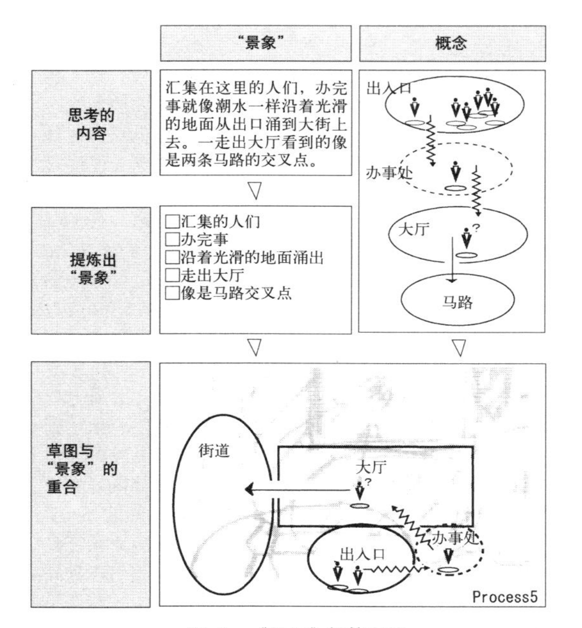

图−3　〝场面〞提炼实例

有多少人在这里集会呢？容纳 100 人左右可以吗？还是需要容纳更多的人（功能）？今后，应该逐渐考虑形态与体量的平衡问题。刚才我们虽然在这里划分了 3 个区域，但其大小并不均等，应意识到使用的是可分为大中小的方法。当考虑到最好以南侧为主时，其一便是要把它的体量做得足够大；而在对面的相邻处也须有较大的体量（配置）。我们平时考虑问题，习惯上总是分做表和里，主和从。但这里是一个统一体，不仅要设计表面，还必须设计内部。如果只是把一处如洗手间搞得很漂亮、很干净，那是不够的。如同设计餐厅，供客人出入的地方就不能再用来作为垃圾一类东西的出口。

■ Prosess4　动线设计

如果将立面全部镶嵌玻璃以反射周围的景象不是很好吗？非也。该遮盖的必须遮盖。即使朝南的那一面，全部配置成开口固然显得明亮，但由于南面也是有墙壁立着的，开口的地方一定会形成强烈的反差。所以在设计开口部时，一定要想到如果这样设计的话看上去会觉得怎么样。有表便有里，凡是显现出来的地方就应全部被看做表。在这里我们倒是想提醒各位对里给予更多的关注。如果将这一侧作为里来考虑的话，便出现了由表引起的人与车的问题和由里的服务产生的人与车的问题。像当初考虑的那样，可以营造一块绿地，便会形成一片绿荫。在这里同样可以设块绿地用来做停车场。需要考虑的是，要将停车场设计多大合适，能保证停放多少台车。而且从正面还要看不到停放的车辆。

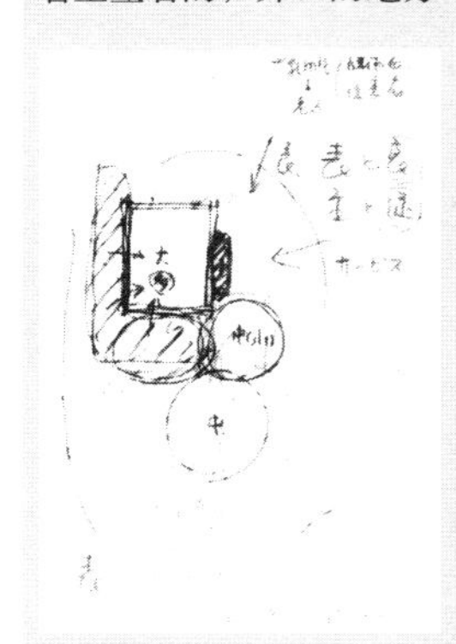

Prosess4　动线设计

至于安全的问题，假如建起的树篱太高，从驾驶座上就看不到外面的情形(景象),因此必须考虑这一问题。更加细致的考虑甚至还要包括，在交通流量很大的街道上，因为日本的车辆须左侧通行，如果从左侧来的车辆该怎样才能进入等等。我们将在今后进一步具体讲述。

■ Prosess5　功能和规模设计

如果是公共建筑物，必然留出管理室和办事处之类的位置。从使用者的角度出发，一般都希望这些地方最好不太显眼，但这样一来可能就不便于对出入者的检查。对从背面进入的人，必须出示证件或办理相关手续。这样一来，汇集在这里的人们，办完事就像潮水一样沿着光滑的地面从出口涌到大街上去。一走出大厅看到的像是两条马路的交叉点（连续）(Type6)。如果为了能够较容易地到达办事处或需要去的地方，可以根据人的动向和利用方式一点一点地确定那些地方的体量。这些考虑并没有包括那种人群突然涌入的可能性，而是设想人们会分散地有秩序地进入。比如，在

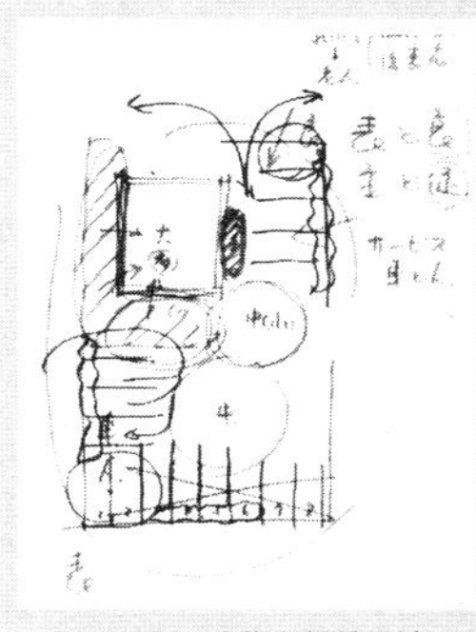

Prosess5　功能和规模设计

在图像化空间里发生的“行为”

在将“景象”图像化时发生的行为是无限多的。大体上可分作“看”、“想”、“动作”和“移动”等4类（图－4）。这个系统中的“看”和“移动”，因为是在复数空间里设定的，所以被用于连接空间的行为。而系统中的“动作”被用于构筑和确认空间。其中系统内的“想”会对空间的知觉产生很大影响，因此在一般设计中当“想”的行为较少的情况下，多半都不会把自身虚拟投影到图像化的空间里去。如果虚拟投影做得很到位，设计者本人一定会产生许多类系中的“体验的氛围”、“心情”和“环境的知觉”等那样的感觉。尤其是类系中的“打算”和“疑惑”，在连续展开“景象”时显得很有效。最好能够将自己过去的设计做一番审视，看看使用较多的都是哪些行为。

系	类型	“景象”中所用行为举例	
看	看	看 瞟 由里面看 俯视 隐约可见	参观 看不见 俯视 仰视 从电车上看到
	眺望	眺望 环视	瞭望 遥望
想	想	想 考虑	了解 明白
	打算	打算 要舒服点儿 想去一下	打算休息了 要唱歌 要进去看看
	疑惑	想想是什么 有了兴趣	注意 有疑问
	感觉到氛围	感到时光在悠闲中流逝 温馨 暖和 被吸引 压抑	热烈的氛围 乘船的心情 感到神清气爽 被深深吸引 觉得豁然开朗
	心情	平静的心情 兴高采烈的心情 爽快 有趣 被击垮 不安 饥饿	明朗温和的心情 安详的心情 快乐 疲惫 不甘寂寞 心不停地跳 开放感
	环境的知觉	明亮 稍暗 噪杂 风声和电车声	暗 安静 照进光线 水声
动作	当场动作	谈话 踱步 打开饭盒 开门 读书	站着 不慌不忙地吃饭 喝咖啡 购票 游戏
	休息	晒太阳 小憩 呆着	休息 坐着 睡觉
	随着移动动作	遛狗 边走边吃 边走边看美术品	一边下楼梯一边东张西望 来来去去 穿过拱门
移动	出入空间	进去 出来	大大方方地入内 钻进去
	水平移动	去 渡过 走	通过 跑 穿过
	垂直移动	上楼梯 下坡	乘自动扶梯上去 乘电梯
	旋转	当场旋转	转一圈
	集会	集合	原地不动

图－4　在“景象”中使用的行为种类

通过大厅走向洗手间或其他什么地方时，也许从洗手间又能走到另外的什么地方去（模糊空间）（Type4）。然而，进出洗手间的情景如果真的被人们看得清清楚楚，难道不让人感到尴尬吗（Type3）。假如将这里当做舞台，当熙熙攘攘的人群从谈话者的两边慢吞吞地走过去，你无论如何也难以集中精力（Type1），从这一点考虑，可以被接受又能够成立的正面必须设在自己这一侧。在将整个建筑作为一个单室来利用时，如果从后面进入也许会有些嘈杂，但却容易营造一定的氛围（Type5）。

当体量较大时，也采用建2层或3层的方法，可是在1000㎡的大空间里，如果天棚的高度只有2400㎜左右，会让人感到压抑（尺度）。不然就得造一个高高的空间。如果把大空间的营造都寄托在体量上，也很难达到目的。空间加高的结果，是将结构部分也抬高了。

■ Prosess6　外观和环境设计、景象的空间操作

现在让我们考虑一下创意的问题。在设计上，为了让建筑物外观显得生动，可以纵向设置垂直的百叶窗，或沿水平方向配置百叶窗；当然，根据方位假如朝向是东面，也可以不设置百叶窗。在日本普遍都有着较强的西照日光，必须同时考虑以上的配置。成型的图像就是这样一点一点地构建出来的。一直到最后，到底该采用垂直的百叶窗还是水平的百叶窗，须待立面图绘制完成后再考虑。假如进一步想想，是否将立面完全暴露会更好一些呢？设想一到下午2点左右，阳光将以30°角射入。如果建筑正面全部都镶嵌着玻璃，盛夏时节射入室内的强烈阳光让住在里面的人怎么生活呢？这是不能不考虑的问题。特意安装的玻璃，竟成为一个该如何解决耗能和环保的话题。在历史及过去的时间轴上，对于某一地区来说，这座建筑具有怎样的意义也是要放入设计中来考虑的。作为一座公共建筑，制订的设计方案，不仅要重视现代的功能，还应对其过去、现在和将来在形式和内容两方面的传承及发展进行全面思考，并在设计方案中得以体现，使设计的建筑真正具有公共性。

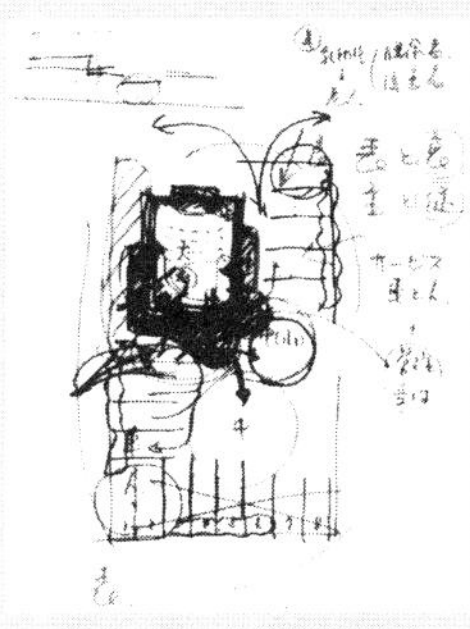

Prosess6　外观和环境设计、景象的空间操作

如果在两端和上下能形成小的缝隙让阳光从北面照进来，可适当考虑设一个开口部的形状，与此同时考虑如何引导人的行为以及从外观上看会给人留下怎样的印象。自入口周围开始，如果看上去觉得不错，那剩下的部分就顺利多了。然后，我们就可进入下一阶段。

■ Prosess7　外观设计、空间群的操作

对于设计中的建筑，如果觉得完成的细部很好，便可以走出早期阶段。然后逐渐考虑建筑在地块中的功能，与此同时确定相对于土地空白处的体量关系。这时往往使用一条直线将入口处斜向放大。即使不是斜向，也让人觉得曲曲弯弯地被引向深处。类似这样的入口设在这里看上去如何？我们尤为关切的是，人们进到里面以后还能不能确认自己所在的位

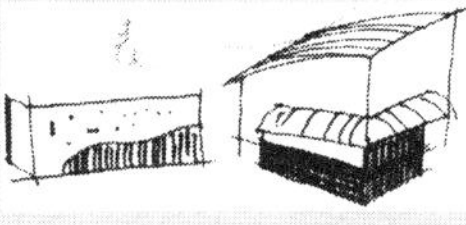

Prosess7　外观设计、空间群的操作

■“构建”空间和“连接”空间

根据给定的几个设计条件，在设计结束之前要反复进行空间的构建和连接作业（图－5）。所谓构建空间系指构建氛围和形状；而连接空间是说让空间与空间之间具有某种关联性。这不限于相互邻接的空间，有时在数个空间分类的状态下同样存在连接的问题。

例如，“假如将这里当做舞台，当熙熙攘攘的人群从谈话者的两边慢吞吞地走过去，你无论如何也难以集中精力”这句话说的意思就是，在考虑大厅中舞台与出入口关系的前提下构建空间。还有，“在穿过大厅走向洗手间或其他什么地方时，也许从洗手间又能走到另外的什么地方去”，说的是在设计中考虑到可以通过人的走来走去的行为将洗手间与大厅连接起来。再比如“进出洗手间的情景如果真的被人们看得清清楚楚，难道不让人感到尴尬吗”，系通过视觉行为明确了大厅与洗手间之间怎样连接才是正确的。

这样一来，在进行空间的连接时，就应该将“感到氛围”、“心情”和“环境的知觉”等统筹考虑，惟其如此方能把这些精彩的片段镜头以蒙太奇的手法组接起来。学生的设计大多偏好 Type1、Type4 和 Type6。希望同学们能够利用多种多样的方法来构建和连接空间。

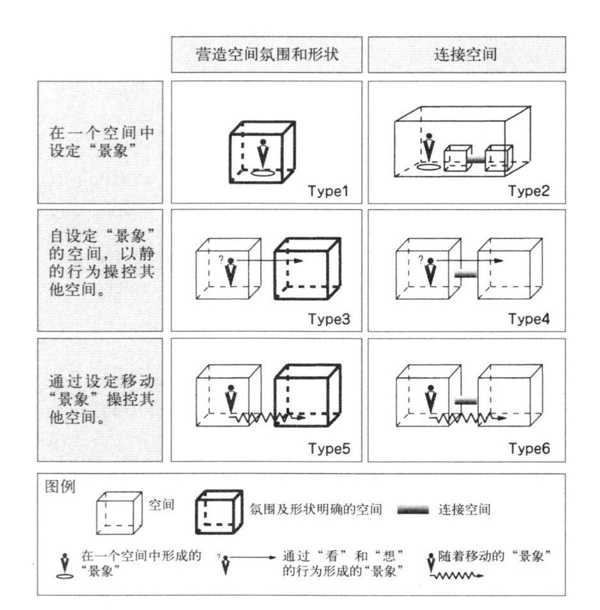

图－5　“景象”与空间的形成

置。如同自入口进来上 2 楼后就能确认自己所在位置一样，如果条件允许为什么不可以设一个共享空间（空间群的连接方式）呢？那样的话，一旦确认了自己所在的位置，就立刻能够辨认出，这边是大厅，那边是小厅，再过去就是中厅（Type2）。在公共广场，就得考虑如何将摆放的折叠椅和台架方便地收起来。往大了说可供所有人使用，往小一点儿说必须能够使用。哪怕只是搞一个小小的讲座，台上也得放把椅子，两侧还要留出供人通行的过道。将这些零碎的空间与整个街区连接起来，便形成星罗棋布的道路供人们穿行其间。与此同时，又营造出各种各样的氛围。

■ Prosess8　进一步讨论体量配置

当以立体的体量来看待建筑物时，与那种将一座巨型建筑物轰然一声爆破倒塌后再重建大体量的方法不同，建筑物的体量和造型应该是在大、中、小各种体量的平衡过程中形成的。造型设计的初衷，无非是要给街区带来一些变化。当把小体量的建筑布置在前面，会留有一定的冗余，视野相对开阔；可是作为公共建筑物的标志性功能将被弱化。因此，把大中小搭配起来作为一种标志不是更好吗？

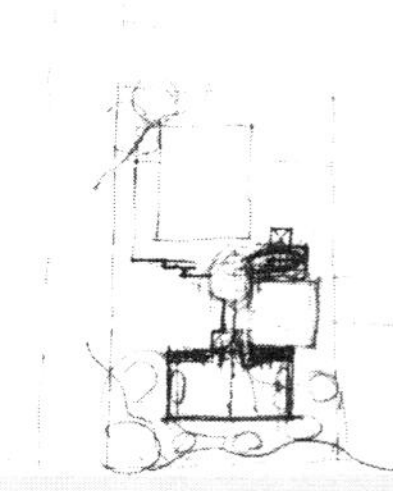

Prosess8　进一步讨论体量配置

■ Prosess9　确认体量之间连接方法

当进入时，较大的厅是容易辨认的。办事处通向小厅和中厅，也许是中厅在前，小厅离得更远一些。不管怎么样，只要在功能方面让人感到舒适就行。可是，如果在这里多少做点儿改动，可能会在进去之前营造出另一种氛围。可以考虑在其间插入一个空间（构筑模糊空间的连接方法）。当人们从这样的空间穿过时，眼前会豁然一亮，凸现出一片不同的景象，通过这种视觉上的交流，让人觉得乐趣无穷。到了最后阶段再考虑形态与功能的平衡问题。

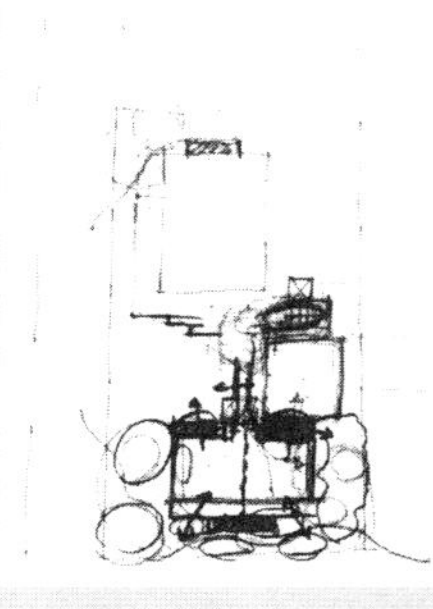

Prosess9　确认体量之间连接方法

■ Prosess10 确认体量和概念

当设想的体量逐渐确定时，必须再一次地考虑各个空间的位置关系，设想设计的建筑物在地块内不停地移动，直至找到最合适的位置，以满足该地区的功能要求。办事处那里必须是畅通无阻的。楼梯设在哪里好呢？如果建筑内的布置过于紧凑的话，随意改动的余地就很小。

本来在此应该考虑有关结构和设备的问题。最初的方案是采用分散配置方式，但到头来却没有分散开来，反而有越来越集中的倾向。因此，不得不重新做分散配置，形成最终的形式。从功能上看，这一形式最舒适，因此配置时千方百计也要留出一定的冗余空间。走着走着，这里出现一个开放空间；从楼

Prosess10　确认体量和概念

■模糊空间

设计者在进行设计时，常常会使用模糊空间表现手法（图 -6）。在建筑师 A 的例子中，提出了“当穿过大厅，去往洗手间或其他什么地方时”，“考虑设置一个进入这边来的空间”等设想。像这样处理，就可以看做是在使用室名和空间功能都不清晰的模糊空间表现。由于模糊空间并无固定的概念和空间性质，因此可与具有各种各样用途的空间连接起来。惟其如此，往往起到空间群（下一小节说明）相互衔接的作用。此外，如同在建筑师 A 的例子中我们看到的表现手法那样，事先留有空间连接的余地，以准备用于正在构想的一系列空间群的终端，这会使在考虑前一个空间的同时又考虑下一个空间变得容易一些。这种模糊空间对于防止设计卡壳，使作业顺利进行是有效果的。

作为学生设计常见的现象，就是一旦空间确定之后便无法变更。而熟练的设计者却具有这样的特质：即使是已被确定的空间，但直到最后都始终具有模糊性。

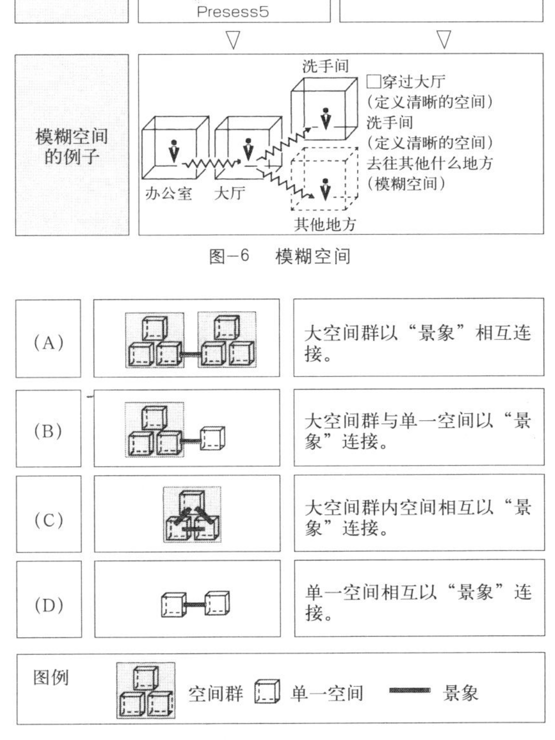

图 -6　模糊空间

图 -7　利用“景象”的空间群连接方式

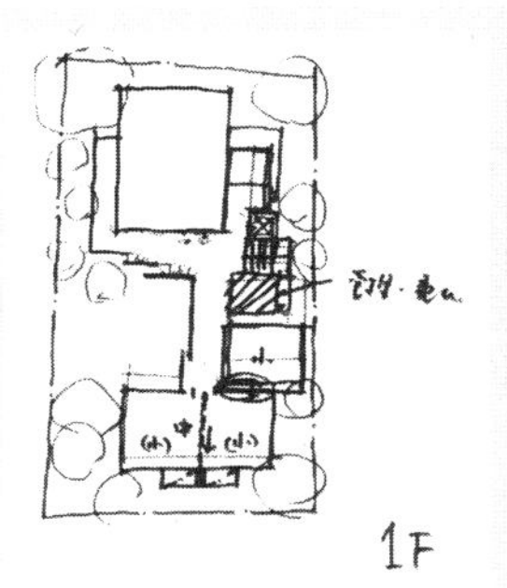

Prosess11　讨论细部

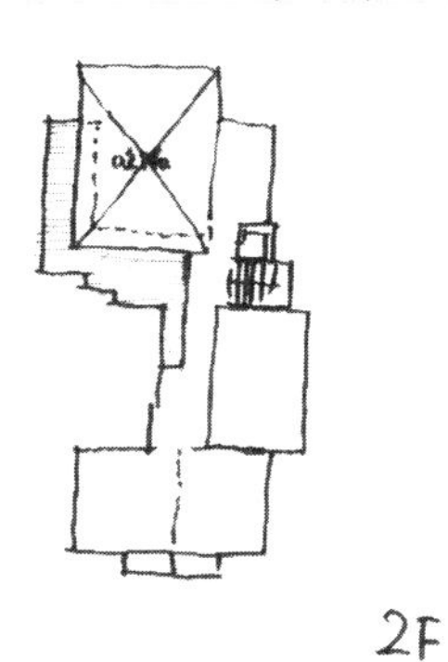

Prosess12　确认景观功能

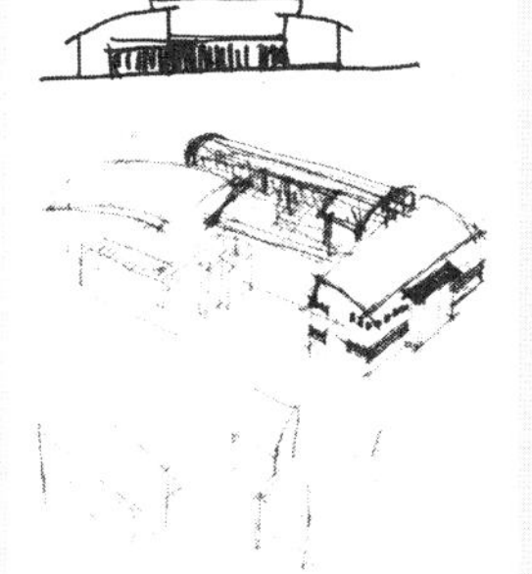

Prosess13　确认体量匀称

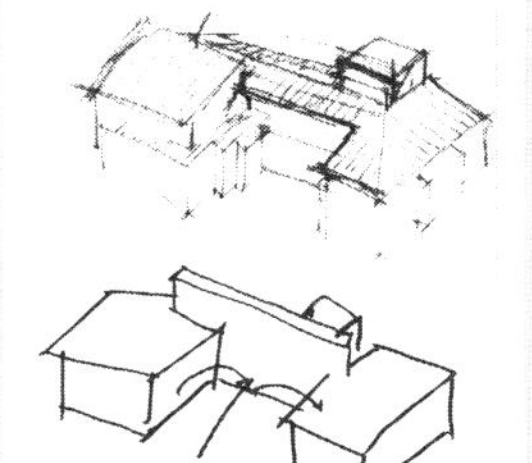

Prosess14　确认体量和功能

Prosess15　细部设计

梯一下来，这里又是一个开放空间。可是，这边是从房间里面向外看到的景象，完全是一种不得已的结果。到底该建 2 层还是 3 层，拟或再加一层楼板？这样想来想去的结果，最终又把正面抬高了。

■ Prosess11 讨论细部

这里主要是指容积和墙壁等，至于观看展览时在哪里休息之类有关体量的问题则完全不在考虑之列。如果朝外望时周围能出现一片绿地将会对建筑物整体起到平衡作用。

■ Prosess12 确认景观功能

在部分与整体、内与外之间应该能够自由地进进出出。不仅在建筑物中，而且在地块外面也可以信步前行，这便是自己设想的情景。但最终的结果不是自我欣赏，而是让尽可能多的人共同利用。

■ Prosess13 确认体量匀称

现在我们再一次对造型加以验证。在绘制立面图的过程中，便已确定这边是一层负责接待工作的，在其后侧设有一个小房间。这样一来，作为建筑物的实际造型应该怎样处理呢？如果采用最初的造型，有可能显得很分散。按照自己当初的设想处理，肯定要把配置搞得七零八落：这儿是个大体量空间，那儿是不大不小的，在这里再配置一个小的。其实，可以将中心部位用作通道，房屋分设在两边。

■ Prosess14 确认体量和功能

通常，我们都是以模型构建自己的建筑形态，并在此过程中思考最后制成的模型能否容纳全部空间，看上去匀称与否，还是有些需改动之处。接着，再根据功能的要求，从断面上考虑是否能让建筑外形显得更生动一些。在一

“连接”空间群

空间与空间的连接方式已见前述，这里将要涉及的是有关空间群及其连接方法的问题。关于空间群相互之间、空间群与空间和空间相互之间连接方式的分类均列入图 -7 中。右段为建筑师的处理方式：大厅及其相邻的各室空间群，一、二层的中会议室空间群，办公室与小会议室空间群，二层的会议室及展厅，屋顶平台空间群等等。这时，为了把相似的空间群连接起来，要求各空间群在性质上不能有根本的区别；但在设计综合设施时，需要将电影院、商场和办公室这些性质和用途完全不同的空间群连接起来，因此在处理上就非常棘手，花的工夫也要更多一些。

与空间相互之间的连接相比，空间群的连接难度更大，而且采用的连接方式将对设计结果的好坏产生很大影响。空间群的连接方式多种多样，这里将要介绍的是使用模糊空间和“景象”连接空间群的例子（图 -8）。如果进行大致的分类，可分为把模糊空间置于空间群和不置于空间群这样两种。在模糊空间不属于空间群的情况下，又有两种方式，一种是把模糊空间夹在中间，另一种是共有的形式。

(a)	模糊空间 属于空间群	
(b)	模糊空间 夹在空间群中	
(c)	模糊空间 不属于空间群	

图例　定义清晰的空间　模糊的空间　空间群　“景象”

图-8　使用模糊空间的空间群连接方式举例

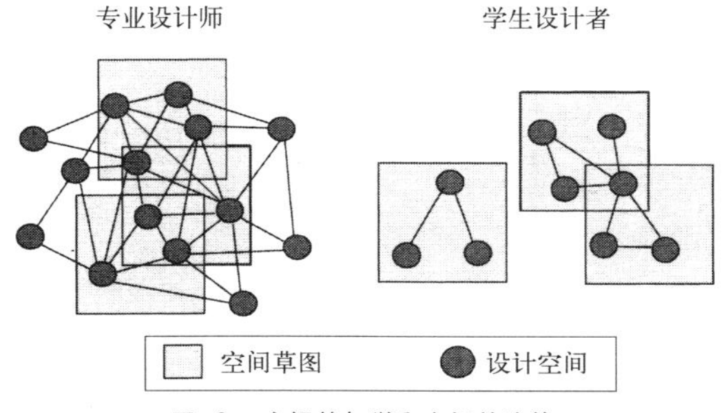

图-9　空间的知觉和空间的连接

层设有 GL，入口稍稍提高一点，上面是走廊部分，这边设一个小厅和会议室，因此必须具有足够的体量。

■ Prosess15 细部设计

将其由此放入，或索性再向前伸出一点儿放到上面去，再往里拉一拉，形成屋檐似的形状，使之显得更有立体感。至于这边就不能采用这样的方法了，也无法采用玄关门廊的形式。

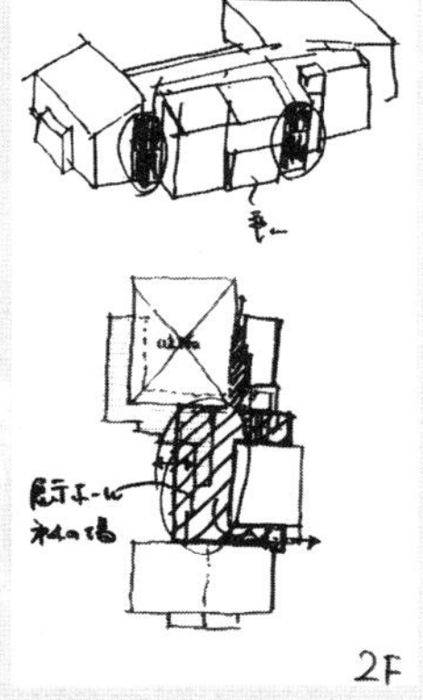

■ Prosess16 确认景象功能

这里看上去很像展示厅，相对于大中小的分类，是属于第 4 类的场所。如果设在一层，人来人往十分嘈杂；但设在二层使用起来也不是没有问题的。由于面积的调整，建筑物的立体形状也改变了。

Prosess16　确认景象功能

■ Prosess17 空间细微调整

如果制成模型，可以一边确认一边修改。与其依赖电脑，莫不如自己动手来确定建筑物的最终形态。例如，在小厅与中厅之间是否设一个凹进去的空间，对这一点能够下决心吗？这个空间的效果到底会怎样？哪怕是很小的一个主意也值得试一试。要不要回到当初的方案中去，把空间分散开来，各自具有自己的功能？这些都需要统筹考虑。

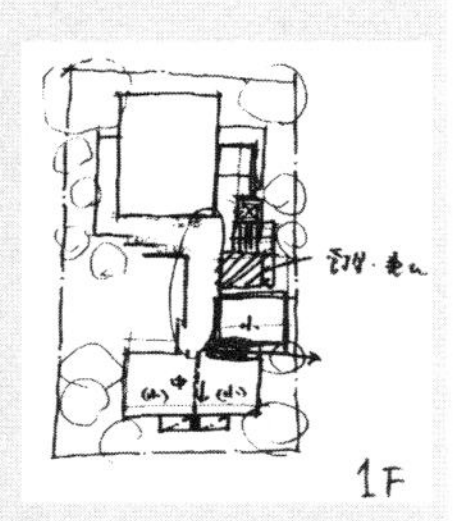

Prosess17　空间细微调整

■ Prosess18 图纸化（Sketchi18、19、20）

这里作为基准，不要一下子移动太多，须以米为单位一点一点地试着确定位置。但凡是自己已确定的地方，如 10m 或 8m 的体量；此前，设想的通道部分的楼梯 3m 还是 4m，最后定的是 4m，要记下来。当从最宽阔的地方向里面走去时，变成 2m 左右，也许是 3m。考虑到轮椅能够过去，在电梯前最少也得 2m 以上吧。最后的细微调整甚至要将结构和阶梯也包括进去。从日本人的心理来说，或许要考虑到，如果轮椅朝着这边来会有困难吗？留出 2m 见方的空间够用吗？此外尚需考虑到面积到底多大合适，采取什么样的过渡方式更合理呢？如果进来的都是成年人，一层的那点儿面积不够怎么办？是不是应该考虑将二层也利用起来呢？楼梯的宽度与阶高的比例设定为多少合适呢？管理人员的房间需要多大面积？ 6 个榻榻米够用吗？这里打算放置哪些东西呢？如果设置白板、黑板及桌椅什么的，可否将进深设计得浅一些呢？房间里可容纳多少人呢？最后还要考虑功能的问题：出入口处的门是否合适，里面的拉门行不行，如果将这里同时用于货品进出的话，是否需要另设一个边门？这扇门采用什么样式？多宽合适？这一系列问题都要考虑。再比如，假设从上层可以出去的话，是否意味着一层可以不考虑出入的开口？上面如果有平

草图领域和设计空间领域

在设计过程中绘制草图的认知空间领域，便显出了设计者的高下之分（图 –9）。专业的设计者，连绘制的草图领域以外的部分都能了解，利用“景象”将各个空间紧密连接起来；而学生中的大多数能够认识的空间领域则不会超出绘制草图的范围，利用“景象”来连接空间的手法也显得稚嫩。空间连接方法的水平较低，主要是由于对空间配置的理由不明确，无法给出合理解释的缘故。

设计作业的类型

设计作业的方法会因人而异，如果做一个大致的分类，则有的像建筑师 A 那样，同时提出多个方案，一边拓展空间和“景象”的选择范围一边确定概念；也有的像建筑师 B 那样，向着构成中心的空间和“景象”（不限于当初形成的概念）补足和填充四周的空间和“景象”，使之逐渐膨胀（图 –10）。也有一些设计者，将上面两类手法混合起来应用于设计。

在建筑师 A 的例子中，他的设计作业是在比较的过程中进行的。如“点式分散型与独立建筑”和“垂直百叶窗与水平百叶窗”等。特别是“点式分散型与独立建筑”，在追求概念时，一直到最后都保持着模糊性。再来看建筑师 B，他从一点切入但并未整合到一起，虽然碰了壁，却在反复尝试的过程中产生了飞跃。设计作业就是在多次跨越障碍的过程中完成的。障碍对于设计来说并不一定是坏事，冲破障碍时的乐趣是无以言表的。（和田浩一）

［引用文献］

1）『新建築学大系23 建築計画』原広司・鈴木成文・服部岑生・太田利彦・守屋孝夫，彰国社，1982，201ページ，図3.16（b）

台，下面可否考虑配置一个小的庭院？在出入口周围，或许应该留出一些冗余，以供小憩之用。这块休憩之处，是设计成矩形呢？还是配置成曲线形？在设计时一定得考虑是采用直线还是使用徐缓的曲线。自入口进来的办事处一带，可在其屋外设置一个供人休息的庭院。为了不让彼此的视线相对，还分别布置上下的开口部，并稍稍错开一点。

［设计结束 / 用时 3 小时 9 分］

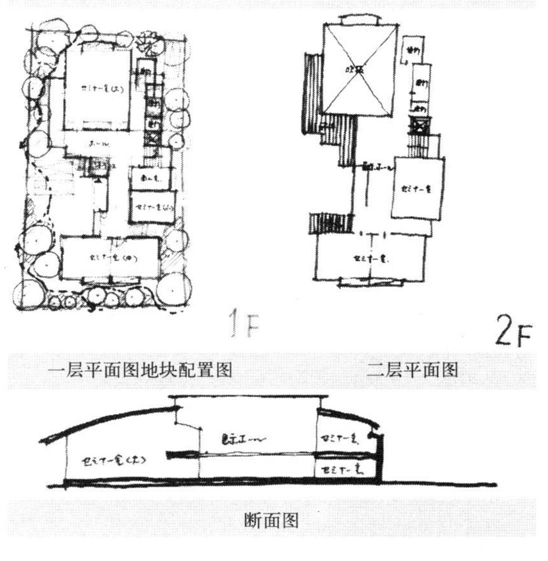

一层平面图地块配置图　　二层平面图

断面图

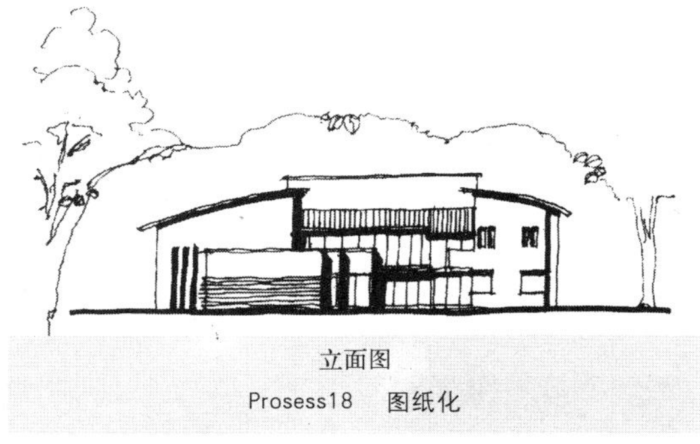

立面图

Prosess18　图纸化

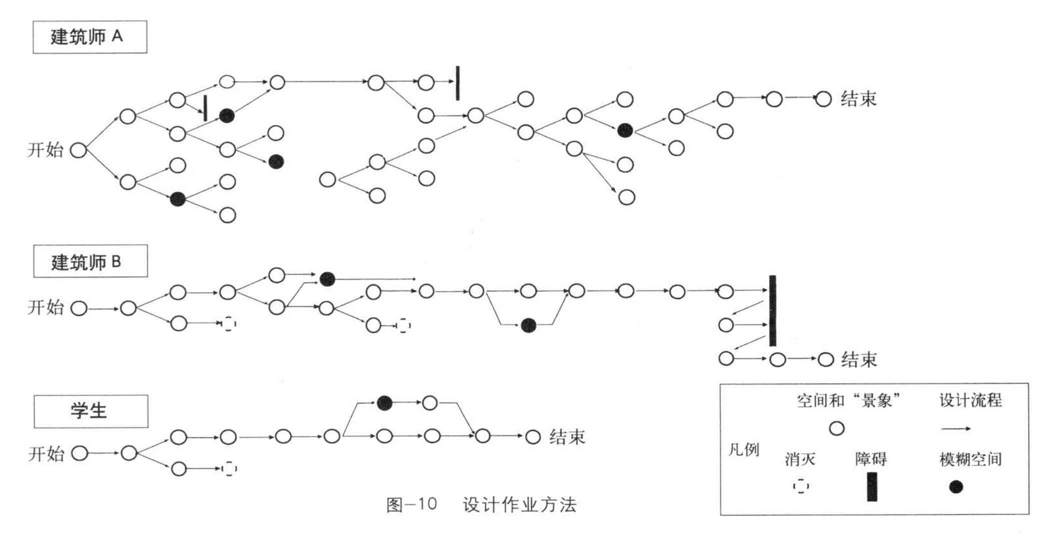

图–10　设计作业方法

4 建筑模型·照片

■关于建筑模型的制作

作为一个学了 2 ～ 4 年建筑的大学生来说，毕业设计是其学习成果的集中体现。到了这个时候，多数学生一直企盼着的参与实务设计，绘制施工设计图纸已经不再是很遥远的事了。这些都说明为了学习“建筑”有多么不容易和掌握这种技能又消耗了多少精力。因此，站在评价者的角度，希望看到设计者能够摆脱现实的局限和既成概念的制约，充分发挥自己的想象力和敢于标新立异，并具有将这些概念构筑成三维立体空间展示出来的能力。

从这一点我们就可以认识到，如何将自己冥思苦想出来的设计理念传达给第三者、特别是专门进行评判的人，在毕业设计中应该占有多大的分量，亦即所谓的建筑渲染。而建筑渲染的方式，又分为二维的“图纸”和三维的“模型”及“效果图”等。

本小节，我们主要就三维建筑渲染中一直为人们所采用的“模型”进行阐释。不过，作为一般的模型制作方法和工具等方面的内容，只能概略地加以介绍。因为有关建筑模型的书籍出版了许多，而且在各所大学里新老同学之间围绕建筑模型交流信息从来没有间断过。必要时，我们会列举一些关于一般模型制作方法的图书，读者可以作为参考。

■模型材料

作为模型材料，虽然没有什么特别指定的东西，但在实际应用中常常离不开几大类材料。下面我们分别将其命名为“板类材料”、“透明类材料”、“木质类材料”、“塑料类材料”、“特殊材料”和“点景”等一一加以介绍。在这里介绍的材料，其中大多数都可以在绘画材料商店或 DIY（英文 do it yourself 之缩写，意为“自己动手干”。——译注）店里买到（图 −1）。

1 板类材料

在板类材料中，有苯乙烯板、苯乙烯弹性耐水纸、软木和胶合板等。苯乙烯板则在板状泡沫聚苯乙烯两面贴有制图纸，其厚度分为 1、2、3、5、7mm 等数种。苯乙烯弹性耐水纸就是一种没有贴制图纸的片状泡沫聚苯乙烯。与苯乙烯板一样，也有 1、2、3、5、7mm 等几种厚度规格。

上面说到的材料，都需要使用裁剪刀切割。在粘接苯乙烯板或苯乙烯弹性耐水纸时，使用树脂胶水或索尼 B－ 粘合剂。软木和胶合板的粘接可直接

聚苯乙烯泡沫塑料

苯乙烯板

轻木

胶合板

聚氯乙烯板

图−1 各种模型材料

以丙烯颜料在收集的枯枝上着彩。

将买来的霞草粘在着彩的枯枝上。

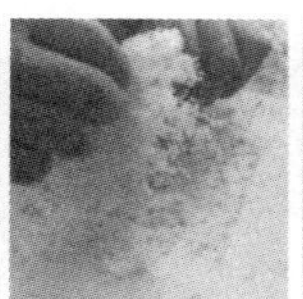
再将海绵碎末撒在霞草上粘接住。

完成的树木模型

图−2 点景和植物制作实例

将拍摄的人物照片自 PC 中选出并进行着色，并印在 OHP 纸上，然后剪切下来。虽然是平面图像，但却是具有独创性的人物表现形式。（协助：花冈雄太）

以造型设计闻名的德国布莱依萨公司制作的人物模型。各种各样的姿态和比例十分完备。

图−3 点景和人物模型制作实例

使用木工胶水。

2 透明类材料

包括丙烯板、聚氯乙烯板和塑料板等。尤其是丙烯板，因其具有时代特征的透明性，最近得到广泛的应用。但值得注意的是，丙烯板的裁剪和粘接的难度要大一些。丙烯板的剪切应使用专门的切刀；粘接也需要专用的胶粘剂。

聚氯乙烯板可使用普通剪刀切断，而且也容易进行弯曲加工。要粘接聚氯乙烯板，可使用专门的聚氯乙烯胶粘剂。如果是关键部位，则可以用丙烯胶水替代之。

塑料板与聚氯乙烯板相比要硬一些，而且即便是透明的塑料板也会有一些黄斑，因此很难用来作为玻璃那样表现。其粘接可使用专门的塑料胶粘剂。当然也可以丙烯胶水代替，但不能承受太大的压力，并且干燥时容易开裂。

3 木质类材料

包括轻木、木方和竹篦等。所谓轻木，系指一种比重在 0.07 ~ 0.25 之间世界上最轻的木材，作为模型用材料在市场上销售的都成薄板状（80mm×600mm 或 900mm）。在没有苯乙烯板时，可使用轻木制作模型。即使以苯乙烯板那种白色系材料制作的模型，也大都可以采用轻木来作为地板之类的木部表现。如果用来表现木制立柱时，则多半使用扁柏的方木。市场上销售的既有方形材，也有圆形材木。

4 塑料类材料

以塑料制成的棒材被称为塑料棒，其中有圆柱形的，还有方形的，市场见到的规格多半以数毫米为单位，可用做表现钢筋骨架的场合。

其他较特殊的，如以塑料和轻木制成 H 形钢形状的材料，在市场上也可买到。

5 特殊材料

如作为隔热材料使用的聚苯乙烯泡沫塑料。由于热剪的普及，也被用来制作大体量模型和研究模型。这种热剪是靠镍铬线发出的热量将材料一边融化一边进行剪切，因此必须采取一定的安全措施。聚苯乙烯泡沫材料也被用来制作地形的土地，粘接时可用丙烯胶水或索尼 B- 粘合剂。

6 点景（添景）

植物和人物被称为点景（添景）。用于制作植物的模型材料，最近较常用的如简单易行看上去又有真实感的干花霞草。白色是其主色调，但市面上也有染成绿色和黄色的（图 -2）。

在表现人物方面，有千姿百态的立体模型，而且各种比例完备。近来使用较多的，是由德国布莱依萨公司生产的人物模型（图 -3）。

在实际操作中，尽可能不要直接将现成的模型用到自己的作品上，为了传达独创的理念，应该利用添景来丰富自己的表现手法。

这里介绍的都是在实际毕业设计中采用过的原创方法。希望能在参考这些方法基础上，进一步提出自己的创意。拍摄人物照片，再利用电脑剪接合成，提取人像的轮廓后，涂以各种颜色，印在 OHP 纸上，最后裁剪下来，也不失为一种好方法。

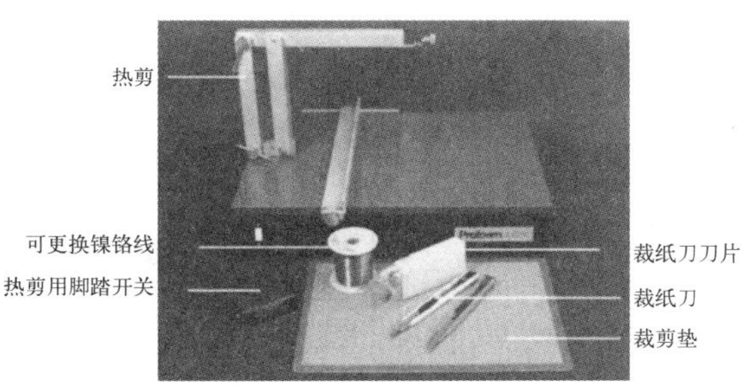

图-4　切割工具实例

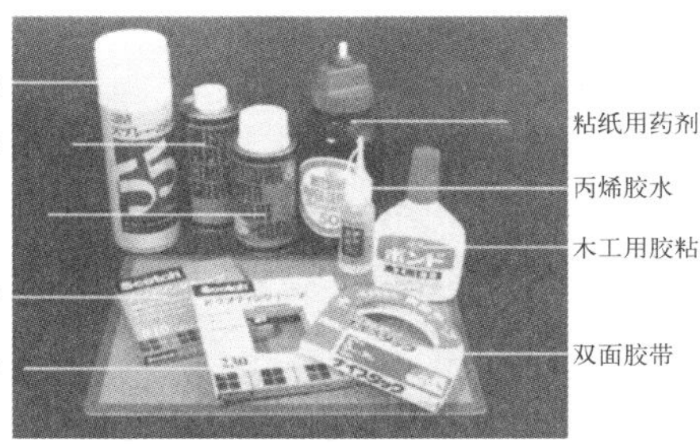

图-6　粘接及辅助粘接用具实例

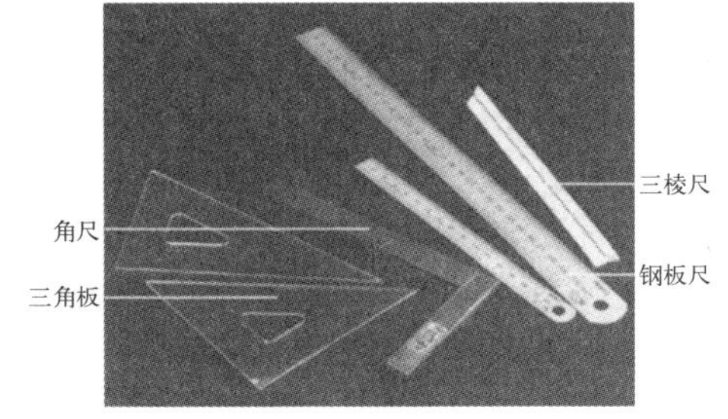

图-5　规尺实例

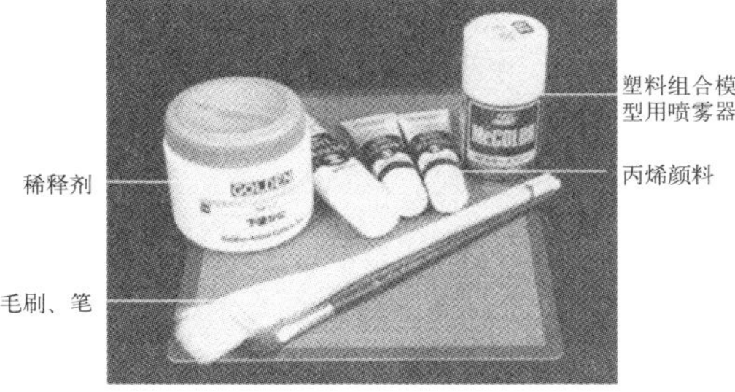

图-7　着色用具实例

■制作模型用具

制作模型的用具，应根据模型所用材料来选择。常见的用具分为“切割工具”、“规尺”、“粘接用具”、“辅助粘接用具”和“着色用具”等几大类，我们将在这里分别加以介绍。

1 切割工具（图 –4）

在制作建筑模型时，作为切割工具常用的是裁纸刀。有时也使用绘图刀、切圆刀和丙烯刀等特殊的切割工具。

制作建筑模型使用的裁纸刀附带的不是市场上卖的那种 45° 的刀片，而使用 30° 的刀片。这样，更便于在作业时准确地加工。

在切割聚苯乙烯泡沫塑料时，则需要使用一种叫做热剪的工具，一边靠镍铬线发热使其融化一边进行切割。

2 定规（图 –5）

如果用裁纸刀来切割材料，则需利用金属制的定规。作为经常使用的定规，主要有角尺和金属直尺（钢板尺）。

用丙烯制的直尺和三角尺，因材料透明可便于观察切割状态，故亦经常使用。

3 粘接用具（图 –6）

为了让材料粘接在一起，需要使用胶粘剂。建筑模型常用的胶粘剂主要有丙烯胶水、索尼 B－胶粘剂和木工用速干胶水等。这些胶粘剂须根据不同的粘接材料分别选用。

如果要粘接泡沫聚苯乙烯，不能使用有机溶剂型胶粘剂，这是因为聚苯乙烯泡沫塑料和苯乙烯板会被溶剂溶解。在粘接聚苯乙烯泡沫塑料和苯乙烯板时，须使用乙醇溶剂型的丙烯胶水和索尼 B－粘合剂。由于丙烯胶水和索尼 B－粘合剂可用乙醇稀释，因此利用灌注乙醇的注射器可以将聚苯乙烯泡沫塑料和苯乙烯板剥离开来。研究模型中有不少案例，因其必须做模拟实验，利用此法就方便多了。

4 辅助粘接用具（图 –6）

在辅助粘接用具中，主要有绘图用胶带、修改用胶带、双面胶带、喷胶和粘纸胶水等。

模型材料的切割下料是以印刷或拷贝的图纸作为依据的，在将部件尺寸转标到模型材料上时，一般都采用把输出的图纸直接贴到模型材料上的办法。可是，由于在材料切割完成后还要将贴上去的图纸揭下来，因此必须使用粘接力较弱的胶粘剂。近来由于喷胶（通常被称为“55”）使用起来既方便又快捷，受到大家的青睐。因为喷胶在使用时是将胶水成雾状喷出，所以往往会把胶雾扩散到模型以外的场所去。从环境上考虑，在作业时最好下面铺上报纸，四周再用胶合板围起来。此外还要用到粘纸胶，分为单面用和双面用 2 种。单面用粘纸胶在将图纸揭下去后，模型材料那一面没有胶留下。这样，在下料时便不会污染材料。

表 –1　模型分类图解

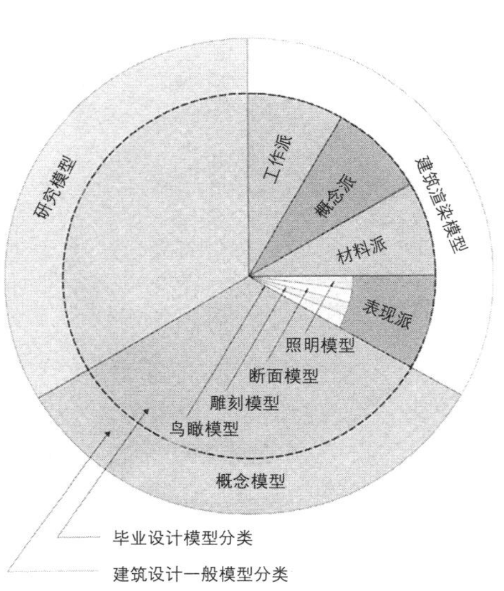

研究模型
工作派
概念派
材料派
表现派
建筑渲染模型
照明模型
断面模型
雕刻模型
鸟瞰模型
概念模型
毕业设计模型分类
建筑设计一般模型分类

表 –2　毕业设计中建筑渲染模型的扩展

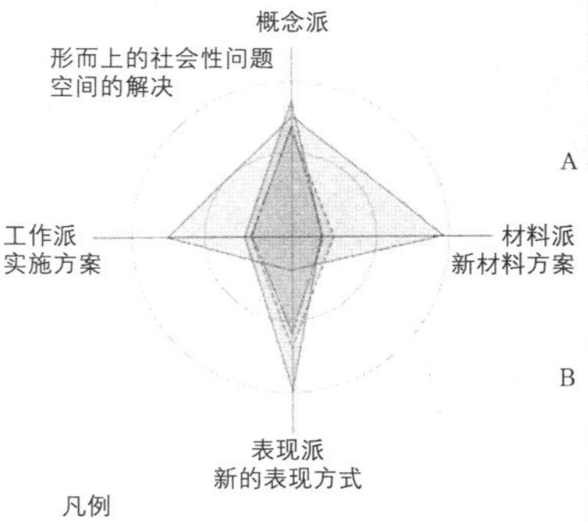

概念派
形而上的社会性问题
空间的解决
工作派
实施方案
材料派
新材料方案
表现派
新的表现方式

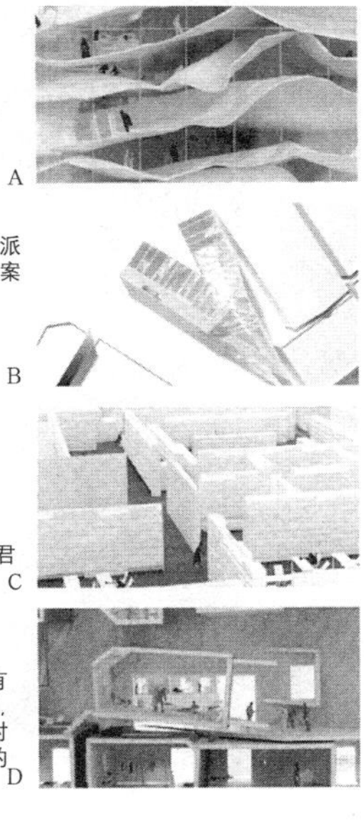

凡例

——	A 东海大学	水野君
——	B 早稻田大学	池原、山田、金子君
------	C 武藏工业大学	清水君
—·—	D 东京理科大学	池上君

虽然有些主观，还是在协助取材的学生中选出有特点的 4 件作品展示出来。作为毕业设计中的模型，大多以概念和表现为主。而这 4 件作品却能够对各项指标给予同等的关注，也够得上实务设计的水平了。

A
B
C
D

5 着色用具（图 -7）

称为“着色”，从缘由上说多少有点跑题。作为一种在使用丙烯颜料时的底色材料，在市面上看到的“基色”，因系水溶性材料，使用起来很方便，干燥后表面会呈现出石膏模型一样的白色，故常被用于模型制作。

其他着色涂料，还有丙烯颜料及出自田宫模型、用做塑料组合模型着色的喷雾颜料，市场上多称其为“彩喷”。

建筑模型的种类和效果

虽说都叫模型，但也分成好多种类，而且各种模型在使用上的效果是不一样的。建筑模型种类之间的区别并不十分明显，只是在使用方法上有一定程度的不同。在毕业设计中使用建筑模型时，最重要的一点就是应该选择适合各自建筑渲染意图的模型，并以此扩大渲染的效果。因此，我们将在这里对建筑模型进行分类介绍。目的在于让读者了解这些模型的种类和特征，从中选出适于表达自己设计意图的模型，并进一步加工和提高。

首先，让我们对建筑设计中一般使用的模型，分做“研究模型”、“概念模型”和“建筑渲染模型”等几大类进行介绍，然后再对普遍作为毕业设计模型使用的建筑渲染模型做详细讲解（表 -1）。

1 研究模型（图 -8）

将思考内容视觉化和外在化的方式之一是绘制草图；可是，要想产生三维立体效果便须利用研究模型。重要的是能够将其简便快捷地制作出来，为此大多采用“mass(量块)”方式加工，所使用的也多是便于量块加工的材料。在欧美国家，多半都使用适于各种加工用途的木块儿；在日本使用较多的是被称为聚苯乙烯泡沫塑料（泡沫聚苯乙烯的一种）的隔热材料。

这里将要介绍的胶合板，尽管不是块状物，但加工起来很方便，故也常被用来制作研究模型。

2 概念模型（图 -9）

所谓概念模型，系指通过三维立体手段将概念形象化并以此为目的的模型。其表现内容，从接近于实际建设中的项目到近似于概念美术那样抽象化的东西无所不包，完全是一种以表现概念数目见长的模型类别。

概念模型，因其制作方法本身就采用了概念表现形式，故在制作时应从制作方法上入手，至于选用什么材料倒无所谓，一般的材料都可考虑。为了能将自己构想的概念准确地表现出来，最好亲自去寻找合适的材料。

3 建筑渲染模型（图 -10）

建筑渲染模型，是模型使用方法中最为普遍的一种。作为以三维立体手段表现建筑设计成果的形式之一，与效果图（竣工预想图）一样被广泛使用。渲染模型与效果图的最大区别，就在于可以改变视角进行审视这一点上。建筑渲染模型以如何将设计内容忠实地传达给第三者为目的，因此其实在感越强使用效果越好。为达此目的，便应设置添景，如树木和人物等，通过对材料的细致加工，忠实地再现建筑的外观及其细部，以显得更加真实。

利用胶合板制作的研究模型
（照片提供：近藤润）

利用聚苯乙烯泡沫塑料制作的研究模型
（照片提供：花冈雄太）

图-8 研究模型实例

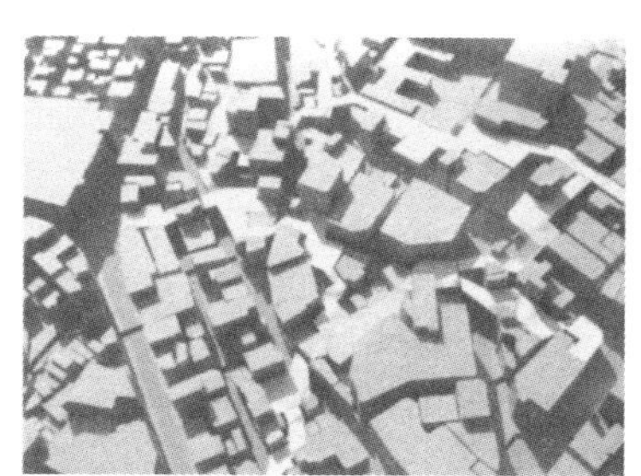

（照片提供：北上紘太郎）

（照片提供：东海大学工学系）

图-9 概念模型实例

图-10 建筑渲染模型实例（照片提供：ATELIER ENDO）

■毕业设计的“模型”

一般地说，毕业设计使用的“模型”都相当于建筑渲染模型。可是，与实施设计所利用的建筑渲染模型相比，定义的弹性较大是其主要特征。从近似于概念模型的到可称为纯粹概念模型的，涵盖的范围很广，但在具有建筑渲染作用这一点上则是相同的。因此，我们准备再对这个范畴做进一步分类，归结成“材料派”、“表现派”、“工作派”和“概念派”等4个关键词（表-1、2）。

这些用语都是笔者随意给出的名称，不同于一般应用的词汇，目的在于使读者容易理解。这时我们再来看实际的毕业设计模型就会发现，其中的大多数不仅属于这些分类里的一种，而且还跨越了好几种。

1 材料派

相当于这一分类的是，为准确表现各自设定的概念而寻找合适的材料，或沿着这一思路制作模型等。无论是思考材料本身还是寻找新材料，都成为概念表现的形式之一。

2 表现派

属于这一分类的模型，均以近似于实施设计的造型表现出设计的现实感。其长处表现在，为了将概念传达给第三者，对设计的空间表现手法下足了工夫。按其表现方法，可分为“鸟瞰模型”、“照明模型”、“雕刻模型”和“断面模型”等。下面我们将详细介绍。

a）鸟瞰模型（图-11）

“鸟瞰”一词系指以鸟眼的视角从空中俯瞰，将重点放在这方面的模型就叫做“鸟瞰模型”。这类模型多用于学校的校园规划、城市总体规划和集中多个建筑群形成设施整体等场合。

b）照明模型（图-12）

系指在模型中纳入照明装置并让其点亮的形式，其中多半都是以照明表现某种概念的方式加以运用。如同地下街的设计那样，这类模型也往往被利用来使地上无法见到的地下活力得以显现。

c）雕刻模型（图-13）

这种模型直接将平面图模型化，去掉顶棚和楼梯，只留下墙壁使之立体化。通常，平面图最好截取FL+1500mm左右的一块场所较为合适，如果将绘制此平面图时的水平断面图直接模型化便成为“雕刻模型”。多用于展示墙壁之类的结构体与建筑的关联性及概念等场合。

d）断面模型（图-14）

可以将其看做断面图的模型化，对于在形成立体结构的建筑物中表现高度方向的关联性效果明显。例如剧场之类，舞台与观众席的关系很重要，为了使这种关系能够一目了然，便可利用断面模型。此外，像这里所举的例子一样，在设计地下洞穴时，使用断面模型效果也很好。

3 工作派

系指运用模型制作技术工作的场合。例如，以三次曲面构成的建筑或以特殊结构表现主题时，均属于这种类型。自己构思的特殊结构和形态，需要使用三维模型制作技术表现出来。

（照片提供：花冈雄太）

图-11　鸟瞰模型实例

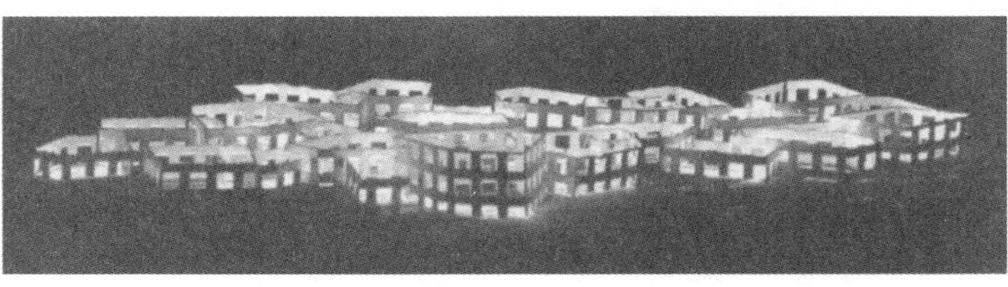

图-12　照明模型实例（照片提供：近藤润）

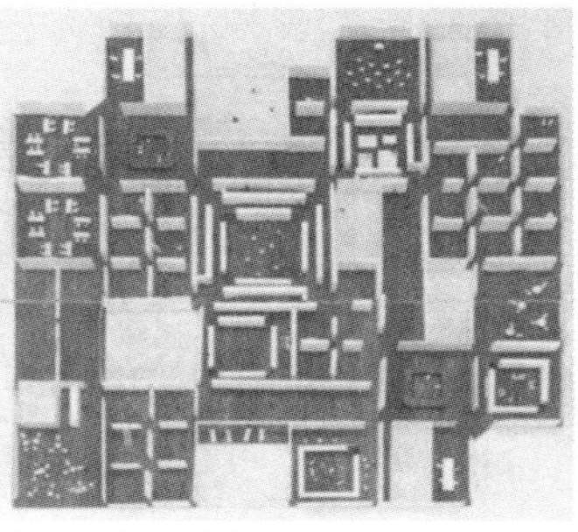

（照片提供：清水豪辉）

图-13　雕刻模型实例

（照片提供：北上紘太郎）

图-14　断面模型实例

4 概念派（图 –15）

将空间的实验性设计或抽象化和概念化的主题通过建筑使之具象化，类似以这种表现形式制作的模型便被称为概念派模型。作为一种概念派模型，应将概念的意图性和概念正反双方的观点完整地传达给第三者。因此需要掌握高超的模型制作技术和具有丰富的想像力。

制作模型的步骤

从现在开始，我们将就毕业设计模型的实际制作情形，按照制作顺序一步一步进行讲解。

1 设定模型种类及其利用方法

当进入毕业设计阶段时，便应考虑清楚采用何种模型，怎样渲染和想传达什么意图。还要做出判断，在以前见过的模型分类中，应利用哪种类型的模型最适合自己的设计。为何如此？因为采用不同类型的模型，将直接关系到以后作业时间的分配问题。

例如，按照“材料派”的路径，将大部分时间都放在寻找材料和探索材料的使用方法上了；而“工作派”则需要研究结构系统和以模型表现形态等，在这方面所花费的劳动几乎与琢磨建筑设计一样多。“概念派”的表现方法，则需要将材料派和工作派的两种路径结合在一起，为了准确地表现自己构想的概念去寻找合适的材料，并研究模型的制作方法，以利用三维立体形式向第三者传达自己的设计思想。“表现派”所走的路径应该算是最正统的，在毕业设计中使用的频度与设施设计差不多。由此可见，必须探讨模型的制作方法，以最恰当的方式表现自己设计的空间。

再以概念派为例，介绍一件冠之以《皱折》标题的毕业设计作品（图 –15）。这一作品可能是受到把折得乱七八糟的纸打开时形成的那种空间形态的启发，并以此为起点开始设计的。也许就在这里发现了空间构成的可能性，或者对于现有空间的某种反命题。如此下来，他便明确了自己的概念，接着又用了几乎 1 年左右时间去开发材料和技术，以摸索该以什么样的模型来表现这个“皱折”。经过反复试验，在多次失败的基础上，最终找到了以溶于水的石膏固定纸片的方法。

2 模型作业计划（图 –16）

如果对于使用模型要表现的概念十分明确的话，便要开始制订一个计划，以确定模型制作的工艺、制作顺序和作业量分配等事项，即所谓管理计划。这话乍听起来觉得有些小题大做，但为了能够把握总体状况，制订一个作业计划还是应该的。大体说来，毕业设计如同以前做过的设计课题一样，很少会由一人独自完成，通常都要一边设计一边请低年级同学或朋友帮助制作模型什么的。这样一来，就同开办一家设计所差不多了，需分成设计组和作业组等等。在许多人同时作业的情况下，要做到不浪费时间、高效率地工作，最好制订一个可纵览全局的作业计划。这是一个在实际施工现场也普遍采用的办法，做毕业设计正好可将其作为走向社会前的练习。实际的实施设计也是一样，虽然有时要做些修改，但总是先制订一个计划，然后再着手模型

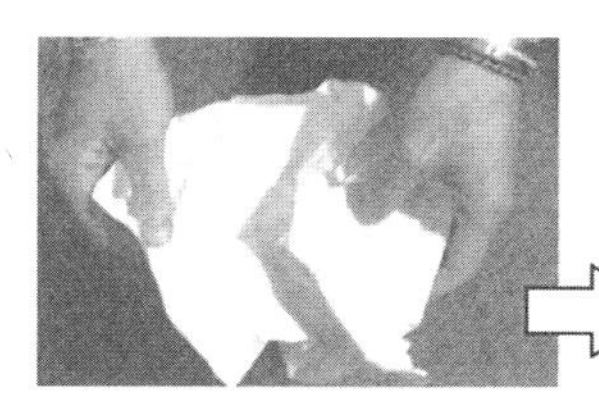

打开折叠纸后发现的空间形成可能性。

探索建筑空间的可能形态。

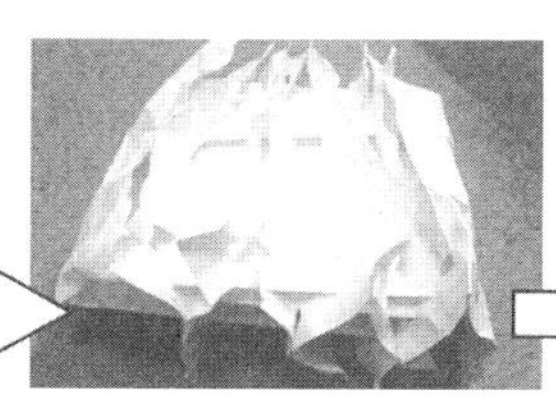

将皱折空间化的系统追求。

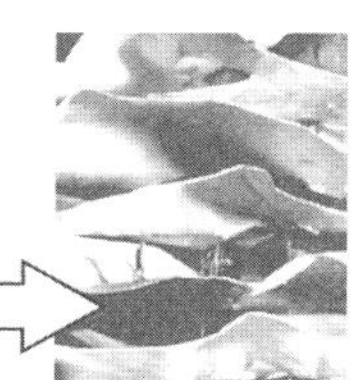

建筑空间成果。

将被水润湿的纸折成形，以溶于水的石膏固定，作为模型表现的可能方式。（照片提供：水野悠一郎）

图–15　概念派实例

的制作，这样才会使作业效率更高。如果制订设计方案的作业与制作模型的作业赶在一起进行的话，由于帮忙的人手太多，一片忙乱，反倒会使作业完成的时间推迟。

在毕业设计的全部日程中，要去掉制作模型的时间后再确定完成设计方案的“最后期限”，而整个设计作业即围绕这一目标来进行。此外，如果需要拍摄模型照片并将照片贴在图纸上时，则须考虑拍照的时间、图纸布局的时间和制作模型的时间，然后才能确定完成的最后期限。假如坚守最后期限进行设计作业的话，当设计方案确定以后，三维的建筑渲染（模型）和二维的建筑渲染（图纸）便可同时进行。

■模型照片

在毕业设计中，不仅要将实物模型直接拿出去展示，而且往往还要把模型拍照下来贴在一张图纸上。因此，拍摄模型照片也是模型制作中的一项重要作业。如果将模型照片当做一种表现手段的话，到底该怎样拍照才能把各自设计的空间有效地展示出来，尽管很重要，却没有什么固定不变的方法。从一定意义上说，模型照片担负着准确记录和传达建筑物形态、规模和地块环境等方面内容的任务。仅就这一点，我们试着介绍一些应该掌握的拍摄模型照片的常识和技巧。

首先是相机的选择，相机大体上分为胶卷相机和数码相机两种，近来使用数码相机成为主流。因此，我们在这里介绍的也是以使用数码相机作为前提条件的相关知识。

■模型拍照使用的器材（图 –17）

1 相机

数码相机又分为袖珍式和单反式。最近，由于袖珍数码相机的性能有了很大提高，因此在学生毕业设计的摄影中得到较多的应用；可是，如果想在各种条件下进行更加细致的拍照，还需要使用单反数码相机。

2 灯光

如果是在室内拍摄模型照片，照片的好坏在很大程度上取决于照明。因此，最好利用室内摄影的专门灯光器材。

3 三脚架

在室内拍摄模型照片必须使用三脚架，因为当选择的快门速度较慢的话，手持相机拍照便会出现抖动，从而影响到照片质量。

4 快门线

利用快门线可以在不接触相机快门按钮的情况下进行拍照，这样便使手指的力量不会直接作用到相机上，即使长时间持续按住快门相机也不会抖动。

5 反光板

所谓反光板就是一块反射光线的板。当来自光源的光线投射到反光板上时，反光板会将光线再反射到拍摄对象上（图 –18）。反光板可采用苯乙烯板或苯乙烯纸代替。

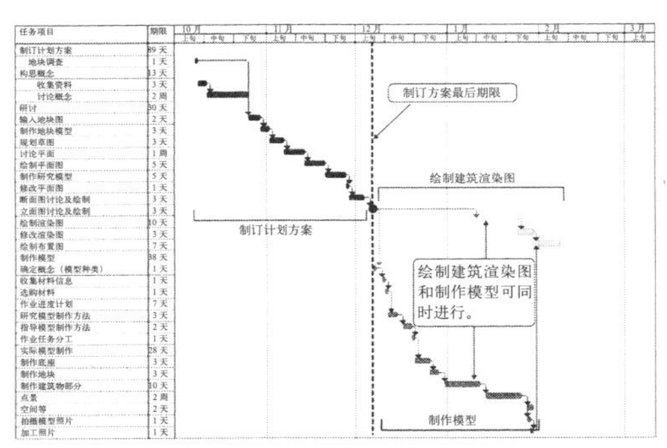

上：使用 Microsft Project 制订的作业计划实例。从中可看出作业的每个步骤完成所需时间。在有低年级同学帮忙时，事先制订这样的计划会使作业进得更顺利一些。
下：东京理科大学理工学部作业的情形。（照片提供：近藤润）

图–16　作业计划实例（上）和与低年级同学一起作业的情形（下）

单反式数码相机

三脚架

袖珍式数码相机

遥控器（快门线）　摄影专用灯

图–17　摄影器材

6 背景

模型的背景是块幕布。幕布颜色多使用黑色或暗蓝色的布料，或以相同颜色的纸代替。由于纸容易反射光线，因此在使用中要多加注意。

7 描图纸

将其置于模型和灯光之间，以使光线扩散。

照明

模型摄影采用的照明，不仅是为了拍出理想的照片，同时还兼有模拟建筑物光环境的作用。从阴影投射方向及其长度，我们便可非下意识地察觉到太阳光源的位置；自拍摄的照片中，我们能够得知建筑物所处地块条件、时间和季节等信息。理解了这一点，就知道了照明设置的重要性。

1 关于色温

当色温较低时光色发红；色温较高则光色发蓝。盛夏的阳光光源因为色温高，成为蓝色光。而白炽灯泡一类的光源，色温低呈现出偏红色（橙色）。

由于不同的色温会使照片生成不同的颜色，因此在使用胶卷相机时须加上滤光镜以形成色温补色，变成像白色光（白昼光色）一样。如果使用数码相机，因相机自身可感知色温，因此以电子方式滤光，即所谓“白平衡”。

虽然相机本身具有滤光功能，但仍然需要根据采用光源的不同种类，对相机做适当的设定。另外，很重要的一点便是，不要把色温不同的光源混合起来。如果白天阳光射入室内再点亮日光灯进行拍照时，便将阳光和日光灯光这两种色温不同的光线混在了一起。这时，最好的办法是或者拉上窗帘挡住阳光，仅以日光灯光拍照；或者像夜间摄影一样，借助某种照明。如果一定要利用阳光进行拍照，惟一的选择就是到室外去。

2 光线投射方法（图－18）

只用 1 盏灯当然也可以进行照明；不过一般情况下尽量使用 2 盏或 3 盏灯。以 1 盏灯作为主要光源，实际上是将其当做太阳来投射光线。仅靠主光源，与光源相反的那一侧就会变得很暗，使反差过于强烈。因此，需要从相反的一侧投射补助光。补助光一般都先照射到反光板上，然后再由反光板投射到模型上去。或者在光源与模型之间隔上一张描图纸也可以。这样一来，因为是以扩散光投射到拍摄对象上去，不仅使明暗反差变得柔和，同时又增加了整体的光量。

曝光量（光圈和快门速度）的设定

所谓“曝光量”，是由相机和胶卷得到的光的量决定的，取决于“光圈”和“快门速度”的相对关系。二者之间存在这样的关系：当光圈放大，进入的光量较多时，可提高快门速度。然而，到底应该采用多大的光圈值合适，还要由其与景深的关系来决定。下面就这些关系的要点分别加以阐述（表－3）。

1 确定适当曝光量的方法

在为模型和建筑物之类的静物拍照时，可采用“光圈优先”的方法来确定相机的曝光量。所谓“光圈优先”，就是指自己设定“光圈”，由相机自动计

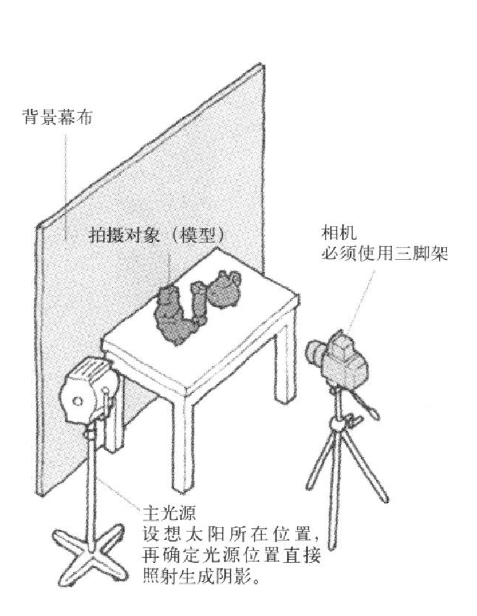

1 盏灯拍照时的器材配置

使用 1 盏灯时：位于与光源相反侧模型的近前处一片黑暗，使反差十分强烈。

使用 2 盏灯时：将补助光源投射到近前处。不仅整体变得明亮，而且反差也柔和多了。

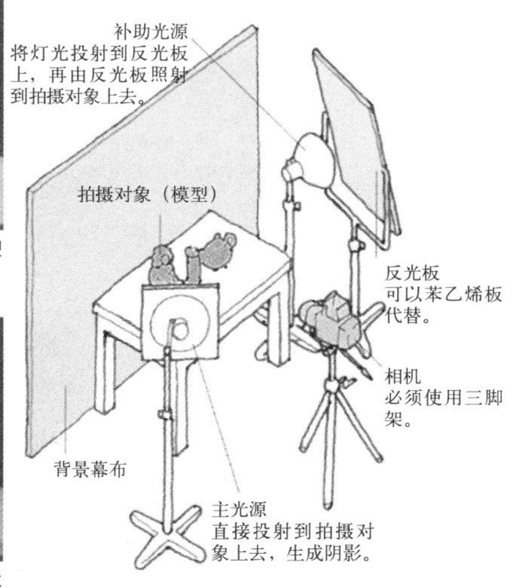

以 2 盏灯拍摄时的器材配置例

图－18　投光方法（1 灯与 2 灯的区别）

算确定“快门速度”的方法。之所以需要自己设定“光圈”，是因为“光圈”的大小将直接影响到“景深”的缘故。

2 关于景深（图 –19）

所谓“景深”，简单地说就是与焦点重合的范围。在与焦点重合对象的前后具有一定的焦距范围，这一范围即被称为景深。“光圈”越小，景深范围越宽；反之，光圈开得越大，景深范围变得越窄。利用这一点，便可以让背景变得模糊一些，而使与焦点重合的人物影像更加清晰和突出。在拍摄模型照片时，通常会让模型前后都与焦点重合。因此，应尽量缩小光圈，以使景深最大化。在可以采用手持相机方式拍照的场合，快门速度应控制在 1/60 秒以上。但通常在拍摄时的快门速度大多比这要慢一些，因此三脚架是必不可少的。

3 辅助曝光

如果采用光圈优先方法由相机自身确定快门速度的话，由于各种相机具有不同的特点，拍出来的照片与最初取景时的形象比较，不是太亮，就是有些发暗。因此，一般相机都备有辅助曝光功能。依靠这一功能，可调节曝光量，使其较正常曝光量多一些或少一些。

最近出现的相机，大体上每 1/3 刻度可设定到 ±2.0。对同一张构图，可采用多个辅助曝光值来进行拍照，然后从中选出符合自己当初设想形象的照片。尤其在使用数码相机之后，与胶卷不同，再也不必为显像结果而小心翼翼了，因此可以尽量多拍一些，以扩大选择的范围。

构图的设定

建筑作品和模型照片都起到了准确记录空间的作用，因此在确定构图时，往往会出现这样的情况：在各个空间、形象表现和空间的准确传达这些目的对立的几者之间产生一些纠葛。我们将要阐释的是当确定构图时应该考虑的基本事项。通过对这些事项的考虑，将诸如自己设计的建筑物形态和大小及其结构组成等有关内容该如何准确地传达给第三者之类的问题，始终放在脑海里进行深入思考，直到探索出可以准确表现各个空间形象的构图为止。

1 视点高度（图 –20）

视点的高度，系指在确定相机高度时以“视觉水平”作为基本参照系的摄影方式。所谓视觉水平，即指体验建筑空间的人的视点的高度。一座已经竣工的建筑物，通常都会被放入人的视点内加以体验。模型照片可被看做是在设计阶段时对这种体验的模拟。因此，借助于以视觉水平拍摄的照片，可让第三者体验并未建成的建筑空间。

除此之外，如同以在空中俯瞰的鸟瞰视点和以内部模型表现的共享大厅一样，为了突出空间的动感和活力，有时还可以将相机架在很低的位置，对着顶棚拍摄，以取得仰视效果。

2 两点透视（图 –21）

建筑照片、模型照片和效果图，采用的都是“两点透视”的表现形式。照相机本来属于三点透视，因此在以仰角拍摄超高层建筑时，照出的照片会出现越往上越窄的效果。如果要将其以两点透视进行矫正的话，必须使用一种被称为“斜拍镜”的特殊

表 –3 光圈与快门速度的关系

	◀缩小							扩大▶
光圈值	f22	f16	f11	f8	f5.6	f4	f2.8	f2	f1.4
快门速度	1/8	1/15	1/30	f8	1/125	1/250	1/500	1/1000	1/2000
	◀慢							快▶

缩小光圈（扩大景深范围），模型前后均与焦点重合。

以鸟瞰视点拍摄的照片

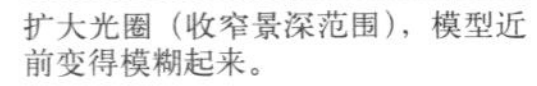

扩大光圈（收窄景深范围），模型近前变得模糊起来。

以视觉水平拍摄的照片

图–19 焦点因景深而不同　图–20 视点的不同

通过更换镜头来矫正透视效果。

图–21 透视图矫正实例

镜头，这样便不再产生高度方向的消失点，使建筑物纵向线条看起来平行了，更接近于人眼看到的建筑物的形态，在某种程度上，这样能够比较准确地认识建筑物的形状。

如果是用数码相机拍摄的照片，其远近法的矫正，可在电脑上使用 Photoshop 软件进行处理。如果是画像走了样却没有意识到那是不行的；但即使没有斜拍镜头，也照样可以拍出两点透视的照片。

3 画角（图 –22）

所谓画角，系指显示将多大范围纳入画面的角度，与焦距成反比例关系。如果画角变宽，则焦距缩短，可将拍摄对象拉近。这即所谓广角镜头。广角的“宽广的角度”，即表示画角较宽的意思。

反之，如将画角收窄，则焦距变长。这即所谓望远镜头，位于广角镜头与望远镜头之间的，是一种与人的视点接近的镜头，被称为标准镜头。作为一种大略显示的刻度，我们只要记住标准镜头的焦距为 50mm 就可以了。大于这一数值的为望远镜头，小于这一数值的为广角镜头。

■数码照片的解像度（图 –23）

图像的美感以“解像度”（dpi：dos perinch）为单位来表示。如果直译的话，有“1 英寸内的点数”的意思。作为一种以点的疏密来表示图像美感程度的指标，其数字越大图像的美感程度越高。

在将模型照片贴到图纸上时，则不能以解像度作单位；基本都以厘米和毫米这样的长度单位来考虑其大小及布局。因此，作为例子在印刷 10cm × 20cm 大小的模型照片时，为了使图像在印刷过程中不走样，须事先掌握解像度的计算方法。如果使用彩色印刷中常见的喷墨打字机来印刷的话，只要解像度在 144dpi 以上，图像便不会走样。1inch（英寸。——译注）＝ 2.54 cm，10 cm × 20 cm ＝（10/2.54）×（20/2.54）× 144 ＝ 3.94 × 7.87 × 144 ＝ 567pixel（像素。——译注）× 1134pixel。在使用相机拍照时，只要将其解像度设定在这一数值以上就可以。

■将模型照片贴在图纸上

在将模型照片贴到图纸上时，实际上要做的是下面的工作：在以矢量数值编制的图纸数据中引入光栅数据（照片）。在试印刷的过程中，得到的照片效果与预期相反，经常会出现图像模糊不清的情况。产生这一现象的原因，主要是拍摄的照片解像度太低；或本来拍摄时的尺寸较小，硬要把它放大到某种规格；再有就是选择的图像存储器型式不正确。

为了避免这些失败，在将模型照片放入版面设计软件中后，最好不要随意放大或缩小照片数据。如果一定要放大或缩小的话，必须让其返回到 Photoshop 等图像处理软件中，在照顾到解像度的前提下，做放大或缩小处理。尤其是在放大时，因须在保持单位长度的点数不变的情况下改变长度（拉长），故会使解像度降低。因此，在拍照时应给解像度留出一定的冗余。

（远藤义则）

［参考文献］

1)『イラストでわかる建築模型のつくり方』大脇賢次，彰国社，2007

2)『建築模型の表現 Architecture in Models』図研究会，東海大学出版会，2002

3)『The Photographer's Handbook 3rd Edition』John Hedgecoe，Alfred A.Knopf，1996

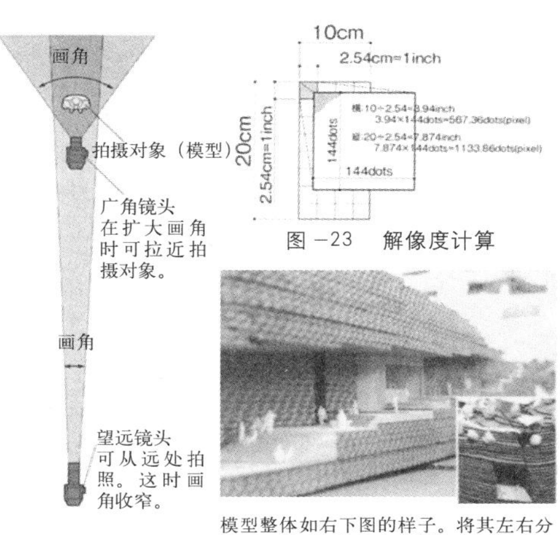

表示画角与焦距关系的图。

图–22 画角

图 –23 解像度计算

模型整体如右下图的样子。将其左右分开，可看到如左面地下的情形。

以阳光为光源，实际天空为背景拍摄实例。（照片提供：花冈雄太）

自模型里面开口部看到的景象被拍摄成照片实例。（照片提供：左右均为井村英之）

以视觉水平摄影一例。在实际观看模型时，是从如左图箱内开孔处看到的样子。（照片提供：池原靖史、山田俊亮、金子友晶）

图–24 表现各种构思的模型照片

5 制图·渲染

■建筑图纸

对于建筑专业学生来说，毕业设计算是整个大学时代所有设计活动成果的集中体现。由于毕业设计作品没有现成的地块，又不预设主题和设计条件，因此完全凭自己的构想和设计理念行事。这样一来，无论在任何历史时期，我们都能看到富有个性色彩、具有独创性、令人振奋的作品。

近年来由于电脑的普及，采用多种表现手法的各种渲染图板颇引人注意。然而，不可否认的是因过分依赖这些手段，使原本作为设计图纸应该表现的东西反而被忽略，这正在成为一种潮流。这里，尽管简单一些，我们也想就设计图纸和设计作业方面的要素重新加以阐释。

1 尺度（比例尺）

图纸当然都要使用比例尺，作为第三者可通过比例尺具体把握设计作品的规模和空间大小。因此，为了表现设计作品并将其作品的主旨传达出去，选择适当的比例尺是非常重要的。近年来，利用CAD进行设计作业的学生越来越多，他们往往会忘记以适当的比例尺作为图纸表现手段这回事。正确的做法是，即使在以CAD进行制图作业时也要时时意识到本应显示的比例尺，并选择合适的录入密度。

2 定位中心（基准线）

设计图纸，作为一种不可或缺的通用语言形式，能让许许多多的人看到它后便知道实际待建的是一座什么样的建筑物。其中，构成建筑中心的基准线起到非常重要的作用，实际的建筑物没有基准线就不成立。虽然现今已进入可以利用CG（计算机图像学。——译注）和动画作为手段表现设计作品的时代，但既然以建筑物为终极目标，便仍需重视基准线的作用。

3 线条的意义

设计图纸中的每条线都具有多种含义。依据其粗细和种类的区别，会成为引起看图纸的人想象的要素，变成完全不同的东西。如墙的断面、可见线和建造手法等，仅凭位于上部的建筑线条的粗细和种类，就能让看图的人形象化地了解到：那些画

表－1　利用比例尺制图实例（材料和结构代号据 JIS A 0150）

按比例尺大小区分 表示事项	比例尺为1：100或1：200时	比例尺1：20或1：50时（也可用于1/100或1/200时）	实尺、比例尺1：2、比例尺1：5时（也可用于1/20、1/50、1/100、1/200）
普通墙壁			
混凝土及钢筋混凝土			
普通轻质墙壁			
普通砌块 轻质砌块			绘制实际形状，填写材料名称
钢结构			
木材及木质墙	栅栏构造 管柱、壁柱、通柱 栅栏构造 管柱、壁柱、通柱 隐柱墙 管柱、间柱、通柱 不对柱的种类加以区分时	装饰材 结构材 辅助结构材	装饰材（填写年轮和木纹） 结构材 辅助结构材 层压板材
地基			
毛石			
砾石、砂		填写材料名称	填写材料名称
石材或人造石		填写石材或人造石名称	填写石材或人造石名称
抹灰作业		填写材料名称和作业种类	填写材料名称和作业种类
榻榻米			
保温隔声材料		填写材料名称	填写材料名称
网		填写材料名称	金属网时 钢丝网时 肋条网眼钢板时
平板玻璃			
瓷砖或陶瓦		填写材料名称 填写材料名称	
其他材料		描绘轮廓，填写材料名称	描绘轮廓或实际形状，填写材料名称

在平面的线条的汇集形成了进深，眼前现出立体空间的样态。尽管从手绘时代进入CAD时代，即使不再关注线条的粗细也照样能够高效率地绘制出图纸，然而，线条具有的意义却并未因手法的变化而改变。

4 用以示人

所谓建筑渲染，就是为了使自己的作品具有感染力而进行的作业。在这里即将作为设计作品展示的图纸，就可以看做是最美的、给人印象最深的“相亲照片”一样。

因此，建筑渲染图是对以最恰当的比例尺和线条绘制的图纸，再以最合理的形态进行布局的结果进行的渲染，其目的应该是将设计成果作为一件渲染的作品来完成。将一张小小的纸传达出的信息东拼西凑后绘制成建筑渲染图，这样的事以后还会做下去。可是，既然把建筑渲染当做自己数年学生生活的最终课题，便应该仔细琢磨这件渲染作品到底是否令人满意。

在绘制建筑渲染图时，不能忘记以上面列举的各种要素为前提，然后再来探讨在自己的设计中该怎样表现（或不表现）这些要素。

考虑怎样表现和怎样传达

对于毕业设计来说，随着设计方案的提出，在制作作品的过程中，不同的作品都有着各自的背景。诸如，要经过哪些思考步骤，为什么选择这一场所等。

自下页起将要介绍的几件毕业设计作品，设计者的设计意图、契机及目的都各不一样，因此从最终的渲染图中也能看出其渲染的手法、结构和布局等方面也完全不同。

在绘制建筑渲染图时，与设计同等、甚至更加重要的是，必须充分考虑自己在作品中最想传达出什么意图，最重要的意识是什么，怎样才能让看作品的人也会有与自己相同的感觉。

表现手法和技巧

在总结了怎样表现和怎样传达之后，接下来应该考虑的便是在实际绘制建筑渲染图时所使用的表现手法和技巧。不过，只要对怎样表现和怎样传达的问题做到了条分缕析，那么，你要表现的氛围、色彩和情趣等便会跃然纸上。

如前所述，现今已进入可以采用多种多样手法自由表现的时代。尽管如此，在选择上仍然存在许多困难，如何能为自己的作品找到最佳的表现手法则需要付出巨大的努力。

曾几何时，由于CAD制图的普及，几乎100%的学生都依赖CAD图纸进行建筑渲染。可是，看一下近年来的毕业设计展，手绘的图纸和徒手画的草图又逐渐多起来。从另外一方面看，利用动画和机械装置一类的新的表现手法也出现在作品中。此外，不仅依靠现有的技法，还可以将传统技法、新技法和独创技法组合起来应用。

由此可以看到，如今已步入设计者能够为自己作品寻找更恰当的表现方式以自由发挥的时代。希望读者能灵活地运用这些手法，使之更适合于自己的作品。（仓斗绫子）

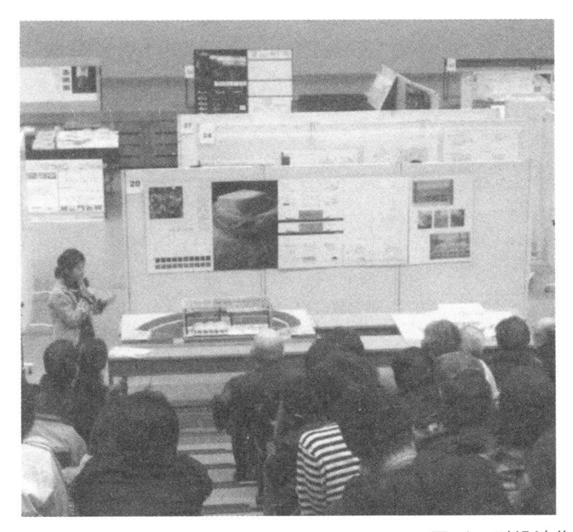

图-1 对设计作品进行渲染的实况
（左：日本大学 摄影：龟井靖子）/右：武藏工业大学 （摄影：胜又英明）

01	学生作品：关于绘制毕业设计建筑渲染图的想法	设计者	花冈雄太
毕业设计标题	记忆之园　专供儿童娱乐的场地	制作时所属单位	东海大学工学部山崎研究室
建筑渲染图页数	A1／8 页	毕业年份	2006 年

设计的着眼点

因设计者归属于建筑规划研究室，所以将具有社会性的主题作为设计的目标。为此，在主题设定方面花费了不少时间，同时也在寻找和调查地块上下足了功夫。从对于儿童娱乐这一问题意识出发，将儿童的游戏场地及儿童活动场所选为主题，而且通过为孩子们提供的这些场所，又能够近距离地观察孩子们的活动情况。

设计概要

在户外游戏的孩子们的身影已经很少看到了。本来作为游戏场地对孩子们开放的运动场和公园也被设定了很多限制，由于设置的固定游乐器具把小孩手夹伤的事故时有发生，因此正在被一点一点地拆除。这类事件使儿童游乐场的数量减少了，同时也使儿童娱乐场地建设事业发展的机遇受到抑制。游戏对于成长发育中的孩子们来说，是学习的最好途径之一。就如同通过书本来培养儿童的智力、丰富儿童的知识一样，与多种环境要素接触和亲身体验，对孩子的成长是十分有利的。本设计的目的在于，辟出一块场地并使这块场地为孩子们提供一个契机，孩子们通过在这块场地中进行各种游戏丰富自己的想像力。为此，方案将具有丰富多彩环境要素的山和海选定为设计的舞台，使这一环境充满季节感和风的氛围，成为儿童与自然相融合的游乐场地。

渲染方法

1 表现手法

希望让看到本设计的人产生这样的印象：设计已形象化地展现出孩子们在这块场地中活动的情景。为了要以最生动的形式来表现孩子们的各种活动状况，在绘制图纸时以立体拼贴方法将孩子们的活动情景照片汇集在一起。

此外，在设计内容方面也充分地利用了模型照片，让孩子们的风景叠印在空间里进行表现。

2 地块设定与色彩选择

设计程序从设计者的问题意识及寻找与其设计内容相称的地块开始。寻找的结果，发现一处与设计理念符合的地块，呈现出一片绿蓝相交的色彩。便绘制出以绿和蓝为主基调的渲染图，方案想要表现的意图是将各种设施掩映在片片绿地中。

3 布局

考虑将 8 页 A1 绘图纸以 2 页为 1 组，图纸由如下几方面内容构成：①概念；②对地块和问题意识的调查；③关于地块；④设计方案内容等。

4 图像

依据自己的调查，将规划设计最为重视的儿童活动、住所和游戏等场面完全图像化作为设计要素使用。

（花冈雄太／点评：仓斗绫子）

Play Of A Child

为了解儿童游乐场的特点，现列举出多个儿童游乐场的例子。自其中抽出游戏中的关键词。

论文调查：幼儿园的环境营造对园内儿童行动及意识的影响
山崎研究室　藤田大辅

在有关幼儿园的规划设计理论中，重点研究了营造的环境与园内儿童的行动和意识具有怎样关系的课题。其研究过程被归纳成右边列举的那些特性，作为幼儿园设计时的指标。在本方案中，将孩子们游戏时的行为作为焦点，从中发现孩子们行动的特性，并以图标形式表现出来。

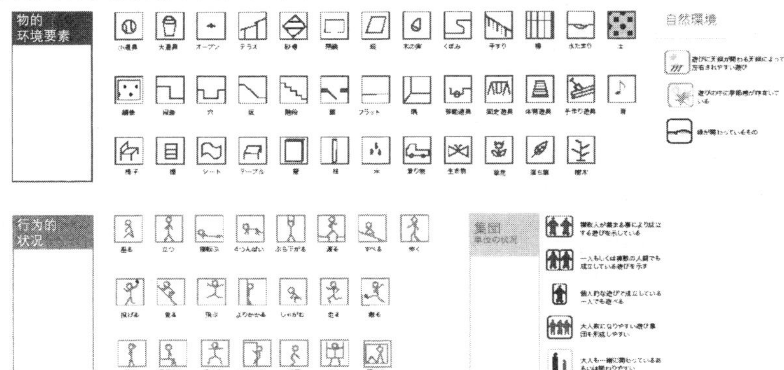

图—1　以孩子们的住所和活动为要素进行整理后图像化的表现

在设计者的事先调查中收集到的活动有关情景的图像化表现。

图-2　使设计方案内容形象化的概念图

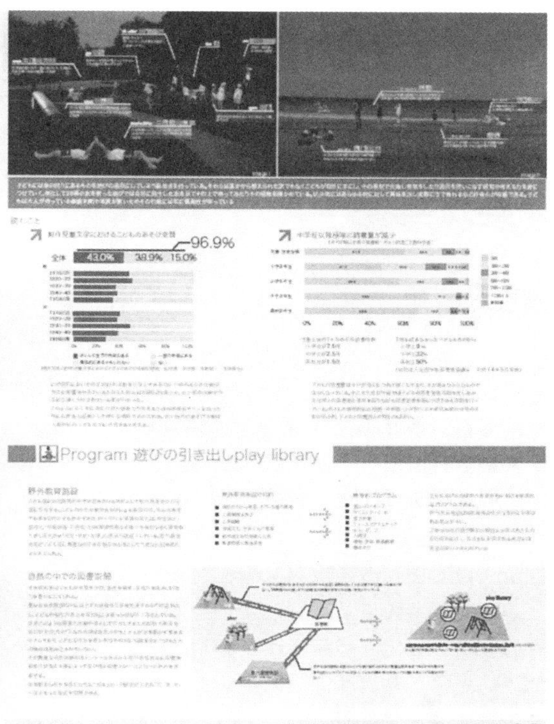

以图纸表现设计者具有的问题意识及成为背景状况的调查结果等，并向第三者传达设计者为什么会提出这一方案。

图-3　问题意识及调查

连续使用2张A1图纸。将模型作品用于图纸，表现出立体空间的体量感。

图-4　利用模型照片的设计内容说明图

02	学生作品：关于绘制毕业设计建筑渲染图的想法	设计者	井村英之
毕业设计标题	ENOSHIMA RENOVATION －记忆的建筑化－	制作时所属单位	东海大学工学部吉松研究室
建筑渲染图页数	A1／8 页	毕业年份	2006 年

设计概要

“江之岛设计方案”，是毕业设计开始后一直没有放弃的主题。为了调查江之岛，曾几次踏勘该岛，了解该岛的现在和过去，作品本身使因此而生发的问题意识并从中看到的江之岛所具有的魅力得以复苏和再现。当初提交的方案是“体验型 musemu(英文“博物馆”。——译注)”；可是，其主题和目的说到底还应叫做“江之岛的再生”。

通过填埋和开发已经现代化的江之岛，使原有的自然、文化和生活产生了断层，过去那种参拜者（观光客）与居住者（渔民）之间相互联系的纽带不见了。因此，为了让江之岛能作为 21 世纪型的江之岛重新复活，提出了将现有的自然、文化、生活和运动相互交融的 EARTH WORK(环境艺术)方案。通过这个 EARTH WORK 方案，可将关于江之岛的历史记忆传承给未来，把江之岛改造成一座魅力十足的岛屿。

通过采用将割断该岛文化和生活传承的现代化部分砍掉的形式，再现出自然（海和人的流动）的回归，使观光者可以乘水上巴士或徒步游遍全岛。迎着在岛上漫游的人们，扑面而来的优美风景成为他们对海岛的美好记忆，在穿过这些美丽风景的途中，一座座风格各异的建筑也吸引他们驻足，成为对江之岛的另一种体验。

渲染方法

1 表现什么

这一设计方案的核心是被称为江之岛的场所，该场所具有的全部背景、历史和形状等相关情况，都构成方案的对象。因此，在进行渲染时，也必须以岛的本身作为主要对象来处理。重点不是建筑方面的图纸表现，而是要把江之岛总体长期再生规划作为一条主线。

图－1 Sheet3：通过将江之岛的文化、生活和交流断层的 void(停车场、空地)变成新的 void（海），使之具有洄游性。

2 表现方法

在岛上不同的地方都进行了开发，以拓展人们的视野，并布置了一些可引起来访者兴趣的设施。在以此基调制订的方案中包含的元素，如同突然从巨大的岩山间穿过去在眼前展开的情景。因此，为了使用巨大的模型以展示出必要的表现，多半都采用模型照片来制作渲染图。

3 颜色

仅以单色为主色调。而关于构成作品最重要因素的“视线的转移”，则部分地使用彩色照片，以突出其效果。

4 时间历程

该作品对江之岛的历史做了回顾，并提出对海岛进行改造的新设想，使过去的优秀传统和习俗得以再生。因此，作为渲染图也同样要反映出由过去演变到现在的这种历史过程，充分表现如果实施这一方案该岛将怎样变化的时间历程。

5 对结构的讨论

透过 8 张渲染图，留给看图者最深刻的印象是江之岛从过去到现在面貌的变化，以及再现全岛的洄游性。尤其是图纸前半部分的表现十分抢眼，因此作为建筑性设施而收入方案中的“EARTH WORK”在一定程度上被淡化，反而给人留下“这到底设计的是什么”这样的疑惑。虽然可称作是一件深思熟虑的渲染图，但构成方案核心部分的 Site A ~ C 的表现手法似乎有些拘谨。既然是一件毕业设计作品，岂不是应该更清晰更好理解一些吗？

（井村英之 / 点评：仓斗绫子）

江之岛的魅力和历史、设计概念

图－2　Sheet1

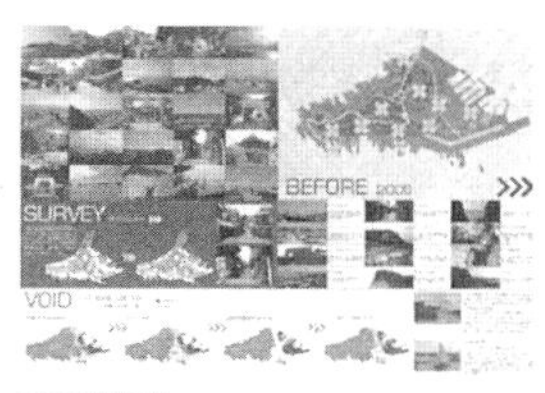

江之岛形状

图－3　Sheet2

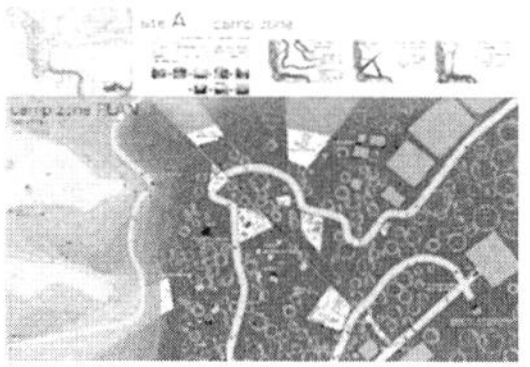

Site A 方案概念

图－4　Sheet5

Site A 方案图纸

图－5　Sheet6

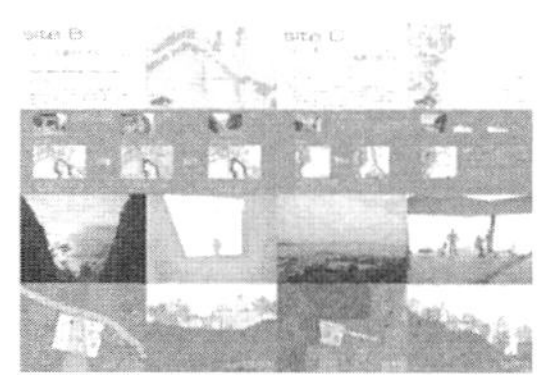

Site B、C 方案概念及图纸

图－6　Sheet7

利用模型照片图像化

图－7　Sheet8

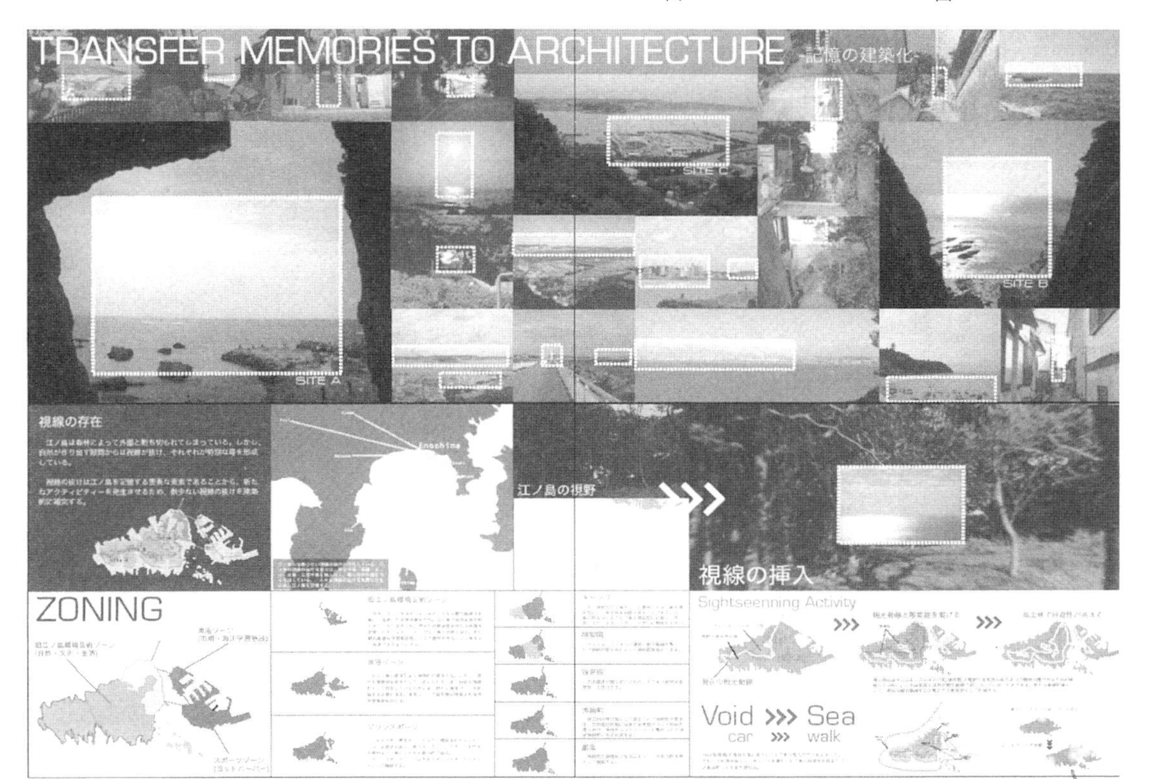

图－8　Sheet4：江之岛视线。在岛内视野的所及之处散布着建筑性设施。

03	学生作品：关于绘制毕业设计建筑渲染图的想法	设计者	水野悠一郎
毕业设计标题	褶皱空间	制作时所属单位	东海大学工学部吉松研究室
建筑渲染图页数	A2/20页	毕业年份	2006年

■设计的着眼点

这一作品着眼于将揉皱的纸打开时产生的任意凹凸及由此生发的空间（褶皱空间）魅力，并将其具象化为建筑的主题。

■设计概要

一座城市乍看上去都会让人觉得杂乱而又混沌：过密的布局、交通及动线的立体化、人造地块和建筑的高层化，不仅使“GL”变得复杂了，连“楼层”的概念也模糊起来。由于在大多数情况下，如同将图纸画在方格纸上一样是以单线条绘制出来的，因此多层建筑的各层也都是被均匀分割出来的。这样一来，使原有的地址和场所的标识性消失了，成为一处没有魅力和特色的单调的空间，统统都可以概括为某种符号。可是，在多数场合，作为一种信息的传递，这些符号已未必具有什么意义。

建筑所具有的场所和地址标识性，本来就不是靠颜色和符号制造出来的。人们一般会在发现合适的场所时采取某种行动，所谓地址和场所的标识性不是被给予的，而是依靠个人的发现和经历产生的。

褶皱空间美术馆是一座具有独特地标性的作品，将作品的鉴赏者及围绕着作品的环境全部看做是作品的一部分。而且，通过制作、展示和鉴赏，建立起建筑物、设计者和鉴赏者之间的联系。

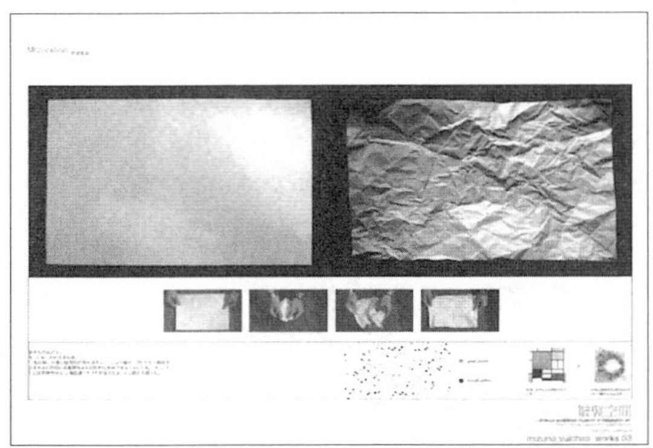

将揉皱的纸展开。出现褶皱。一张纸在任意物理作用下产生的褶皱具有偶然性，但从因果关系上看，同时具有必然性。可是，却不具有再现性。或许正因为每次产生的形状都不一样，才使其更具魅力。

图—1 Sheet1（上）、Sheet3（下）

■渲染方法

1 表现什么

在许多毕业设计中都会看到这样的情形：对地块给予了过多的关注，而没有从对社会性课题的问题意识里构思自己的设计方案。设计者偶然发现了一团揉皱的纸构成的空间所具有的魅力，并将这一空间作为自己作品的全部结构内容。为此，在多达20页的A2规格的渲染图中，大部分都是通过模型照片和效果图来表现这种褶皱空间本身魅力的。

2 布局

每张A2规格渲染图图面的大部分都是传达概念和效果的照片及图像，在其下面还有为使成带状

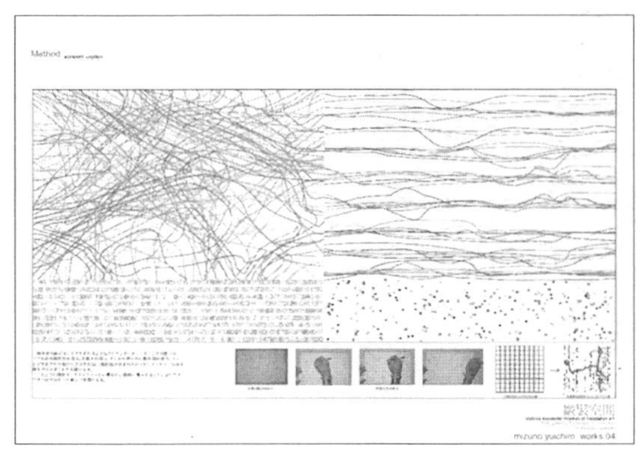

将纸揉皱再展开的特点和魅力在于其所具有的偶然性。由于采用以随机数得到的散布图，过去使用方格纸时无法产生的具有偶然性特点的线条便可以绘制出来了。将偶然性引入系统中并应用于建筑设计，便构成了迄今未有的新空间。

图—2 Sheet4

布置的建筑物具象化而不可缺少的图纸、程序和简要说明。

3 渲染图构成

渲染图最初的5页是以造型手法加以表现的。其余的图纸，则包括插入空间的计划及其特征、断面图、平面图和立体图等建筑图纸，以及将这些分别使用图像化手段加以表现的模型照片。

4 表现方法

用于研究、表现形象化概念的局部模型和被建筑化的空间具象模型，是主要的表现手段。其精力重点花在怎样以最易理解的方式将建筑的形态和空间准确传达给旁观者。

5 颜色

在从前的学生作品中，也同样关注这样的问题：设计者以自己独特的风格，将单色作为基调对作品进行朴素的渲染。而现在我们看到的这件作品，仍然延续了这一风格。

6 方案

该设计作品的方案自发现褶皱空间这一具有特色的空间开始，将这样的空间作为建筑具象化，并在方案（现代艺术美术馆）中体现其空间特点，则是本作品的重中之重。然而，在多达20页的渲染图中，留给旁观者印象最深的仍然是空间形状的趣味性，似乎并未对整个方案产生多少观感。从这一点上看，还应对渲染图的结构和表现手法再下些工夫。

（水野悠一郎／点评：仓斗绫子）

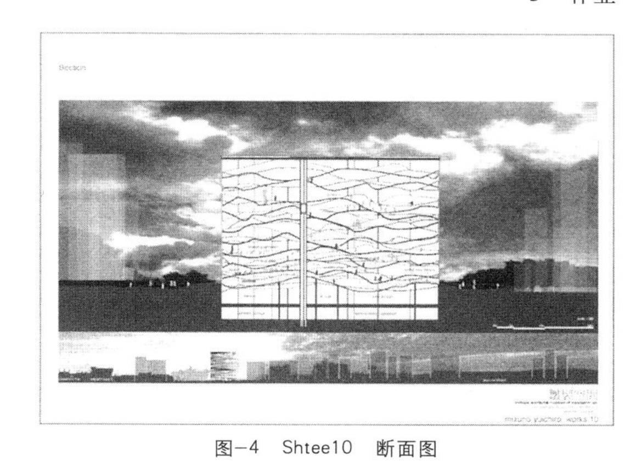

图–4　Shtee10　断面图

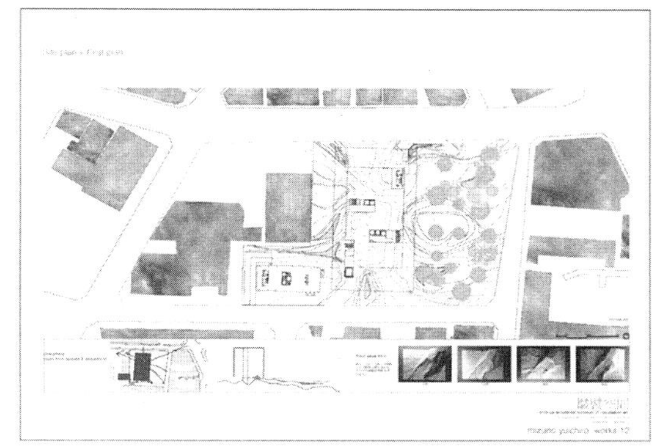

图–5　Shtee12 配置、1层平面图

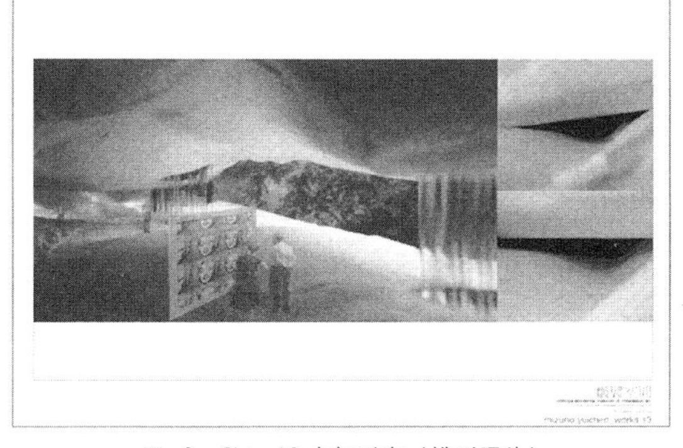

图–6　Shtee13 内部形态（模型照片）

图–3　Shtee9 空间形态（模型照片）和空中轮廓线

图–7　Shtee20 完成效果透视图（模型照片）

04	学生作品：关于绘制毕业设计建筑渲染图的想法	设计者	近藤润
毕业设计标题	“紧凑的连体建筑” －吸收美国元素的居住型商场－	制作时所属单位	东京理科大学理工学部 小岛研究室
建筑渲染图页数	A1／8 页	毕业年份	2006 年

■设计着眼点

本方案的设计对于近年来在填埋地和再开发区域规划的现代化商业设施来说，是一件具有反命题意义的商业设施设计。

■设计概要

如同在上野的美国街看到的那样，方案中将亚洲风格及体现多种风格（亦称混沌式）的自发出现的商业空间布置在目前现代化商厦林立的台场（江户末期设在海岸的炮台。——译注）地区。通过使环状建筑群相互连接的形式，在环状建筑群及其之间的空隙处又产生新的空间，将这一空间作为商业空间使用。由环状连接的建筑群围绕的中庭空间及建筑间空隙营造出来的街道空间，以自然产生的状态存在着。

环状建筑群由居住空间、共有空间（动线、店铺等）、设施和后院空间构成，这一建筑群自身被称为复合建筑物。在环状建筑群的内侧（面向中庭空间的部分），各个商店的店主分别以自己喜欢的风格来设计店面的造型及其装潢。通过这样的系统设计，设计者就以形象化的手段让自然出现而又不确定的、“美国街”式的商业设施诞生了。

■渲染方法

1 设计的主题

在经过反复研究的基础上，以本作品的形态及构成设计主题的植物性浮游生物的照片作为背景。而且，整个渲染图由单色调组成，仅在对于形成作品概念最为重要的建筑开口部进行着色，将主要工夫都下在最想表现的部分上。

2 以图形表现作品结构

通过以树形图作为作品的表现形式，将建筑系统逐一展开，同时将进化和连锁的过程以“纵轴→包容功能”和“横轴→进化程序”这样的方式加以表现。

图－2　作品研究经过以及设计主题

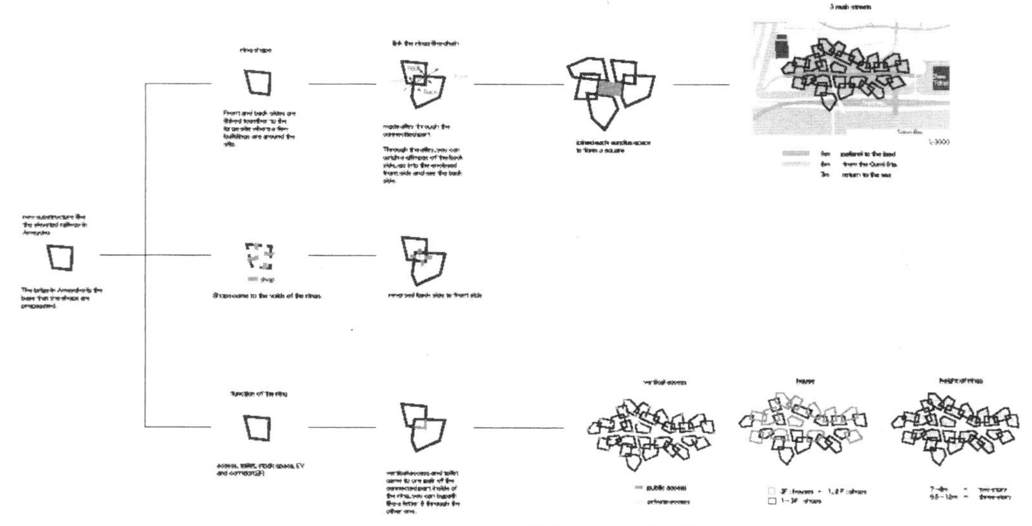

图－1　以树形图表现的建筑形态及其系统

3 表现时间历程

当这一设计被列入城市规划后，自然增殖的功能通过由模型照片和图纸组成的 1 张渲染图表现出来。

4 利用模型表现

由于让店铺的形态如同面向街道陈列商品的摊床一样，因此为了在街道两侧形象化地展示出商业设施扩充的情形，便制作了具有现场感的模型，并将其拍成照片制成渲染图，使这种商店扩充状态被表现得淋漓尽致。为了进一步表现出各家店铺独具的特色，则由第三者（低年级同学）来充当店主，分别构思自己店铺的设计风格。

（近藤　润／点评：仓斗绫子）

图－3　店铺外观状态（以能传达街道氛围、具有现场感的模型照片制成 1 张渲染图）

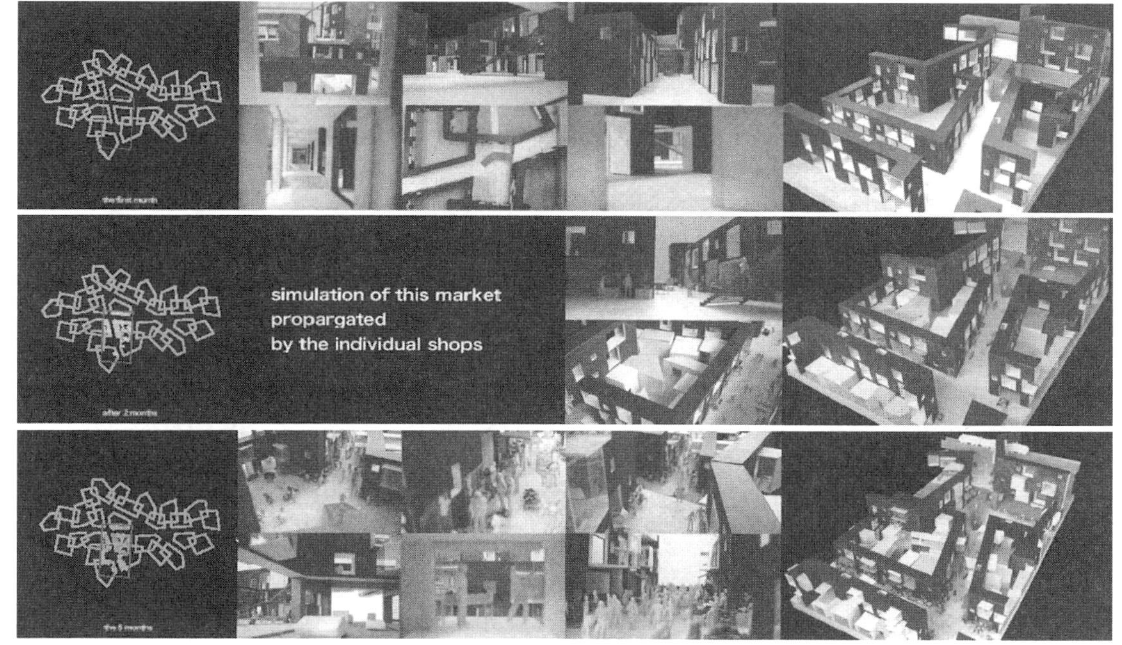

图－4　通过模型照片来表现方案中建筑在时间轴（自上而下）上的变化

05	学生作品：关于绘制毕业设计建筑渲染图的想法	设计者	中田裕一
毕业设计标题	具有多层可变空间的学校	制作时所属单位	武藏工业大学
建筑渲染图页数	A1/1 页	毕业年份	2005 年

■设计概要

在建筑中玩耍。作为学校的楼房不仅仅当做一座普通楼房来处理，而是采用多种隐蔽性手法在建筑中设计出重叠的个性化空间。

音乐室、家政室、体育馆、美术室、图书馆和游泳馆等，这些不同空间的个性化受到足够的重视，并将其作为一个个小的部分被设计成重叠形态，使每个空间都具有符号意义。而且，这种作业和形象化的过程并未完结，还要继续发展和反复，无论是在构思上或是在形态上都一次比一次提高，最终成为一所名副其实的“多层空间学校”。

无论是渲染图还是模型都以浓墨重彩表现了这一设计主旨。设计者花费了很长时间，想象出孩子们在一个个空间里活泼可爱的样子，并设法表现出来。

“这样的做法就像登山一样上上下下，小学生也是在这所学校里东奔西跑吧。使用这所建筑能够玩耍吗？会给孩子们带来快乐吗？这些原本在脑子里只是一个雏形的想法又逐渐膨胀起来，心里在想，要是能将它变成一座真的建筑物该多好啊。”（引自设计者本人说明文字）

■渲染方法（设计者本人解说）

1 手法

由于使用CAD方法很难传达出设计对象的氛围效果，因此只有用手绘制图才能营造一种独特的环境气氛。

2 表现方法

如同看漫画一样乐在其中，渲染也是采用绘画和简短文字进行表现的。

3 结构

就像从远处盯着看一幅画同到了近处看一样，其描绘是细致入微的。

4 布局

自由灵活地配置，消除绘画的生硬感。

5 颜色

不使用过多的颜色，以淡淡的色调烘托出幻想的氛围。

6 累积

在最后阶段，不是将渲染一下子完成，而是一点一点地使其完整，经过较长时间的积累让效果更充分地展示出来。

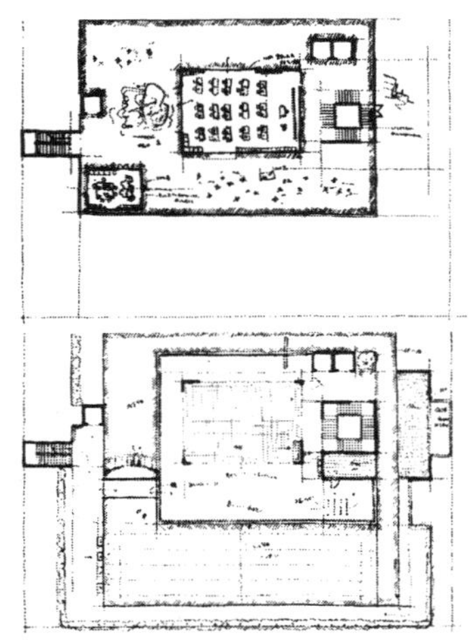

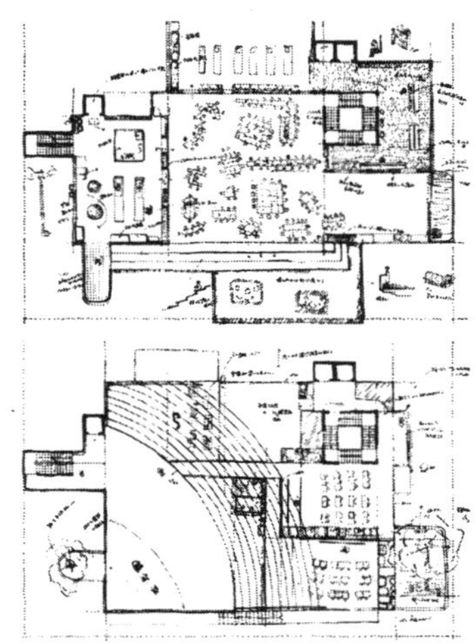

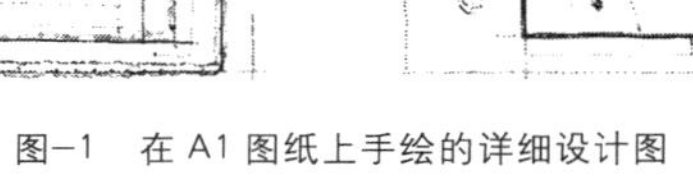

图-1　在 A1 图纸上手绘的详细设计图

图-2　渲染模型

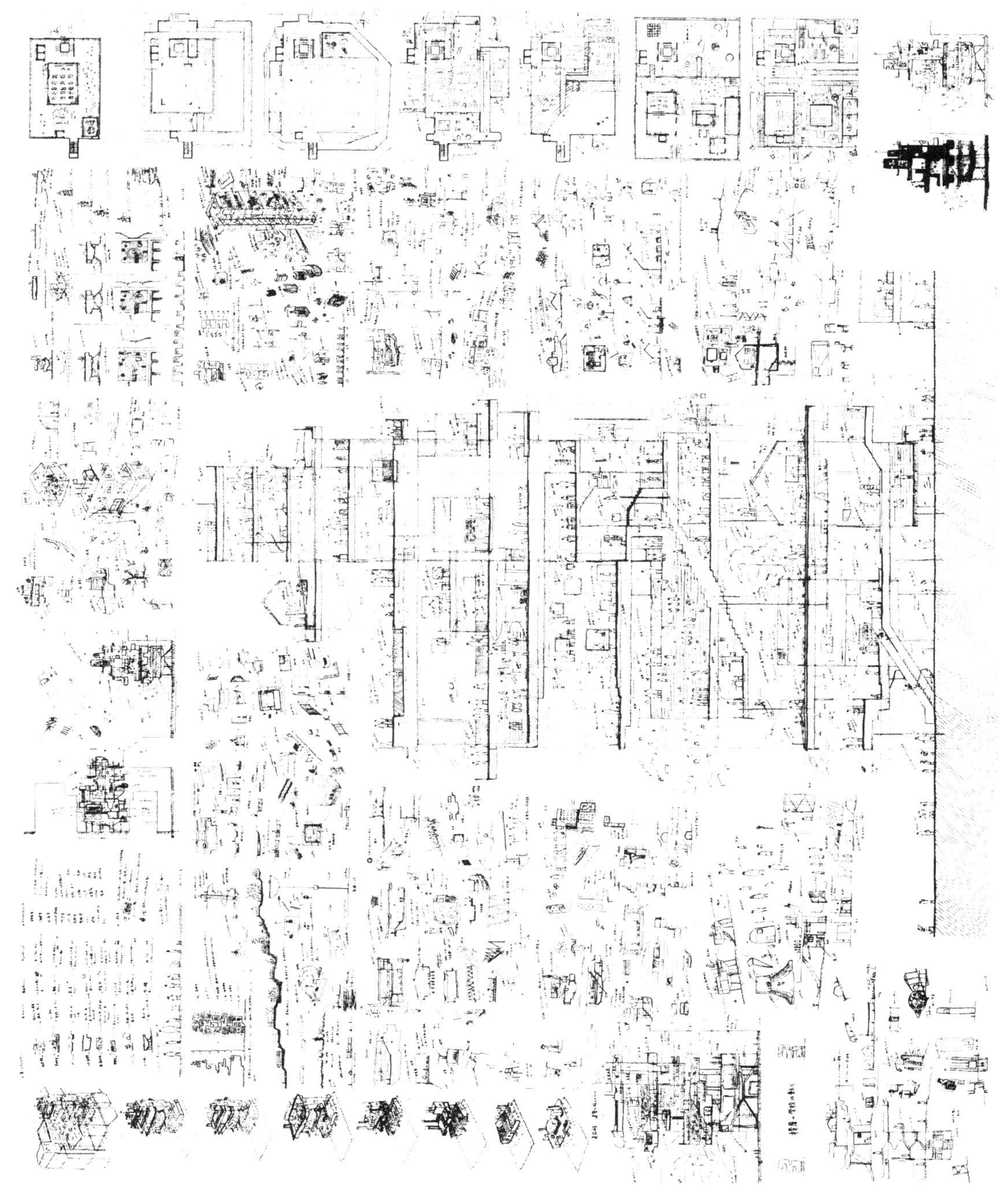

让人感到这张图不仅是图纸，也可看出设计者为充分展现设计空间的部分、风景及孩子们的活动等所花费的精力，是一幅很有张力的渲染图。

图-3 A1 规格的"氛围图"

7 设计和渲染

设计是将一些小的片段连接起来构成建筑；渲染同样也要沿着这一思路前行。

8 没有尽头的渲染

如果一张纸不够，需要再补充些什么，那就多加张纸，真想让这样的渲染一直进行下去。

9 描绘人

建筑物中必然有人存在。人是渲染中的动态对象，因此会给你带来乐趣。

（中田裕一）

01	向建筑师请教：有关建筑渲染所想到的
作品名	户田市立芦原小学校
建筑师	小泉雅生（小泉工作室／首都大学东京分校副教授）

■建筑概要

户田市立芦原小学校是一所与规划在郊区火车站前的生活教育设施合并在一起的小学校。这所学校的教室一律朝着走廊开放，即所谓开放学校的形式。采用这一建筑样式的目的在于，与在固定不变的教室内进行整齐划一的授课相比，可通过教室的轮换在一个流动的空间内可更好地发挥孩子们的主观能动性，开展多种多样的学习活动。

从断面上看，一层和三层的不变空间作为“固定点”被设计成年级区，一连串开放的特别教室就布置在这些点的中间。开放空间如同三明治一样被夹在“固定点”之间，这样便划分成一个个区块，从任意一个固定点都可以等距离地接近开放空间。像市场和商店街那样，这里提供了学生们在一起学习和交流的机会，实际上成了“MEDIA MARKET(直译：媒体市场。——译注)”那样流动的、充满活力的城市空间。而且，孩子们可以在这里满足自己的表现欲，相互讨论一些感到疑惑的问题，从而扩展了他们的知识面。从这一点上说，这里又是“可能性的空间”。

从平面上看，设计方案将体育馆及生活学习设施与校舍楼成为一体，构成一座体量较大的建筑物，可使儿童的活力扩散到整个学校。这样的配置设计，可让不同年级和性格各异的孩子们自然地进行交流。学校已经不是由整齐划一排列的教室组成的设施，它本身即是一处坐落在具有多样性元素的街道上的复合设施。完全可以期待，在体量如同3层广场组合起来的、颇具特色的内外空间中，一定会引起所有孩子们进行各种活动的兴趣。

活动区
HOME ROOM
HOME ROOM
HOME ROOM
平面
扩展可能性的空间
固定点
学年区域
MEDIA MARKET
年级区域
断面
固定点
扩展可能性的空间
固定点

图—1　表示平面及断面〝固定点空间〞与〝扩展可能性的空间〞关系的图形

图—2　表示特别教室区与普通教室区关系的断面图形

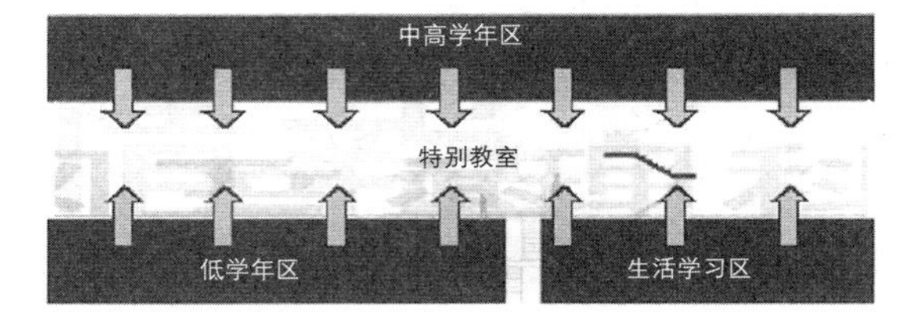

突出2层。模型照片和CG的合成透视图。

图—3　形象透视效果图

2处"固定点"、2个"可能性"

在户田市立芦原小学校中，平面上的"固定点"及"可能性"与断面上的"固定点"及"可能性"是以相似的形态布置的。相对于作为平面固定点的普通教室和作为扩展可能性空间的开放区域（活动空间），作为断面固定点均设在一层和三层的年级区，而作为扩展可能性的空间即是2层的多个教室（媒体市场）。绘制的效果图表现了由这样2种空间组成的结构。

1 图形

图－1系在参加设计方案竞赛进行渲染时，用于表示"固定点空间"与"扩展可能性空间"关系的图形。在断面上作为"固定点"所在的年级区中，插入了平面上的普通教室（相当于"固定点"）和活动空间（相当于"可能性"），形成一种套匣式的结构。

图－2为表示断面结构的图形。与图－1一样，是在参加设计方案竞赛时绘制的，其中的特别教室可等距离地与上下年级区接近，并位于建筑物的中心。

2 概念图

图－4系在初步设计阶段用于杂志发表的概念图。在1张图纸上绘制出建筑总体平面图、普通教室、活动空间形态图、年级区和媒体市场的断面形态图等。在这张图纸上，表现了在平面及断面的各个"固定点空间"及"扩展可能性空间"中，孩子们在建筑物内外的活动连续立体展开的情景。诸如孩子们像在街道上散步一样在校园中走来走去，以及各种各样的会面和发现活动等类似于街区缩影这样的理念，都在图中得以展现。

对待渲染的态度

此前，我们已就渲染的具体手法做了讲述。最后，打算谈一下有关对待渲染的态度问题。毫无疑问，那种将渲染本身当做研究草图的看法是正确的。不管你考虑了多少问题，思考了多少内容，到头来没有准确地传达给别人，一切都等于白想。或许用什么样的图纸和模型也无法传达给对方，反之又重新将其当做传达的方案，这都是可能的。亦即将渲染作为一种研究模式，可以说是扮靓自己方案的好机会。希望读者对待渲染问题能够具有这样的意识：将花在渲染图上的时间与花在方案设计上的时间一样多。

（小泉雅生）

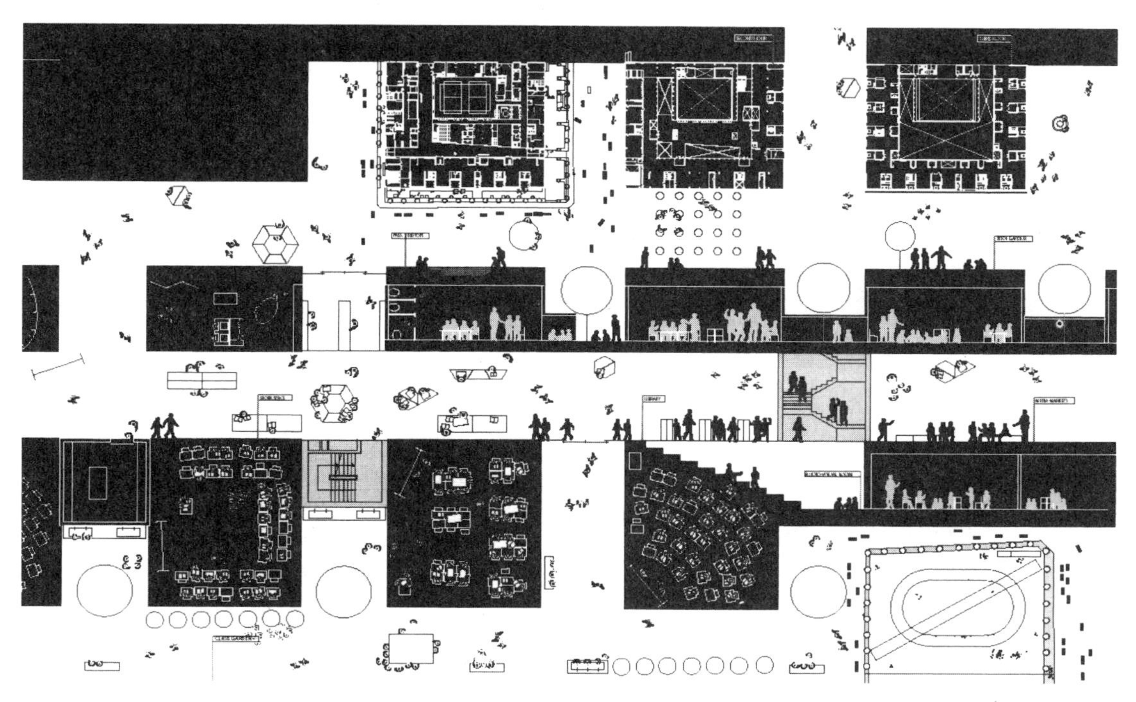

图－4　为发表设计方案而绘制的透视效果图

02	向建筑师请教：有关建筑渲染所想到的
作品名	宫城县立肿瘤中心临终关怀病房
建筑师	藤木隆男（藤木隆男建筑研究所）

■重视毕业设计

应该说，被当做毕业设计重点的建筑渲染与实务设计中的图纸及应客户要求所采用的各种表现手法及内容，从实质上看没有太大区别。决定毕业设计成果显著的要素是，①恰当的问题意识／主题设定；②事先对建筑用地的选择；③强烈的表现欲望及高远的志向等。

我自己做毕业设计〔东京都立大学（现首都大学东京分校），1969，Motor Station Asian Highway〕虽然已成为多年前的往事，但现在仍能看到所受的ARCHIGRAM的强烈影响。对于这一毕业设计的预期，似乎当时就已意识到了（图−1）。即对我来说，当时的理想就是：①开发贫困的亚洲地区／生活自立；②建设丝绸之路上的商队城市；③挑战每日学生设计奖。在这里介绍的冠之以标题的作品也不例外。

■将方案直接用到建筑上

5个人的设计方案幸运地获得了最优秀奖，并同时签订了实际设计委托合同。说起来，这只不过是从“一张方案图”（图−2）衍生出来的结果。坦率地讲，作为我们方案的框架，完全可以包容在1页A3纸上。当然，在设施设计和工程监理的整个过程中，其中做了多处细小的修正和些微的完善，甚至变更了所有的细部，最终才成为现在的建筑。尽管如此，竣工的建筑在大体上仍然是最初方案的完整再现（图−3、4）。虽然没有设计和监理过程中的无数判定和改进的结果，如今建筑也不可能以清晰的“容貌”展现在世人面前；可是，有一点恐怕永远不容置疑，最初的设计方案图已经充分形成了建筑的框架和存在感。亦即由于建筑师不经意间描绘的一根根线条都起着重要作用，因此对那些设计上无论怎样细微的地方都不能有丝毫的马虎。对于建筑设计，应该始终具有危机意识。

■建筑渲染的重点

在这里想介绍一下“设计方案图”的具体表现方法及有关内容。我们的方案基本上包括以下内容：①临终关怀病房楼（hospice—专门接受不治之症及末期患者的医院。——译注）尽管也是医疗设施，但更是一个可让患者平静而有尊严地度过生命最后一段日子的“家”，因此病房楼的设计应取

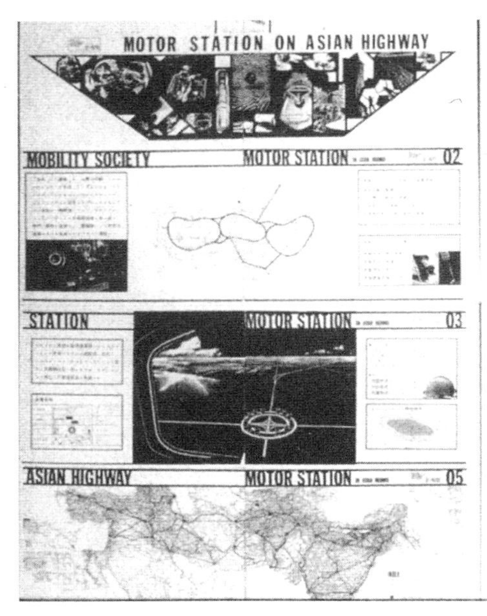

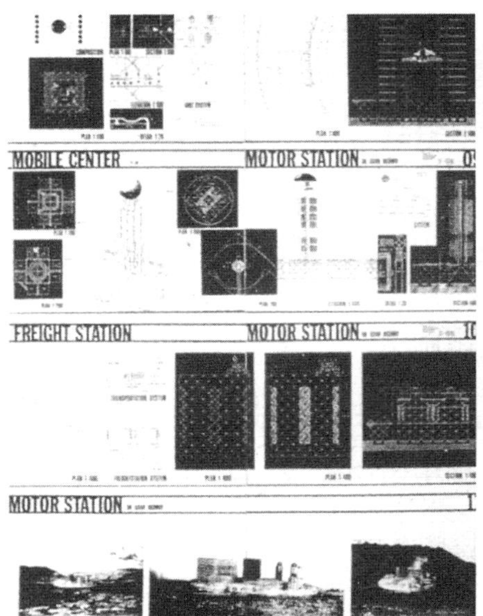

图−1
Motor Station on Asian Highway：藤木隆男（东京都立大学毕业设计，1969年）

材于住宅的模式，营造出能够使患者与家属团聚的空间氛围并布置一些必要的设备；②设置一个安全而又宽阔的中庭，方便轮椅通过或较容易地直接将床抬到院子里来，让病人呼吸室外的新鲜空气，看到盛开的花和飞翔的鸟儿；③因此，为了能照顾到这一拉得很长的看护动线，在适当位置设了3个看护点，可以充分满足基本临终看护的需要。

其设计的精髓即在于“在带天井的优美住宅里确保临终患者的QOL”。在一张有限的A3图纸上，划出1/4的地方布置全景黑白模型照片以及1000字左右用诗体写成的关于标题及关键词的说明，还有中庭的草图。目的在于先使用视觉形象和关键词将方案内容浅显通俗地传达出来，以吸引对方（审查员）的眼球并得到进一步的关注。

接下来再用1/4的空间布置所谓“中庭型”病房楼平面设计；与此不同，作为一种特例形式，使用了更多的图板及说明文字去表现临终关怀病房楼的温馨以及设计上的协调性。方案中的具体内容，如“临终病房楼与医院主楼的位置关系”、“护士站的分散配置”、“临终病房楼的宽敞区划”、“中庭的环境结构”和“自然与向着中庭开放的病房楼／家”等分别被绘制在4页图纸上，另外还有1页绘有断面和平面的插图，使整体表现手法显得丰满而又明快。全部设计方案完全可以经得起由建筑师、研究者和学者充当的审查员们的专业眼光的检验，并具有很强的说服力。

其余1/2的图纸空间是平面图和断面图，在图中有加上小标题的、以绘画手法表现的色彩鲜艳的图像，让看到的人欲罢不能。尽管整张方案图纸融入了相当多的信息及各种元素，但决不能说它在渲染方面是成功的。只是，我们最大限度地突出了方案的要点——“中庭型”，至少在这一点上可以说收到了意想不到的效果。

（藤木隆男）

我们在宫城县立肿瘤中心医院的中心建起了独立的临终关怀病房楼

作为天井住宅＝“有天井的住宅”这一设计方案提出。对于临终的病人来说，需要有足够的空间让其平静地度过人生的最后时刻。这样的空间应该是，1完善的医疗看护体系；2能够与家人和朋友共处；3使肉体和精神都得到放松的居住环境，有温馨亲切的氛围。作为能使患者的生命之火持续燃烧的空间，应首推“优美的住处”。这样的住处，不仅是患者的治病的设施，更是一个家。

病房楼建筑用地位于可环视仙台平原水田及缓坡上林木的一块平坦的台地上。医院正中间，是一块平整过的土地，最里面被红松、白桦、山毛榉和栎等构成的杂木林团团围住，凸显其回归自然的特色，非常适于临终病房楼的建设。我们将保护这一特色，并采用新的表现形式来建造病房，营造出与以往不同的建筑环境。我们的设计方案，是要在这里建造带天井的住宅。至于为何如此，是因为只有天井住宅才能最大限度地与大地接触，可让居住在里面的人直接生活在大地上，具有一种安全感和稳定感。

因为这是一种可以将Hospice（见前注。——译者）型居住环境……被保护的生活得以完全实现的最恰当的建筑手法。可以把中庭看做“和谐化的自然”，以使人们在这里感到更惬意。这里也是一处与内部空间相互调节的“疗养场所”。带中庭的建筑也成为一个“大家庭”，这里聚集着患者、家属、医生、护士和志愿者们。平坦的中庭，比较可以让人们进行视觉的交流，而且便于相互拜访，或从房间出来放松一下。

“是没有屋顶的又一间起居室”。就这样，营造得平坦而又优美的中庭，成了人们可以放心休憩的半屋外空间。通过原有护士宿舍的楼梯，中庭朝向临终病房的外面和街道开放，从往来于中庭的人们的样子，患者能够意识到外面的精彩的世界。由于工作人员通过3个护士站和护士点可以很容易地观察到病房内外的情况，因此患者可以“放心地生活，将心扉向着街区打开”。

据说“hospice”一词起源于游方者途中住宿处的名称。走过各种各样人生旅程的游方者，现在都聚集在这里——宫城县立肿瘤中心临终关怀病房里，他们忘记了旅途的疲惫，相互间诉说着旅途的见闻。与此同时，也企盼着明天旅途顺利，安全到达目的地——那块约定的土地。为此，需要为他们造一个“优美的家”。

●作为流星的临终关怀病房——肿瘤中心新配置设计方案

临终关怀病房楼的轴线配置在医院主楼和外面的街道上。其横轴在主楼轴线的延长线上；纵轴贯穿街道＝人类世界和杂木林＝约定地。通过走廊，二层平面与主流相连（生命线）。一层设有停车场和主出入口，自三层往上形成竖井，通过电梯与各层相接。二层大厅是垂直和水平动线的交汇处，也是病房的核心所在。临终关怀病房是一座带天井的住宅式建筑，主要由与主楼协调的时髦直方体的公共空间和带斜坡屋顶的“コ”字形私人空间构成。中庭不仅凉爽而且充盈着新鲜的空气。从病房的桥上穿过，便可以来到中庭；还能够从外面直接进入，向着中庭一侧，另设了一个小玄关。

●看护点的设计—看护三角形

Hospice病房楼的25个床位，在日勤时间段，分为2个小组：照看组13床，护理组12床。为便于照看和护理，分散配置了数个看护点（N.C）。由西侧看护点负责的TEAM CARE UNIT A区域共配置特别病房2间，2床病房4间，护理室1间；东侧的TEAM CARE UNIT B区域，配置特护病房7间，普通病房5间。而污物处理室及库房则分布在这些护士站中间。在护士站（N.S）还配置了可供治疗抢救用的设施。与此同时，在夜勤时间段，这些护士站完全作为看护而发挥作用。这些N.C和N.S都是通过中庭相互连接起来的，可以看做是第三个护理区域（TEAM CARE UNIT）。

●疗养生活区划和等级制度——4个边的区别及协调

基本上是在中庭的每一个边上配置病房3～5间，而且围绕中庭整体上形成阶梯式结构。病房大都朝南，也有一部分向东，全部围绕着人造中庭配置。如果会客的话，从东边的停车场可直接进入中庭，也可自由地来往于病房和中庭之间（当然，对身体行动不便者，护士的目光始终不会离其左右）。另外，被看护的人可以感觉到，通过这个中庭和东侧原有的楼梯，与外面世界的联系。在自医院主体延伸的轴线上，动态地配置了高高的宣传空间；相反，在这条轴线靠近杂木林的一处寂静而又隐秘的地方配置了宽敞的特殊私人浴室和Quiet room。在住院楼的2个角落，设置了可供家属安心休息的家属室。

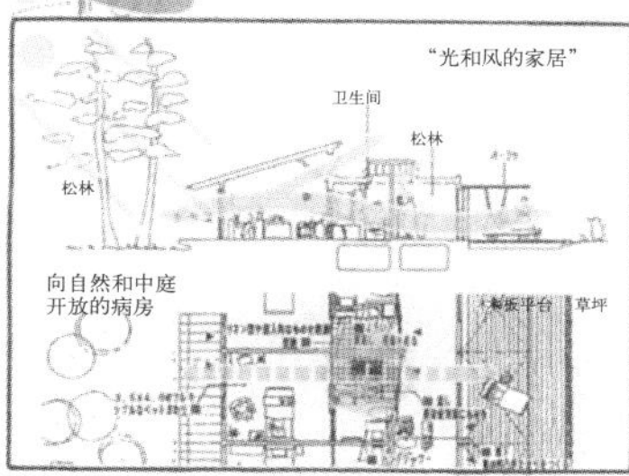

●住院楼中庭的环境结构—平坦的同心圆

临终关怀病房楼的环境结构是一个同心圆的形态。最外面的一圈是自然林和松林，再往里则是病房＋走廊、凉亭＋木板平台，最里面的中心部分是草坪，全部平坦连续地展开。古老的樱树上盛开的花朵和中国黄栌的绿荫、红叶，湖中平静的水面没有一丝涟漪，红松与松鼠相伴。从草坪那里飘来阵阵的湿润的气氤，还让人感到一点温暖。患者在院子里悠然自得地漫步，或坐着轮椅，或干脆连床一起搬到室外来。哪里都没有阻碍，天地显得如此高远和辽阔，几乎是想到哪里就可以去哪里。向着这个“内”开放的中庭空间结构，其中仅有2处是朝外开放的，那就是对着“自然”和“街区”的开放。这是一种调节式的开放。这种开放，是通过楼梯、樱花门、水池的水面和玻璃窗来实现的。

图—2　宫城县立肿瘤中心临终关怀病房楼设计方案图（一部）

图—3　宫城县立肿瘤中心临终关怀病房楼外观

图—4　平坦的中庭景观

图—5　住宅式的特别病房

4 研讨

通用设计
Universal Design

Keywords	Normalization 标准化	Barrier Free 无障碍	Public Space 公共空间

Books Of Recommendation

■《图解 专为高龄者及残障者所做的建筑设计 修订版》楢崎雄之，井上书院，2004 年
■《为谁做的设计？认知科学家的设计言论》
D.A. 诺曼著，野岛久雄译，新曜社，1990 年
■《新 · 环境伦理学的发展》
加藤尚武，丸善社，2005 年
■《追索完美语言》
威伯尔特 · 艾可，上村忠男、广石正和译，平凡社，1995 年

■何谓通用设计

与通用设计意义相近的用语还有“无障碍设计”。首先说明一下二者的区别，以便搞清楚通用设计到底是怎么回事。通用设计相对于无障碍设计来说，是一个经过反思后而提倡的概念。所谓无障碍设计，系指那种通过消除建筑物入口处的阶梯差，设置让高龄者或残障者易于通行的坡道等而实现的一种设计理念。然而，无障碍设计虽然对不方便的人来说也许是个福音，但却因为使所谓的障碍消除得过了头，给正常的人带来了很多不便。所以，在过去无障碍设计曾一度陷入左右为难的境地。通过对这一点进行反思之后，人们开始提出了一种新的设计理念，即所谓通用设计。这已经不是那种只针对特定对象的设计，无论是健康人还是残障者，都会对这样的设计感到方便实用，这既是通用设计想要实现的目标，也是通用设计与其他设计的区别。这种不限制利用对象的通用设计并非指为满足某些特定条件的形状上的设计，而是以任何人都能便捷和安全地利用为设计目的，将多种相关元素组合起来的结果。顺便说一下，标准化设计亦可在与通用设计同样的意义上使用。

作为与通用设计有关的基础知识，首先是必须掌握与形形色色的人所具有的特点相关的知识。为了把握一般的动作空间，尤其是高龄者使用时的情形，人类工程学都将福利性人居环境方面的教材作为参考书。而且，从设计要便于使用这一角度出发，不仅需考虑人与物的相对尺度关系，还应在认知程序中加入下面的思考内容：使用的人具有怎样的形象。尤其是在设计机器的操作面板和标识时，必须格外注意，如果不考虑使用者的形象，往往会出现错误甚至发生事故。因此，需要将记忆和形象，即人的内心活动模型化，以专门阐释人的行动和判断方面知识的认知心理学作为设计时的参考。

■通用设计的应用范围

通用设计的应用对象，大多都可以在公共空间中看到。如导游图板、各种标识和多功能卫生间等，已经不再是把特定人群作为利用对象的无障碍设计，而是一种对任何人来说，看起来简单易懂，用起来安全便捷的设计实例。就这样，通用设计现在随着研究的不断深入，已逐渐步入实践阶段，各种各样的尝试正在进行当中。将关注日常生活作为

表 –1　通用设计 7 原则

1 任何人都可平等使用的设计
2 在使用上具有高度灵活性的设计
3 凭直感即能立刻使用的设计
4 可提供简洁易懂信息的设计
5 即使误操作也不会带来危险，或根本不会引起误操作的设计
6 不让人体姿势感到别扭、减少人体负担的设计
7 确保易接近易使用空间尺度的设计

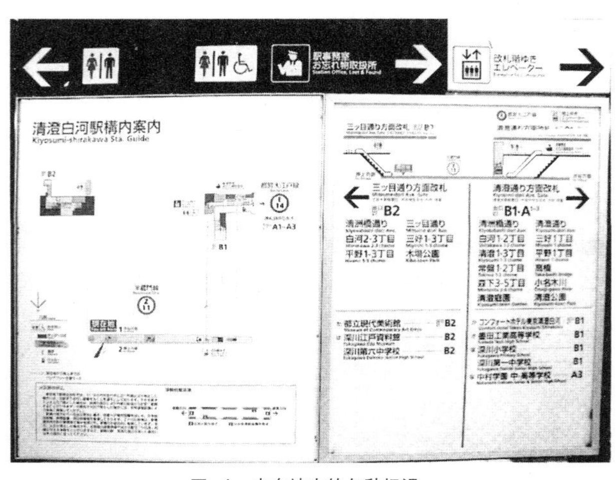

图 –1　火车站内的各种标识

设计灵感的源泉，并以此为契机不断探索怎样使设计能够最大限度地覆盖使用者人群，才能日益提高通用设计的水准。

通用设计现在面临的课题

目前，通用设计面临的课题之一是，几乎所有的通用设计都仅仅考虑到正常时的利用状况。例如，在一座设置了多部电梯，平时任何人都能够很方便地使用的建筑里，当发生灾害电梯无法使用时，便成了处处都是障碍的空间。这时，通用设计反而会使因灾害陷入困境的人数增加，这是一个具有讽刺意味的后果。在医院和养老院一类建筑物中，一般都配置一些应急设施，以供发生灾害时让更多的人靠自己的力量在里面避难等待救援，这个问题十分重要。既然称为通用设计，就不单针对利用者而言，也同样应该通用于各种各样的情况。

部分地铁车站的站台上都设置了图 -3 中的报警电话，以便在发生灾害时能够迅速了解情况，给予那些使用轮椅者或身体不方便的人以可能的帮助，及时指出避难的位置和逃生的路线。

在充分利用这些信息设备的同时，提出一个全面考虑到发生灾害时的各种情况的通用设计方案，是目前摆在我们面前的重要课题。

一个尽善尽美的通用设计是可能的吗？

通用设计不仅要考虑到各种各样的身体特点，而且还要考虑到人的文化差异，比如说让外国人也能看得懂，即必须将全球化作为追求的目标。像标识之类，设计系作为将某种信息准确地传达出去的一种语言，针对这方面的通用设计，必须要找到任何人都能理解的语言形式。从人所具有的文化差异着眼，作为一种尝试，通用设计指向的目标应该是营造一个尽善尽美的空间，这是否可能，或仅仅是一个美好的愿望，难道不值得我们站在新的角度反复进行思考吗？

自“通用”展开的话题

在大多数情况下，一般以标识或使用简便的机器这一类体量较小的物体作为设计对象时才采用通用设计方式。因此，构思和组织并不难；与此不同的是，如果将设计放在建筑物这个大框架内加以考虑时，必然有其困难的一面。作为毕业设计，已经超出了一般通用设计的意义，不过是将通用这一术语当做切入点，尝试着创造一个不同的建筑理念而已。既然称为通用设计，其利用者的范围便应该是无限大的。如果将这一概念展开阐释，还可找出过去不曾考虑到的对象，使设计的视野变得更广阔。例如，不仅要考虑到现在活着的人的价值观，连未来将要出生的人会怎样利用都得想到。进而，不仅局限于人的需求，还得将视野扩大到生物。尽管从严格的意义上说这不属于通用设计处理的范畴，但作为环境伦理学这个当今社会的大题目，是建筑设计可以忽略的吗？不仅不能轻视，而且还应以此为契机，丰富我们的设计表现手法。

最后，在建筑方面还有一个与通用设计类似的术语叫通用空间，作为一个有些关联的概念，想在这里略加解释。这些都是米斯所提倡的，目的在于尝试营造出可满足各种功能需要的空间。通用设计，或许就是在对这些尝试进行研讨的基础上诞生的吧。

（木下芳郎）

图 -2　多功能卫生间

图 -3　设在地铁车站的通信设施

2

建筑设计
福利性人居环境

无障碍环境
Barrier Free

Keywords: Normalization 标准化 | Handicapped Person 残障者 | Environment 环境

Books Of Recommendation

■《标准化的生活环境论 第3版》
野村绿编，医齿药出版，2004年
■《人居环境的标准化设计 从生活用品和器具的选择到住房的重建和改造手法》
野村欢、桥本美芽监修，彰国社，2003年
■《世界的社会福利 第6卷 丹麦 · 挪威》
仲村优一（主编），旬报社，1999年

何谓无障碍

“在地域社会中，残障者能够以最理想状态与普通人没有任何区别地生活”，是建立在一种所谓标准化的理念上的。自1982年联合国发出实现“完全参与和平等”的呼吁以来，经过长期的推广和建设，在日本面向残障者的各种政策和设施有了长足的进步。覆盖建筑和交通领域的《爱心建筑法》(1996年）和《交通无障碍法》(2002年）的制订，可以看做是在这方面进步的标志之一。然而，时至今日仍然存在着许多值得探讨的课题。

残障者在社会生活中要面对的困难，即所谓“障碍”应该说有许多种。在建筑和城市环境中遇到的物理障碍是显而易见的；除此之外，还可以列举出很多种，例如各个领域设置的资格门槛，就业和求职的歧视以及盲文和手语服务等信息保障的缺乏等文化信息方面的瓶颈，交流困难和存在的差别及偏见等意识上的障碍等等。消除这些障碍的手段，就是无障碍设计。

那么，具体说来对于所谓无障碍设计到底应该怎样看呢？无障碍设计的理念，可从下面的“裂隙”论中找到它的源头。所谓“裂隙”，意味着个人的素质和条件与环境要求之间存在的差异。为了消除这些差异，例如可以先通过锻炼增强自己的体力（b)、掌握正确的肢体动作（c)、进而再利用自助器具或辅助通信工具等专为残障者准备的各种用品提高自己的交流能力（d)。如果通过这些手段没有消除“裂隙”的话，则有必要改善与居住和工作等有关的环境。残障者能否参与社会生活是社会整体水平的重要体现，为实现这一目标，便应该在建筑、交通和通信手段等各个方面做出相应的调整，使之更加合理而又完善（e)。只有彻底消除了“裂隙”，残障者才有参与社会生活的可能（图 −1)。

挪威的福利政策

在这里打算介绍一下北欧国家挪威的福利政策及其相关设施，这些在日本尚难以见到。挪威位于斯堪的纳维亚半岛的西海岸上，与其邻国丹麦和瑞典一样都加入了福利国家的行列。挪威人口约为460万（2005年统计数字)，国土面积虽与日本相当（约38万 km^2)，但三分之二为人烟罕至的不毛之地。

在挪威，“完全参与和平等”的理念早已成为政策制订的主导思想。其政策的实施不仅得到以社

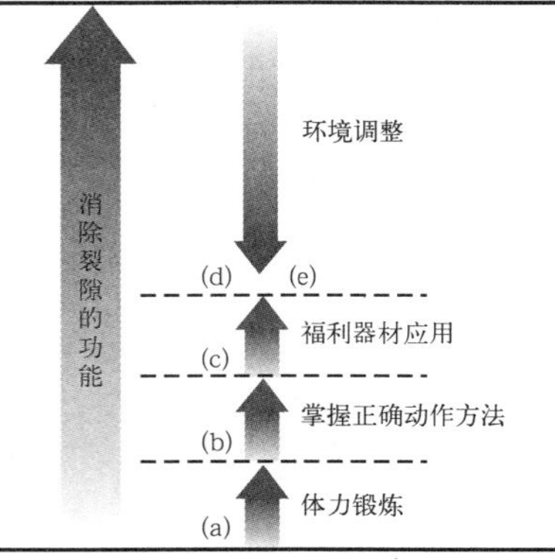

参考《世界社会福利 第6卷 丹麦 · 挪威》绘制

图 −1 裂隙论

在19个省都设有1个TAC机构，隶属于社会保险局。主要职能是对福利用品的发放、保管、回收和对利用者进行指导。其中配备了作业疗法师、理疗师和工程师。

图 −2 位于克里斯蒂安桑的TAC

经申请审查合格者，可以无偿使用各种福利用品，当不需要时返还TAC，经工程师维护后再转借给其他需要者。

图 −3 TAC内管理部门状况

顶棚上设有升降设备。通过“责任小组”的帮助，可在与学校里同样的环境中学习和生活。

图 −4 残障儿童住宅

会福利部为中心的许多相关行政机构的大力支持，而且其中还有像卡尔威特中心（TAC）这样的福利设施管理部门也占据着重要位置（图－2）。

1 与“责任小组”合作的福利援助体系

在挪威，当孩子生下来被判定为残障儿的话，便会立即结成“责任小组”。以其父母为主，包括自治体、医生、作业疗法师、理疗师和教师等各种有关机构及专家相互合作，在孩子的一生中，这种援助从不间断。

随着孩子的成长，会陆续与医院、康复中心和学校等各种设施和机构产生关联；可是，即使孩子被送入这些机构或设施中以后，对他们的援助仍然没有完结。这样的援助是在从设施到家庭的整个链条上实施的，各设施间信息共享。无论在哪个设施中，都有“责任小组”专门人员与孩子接触，因此“责任小组”的全部成员都掌握孩子的治疗和康复情况。尽管针对各种设施，采取了不同的援助方式，但援助不会出现断层。因此，可以说做到了对孩子成长的长期规划和贯彻始终的援助。

2 无障碍环境的营造

在挪威对福利方面特别加大投入的城市克里斯蒂安桑，已营造出完全无障碍的街区环境。所有建筑物的设计，都考虑到乘坐轮椅者和视障者在使用上的方便。可以说，在建筑规划设计方面能够主要听取残障者的想法和意见。例如，由残障者协会派人对设计方案进行监督和修正，在自治体中设立由残障者和建设项目负责人组成的顾问委员会，可以直接对有关政策的制订和建筑设计的变更发表意见。

在医院里，孩子们不仅可以得到治疗和康复，还营造出可以游戏和学习的环境，并为家长提供了足够的空间。应该说即使对于已经住院的孩子，也在其成长和发育等方面给予了充分的关怀。

而在学校里，更是对孩子们进行了内容丰富的教育。亦即任何学校都有义务像接收正常儿童一样无条件地接收残障儿童入学，地方政府对实行这一体制负全部责任。

3 能够满足个别需求的援助体制

如果试着对现有的残障者援助内容进行整理，软件方面可归纳为“依靠专家援助”和“各种服务”；硬件方面有“福利用品的发放”和“无障碍空间的营造”等4项。最理想的环境状态应该是任何人利用起来都感到方便；可是，要提供满足所有人的所有需要的条件几乎是不可能的。只能在逐一了解残障者的身体情况和需要的前提下，针对个别情况做适当的调整，以营造出最适于残障者生活的无障碍环境。为了建立起适应个别状况的体制，需要从硬件和软件两方面进行研讨。

4 一位女性残障者顾问委员的话

在克里斯蒂安桑，特别给了担任顾问委员的女性残障者以话语权。作为一位身体残疾、注定要在轮椅中打发日子的女性，她在领着我们考察了各种机构之后，又留下许多感人至深的话语。

“我经常与朋友到公园去。公园里到处都是松树，每年一到秋天，便会有松脂从松树枝上落下来。在挪威，蹦蹦跳跳地躲避松脂是一种常见的游戏。可是，坐在轮椅里的我却无论如何也做不成这样的游戏。所以，我只能一个人孤零零地呆在松树下，作为旁观者看着大家活蹦乱跳的。不过，说不定什么时候会有人向我打招呼：‘你在干什么？快过来和大家一起玩儿吧。’接着就推起我的轮椅，和我一起躲避松树上落下来的松脂。这让我高兴极了。能与大家在同一场所共度同一时光，实在是件其乐无穷的事。我想，无障碍理念的出发点就在这里吧。”

（大崎淳史）

用于从轮椅移至船上的起重设备。坐轮椅者也可享受乘船的乐趣。

图－5　码头

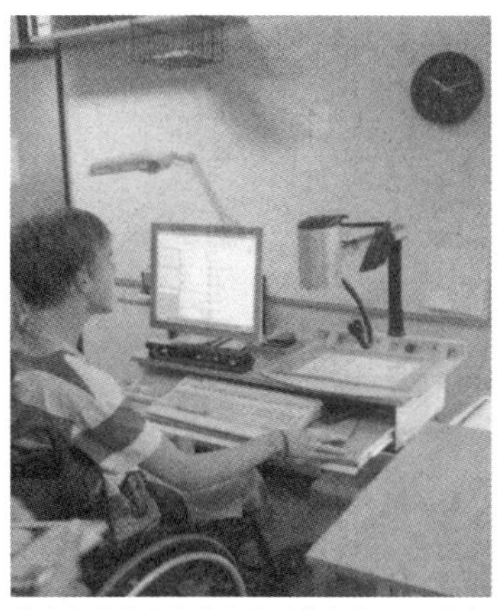

学生在教室中单独有自己的角落。必要时，甚至可以间壁起来，辟成个人教室。

图－6　康复学校的教室

调查组一行请女性残障者领着到位于克里斯蒂安桑郊外的公园去。

图－7　克里斯蒂安桑郊外公园

3 避难安全性 Evacuation Safety

建筑防火
建筑防灾
建筑设计

Keywords	Evacuation 避难	Fire Prevention Zone 防灾区划	Disaster Prevention 防灾

Books Of Recommendation

■《根据人群流观测结果所进行的避难设施研究》
户川喜久二，《建筑研究报告》，建设省建筑研究所，14，1955 年
■《建筑学基础 7 建筑防灾》
大宫喜文、奥田泰雄、喜喜津仁密、古贺纯子、勅史川原正臣、福山洋、遊佐秀逸，井立出版，2005 年
■《911 事件中决定生死的 102 分钟 从垮塌的超高层大厦里传出的令人震惊的证词》
吉姆 · 多亚、盖文 · 福林，文艺春秋，2005 年

■避难安全性的目的

建筑物的避难安全性，基本都是以发生火灾时的避险作为预案来进行设计的。对于发生火灾时的避难安全性，在这里准备先引用户川喜久二博士有关避难设计的文章。

“防火的目的是为了保护财产；

避难的目的是为了保护人的生命。

笔者认为，这一问题的提出并非仅仅针对高层建筑，而是无论何种建筑物都要共同面对的基本课题。而且，必须将避难问题放在最优先的位置进行处理，决不能将其与防火问题等量齐观。事实上将防火与避难同等对待几乎已成为一种习惯，从而深深地陷入避难设计的误区。……作为避难设计，本来应该在设计的初期阶段便列入议事日程，而实际情况是多半都在到了设计的最后阶段才加以考虑。到了设计的最后阶段，即使可以解决一些致命的缺陷，可是设计修改的余地已经不大了。只能在内部装饰材料的选择上提高一点儿防火等级，或设防火隔离区等，一味地采取亡羊补牢的措施。这样的现象之所以会屡见不鲜，是压根儿就没有避难设计之类的念头？还是一时的疏忽？抑或由于相关法规不完备的缘故？反正原因肯定是其中的一个。”

户川博士以对火车站在高峰时段人群流动情况的观察结果作为基础，提出一整套评价现代避难安全性的方法。在当时，他就极力推广开辟经由阳台的避难通道及楼梯下附设房间等确保避难安全性的设计方案。

引用文章的后半段，指出了当前存在的问题。主要以规模较大的建筑物作为设计对象的毕业设计，对此务必不可掉以轻心，一定从设计的开始阶段便将避难安全性问题考虑进去。

■避难安全性的基本着眼点

避难安全性设计最重要的着眼点是必须确保逃生通道。因此，作为建筑设计的基本区划，将全部建筑空间划分成危险区和安全区的设计理念是正确的。建筑中为发生火灾或其他灾害时提供的具有避难安全性的空间，如表 -1 所示，是由几个区划空间构成的。

此外，必须将避难时人的行动考虑进去。一般来说，在紧急情况下人们容易惊慌失措。所谓惊慌失措，即突然遇到紧急情况时人们所采取的非理性行为；不过，到底应该怎样明确定义惊慌失措，专家们也看法不一。究竟怎样的事态才能被看做惊慌失措，那又因何种状况而起，有关这些问题至今尚

表 -1 区划种类

区划目的分类	防灾区划
	防烟区划
区划对象分类	面积区划
	层间区划
	竖井区划
	特种用途区划

表 -2 避难行为的特点

避难行为的特点
容易使用日常动线避难
容易返回原来通道
容易逃往不确定方向
容易逃往较开阔的地方
容易选择最短的逃生路径
容易选择笔直的路径
容易跟随大多数人逃生

图 -1 城市中心的高层住宅

无统一的说法。作为一般的考虑，不要将引起惊慌失措的可能性设想得过低；而要设身处地地把自己放入可能引起惊慌失措的事态中，设想面对当时的局面，自己会怎样做。人们在避难时容易采取的行为列在表－2中，请一定在设计前充分考虑这些因素。人们的这些行为不局限于在避难中会发生，作为日常行动尽管少见，但亦非绝无仅有。总之，作为一种考虑到避难安全性的设计，不仅要在灾害发生时起作用，而且还应该具有日常空间结构的便捷性和舒适性。

■当前避难设计遇到的课题

当前建筑物避难设计遇到的最大课题之一，是如何确保高龄者和身体残障者在发生灾害时的避难安全性。近年来，已经把设置紧急备用电梯作为避难设计中的设施之一，以满足灾害发生时了解避难者人数及管理者引导避难者逃生的需要。可是，能够满足这些条件的设施，也仅限于1部电梯。虽然那种以无障碍理念设计、平时任何人利用起来都觉得方便的建筑日益增多，但现实情况是，这些还都不能称作灾害时无论是谁都可安全避难的建筑物。类似医院这种地方，必须考虑到灾害发生时正在做手术的患者等无法靠自身力量避难的困难人群该如何确保他们的安全。在这种情况下，一般采用的手段是划出一定空间作为安全区，即使有火灾发生，在一定时间内也可确保避难者无虞。像这样为困难人群靠自身临时避难提供安全区的手段虽然有许多种，但更新的方案也正在研讨之中。

另外，在高层建筑物里多人同时避难该如何确保其安全性，也成为近年来的研究课题。当高层建筑物内发生火灾时，通过控制燃烧楼层的火势，而将避险的目标人群限定在其余楼层中的人这一范围内。然而，如果遇到恐怖袭击或大地震多个楼层同时起火的情况，就应该设想到建筑物内的所有人员如何一起避难和逃生。这时的楼梯必然挤满了蜂拥而至的人群，大大超过楼梯间的容量。因此，有必要对成为逃生路径的楼梯间该设计到多大面积合理做进一步研讨。与此同时，对于有关逃生的引导方法等方面的课题也应采用新的理念来思考。过去的高层建筑，基本上以办公楼为主；而现在的城市中心区，一幢幢超高层公寓正在矗立起来。作为住宅，如果人在睡梦中发生灾害，当发觉后再开始逃生已经太迟，因此建筑的设计者应该对这类建筑物的避难安全性给予更大的关注并采取级别更高的对策。

■构筑避难安全性的建筑设计

建筑物的避难安全性，往往被看做与设计无关的问题。其实，应该尝试着在建筑设计过程中积极主动地构筑避难安全性。作为参考，我们以东京都都营的白鬓住宅区为例。这里在规划布局时就考虑到设置防火墙，假如分布在东侧的住宅发生火灾，在控制其火势的同时，防火墙则具有防护西侧避难场所的功能。这也是一种确保成片建筑群所在区域安全的理念，可以在毕业设计中处理大型建筑物时作为参考。

近来，一种以水幕做防火区划以及在美术馆竖井空间中生成强风排烟的技术被开发出来，并已进入实用阶段。在影片《高耸的炼狱》里，为了熄灭高层建筑的火灾，爆破了最上层的储水槽，让槽里的水喷涌而下灭掉了熊熊燃烧的大火。这在实际生活中似乎不太可能，可是从这一咋看上去并非不着边际的想法出发，难道就不能给我们带来一点启示，使某种更新的避难安全技术应运而生吗？　　（木下芳郎）

[引用文献]

1）戸川喜久二「構造計画」『建築雑誌』，日本建築学会，No.81，496～498ページ，1966.9

图－2　东京都都营白鬓住宅区

图－3　东京都都营白鬓住宅区

城市规划

防灾

Disaster Reduction

Keywords	Community Development for Disaster Prevention 构建防灾街区	Densely-inhabited District 密集街区	Streetscape 街道景观

Books Of Recommendation

■《街区建设教科书 第7卷 构建安全放心的街区》
日本建筑学会编，丸善社出版，2005年
■《街区建设术语词典 第二版》
三船康道+街区建设研究小组，学艺出版社，2002年
■《自小巷中兴起的街区》
西村幸夫编著，学艺出版社，2006年
■《城市防灾学 地震对策理论与实践》
梶秀树、塚越功编著，学艺出版社，2007年

■何谓防灾

地理条件决定了日本是一个地震和火山等自然灾害频发的国家，在一些大都市存在因地震和火山喷发而燃起大火等各种灾害的危险。类似这样的灾害往往会造成人员和物资的损失。可是，由于地区不同或因灾害的程度不同，灾后的状况也有很大差异。阪神·淡路大地震（1995年）是发生时间较近的震灾，这次震灾造成的人员和物资损失相当大，凸显出现代城市在应对自然灾害方面所面临的新的、更加严峻的形势，诸如城市生命线的中断，城市功能的老化和兴建及改造的滞后，灾后人员避难生活的长期化等等。

时至今日，为了维护国民生命财产的安全，在保障社会系统的正常运行中，防灾则成为一项重要使命。随着工程学对结构体抗震对策的研究不断深入，在相关法律法规的建设、组织体制的确立、人才培养和抗灾预案的制订等所谓社会工程学方面的探讨也是不可或缺的。

近年来，代替防灾一词，“减灾”的说法又流行开来。作为防灾的对策之一，以伊势湾台风（1959年）为契机，制订了《灾害对策基本法》（1961年），将灾害总体预案作为对象，并使其向前迈出了一大步。作为城市地震对策的城市防灾，则是以新潟地震（1964年）为契机开展起来的。当时，东京也被警告会有大规模地震的危险，因此制订了《东京都震灾预防条例》（1971年）。随着有关地震的地域危险度测定工作的进行，根据其测定的结果，在一些危险度较高的地区，依据“防灾生活圈构想”推出了“防灾街区建设”方案，将生活圈和共同体作为方案中的街区单位。如今，在各地灾害频发和地震随时可能发生的大背景下，无论哪一个街区都有开展“防灾街区建设”的要求。

■防灾街区建设

防灾街区建设，不仅仅局限于营造安全空间这类硬件方面的设计，还包括如何提高生活在街区里的人的防灾意识和应对灾害的能力，以及行政部门防灾体制建设等软件方面的强化。从个别建筑物到街区乃至整个城市，要有一套多种组合的方案。预想中的灾害有许多种，如地震、台风、洪水、暴雪和火山喷发等。下面我们仅就地震对策方面的防灾街区建设的组织做个概略的介绍。

在硬件方面，吸取了阪神·淡路大震灾的教训，将重点放在根据地区实际情况对空间要素进行治理并提高其防灾性方面。其中的主要内容有：①拓宽狭窄的通道，以使灭火和逃生行动能够迅速有序地展开；②确保道路畅通，使得逃生和灭火可以同时在2个方向有效进行；③确保足够的开放空间，并

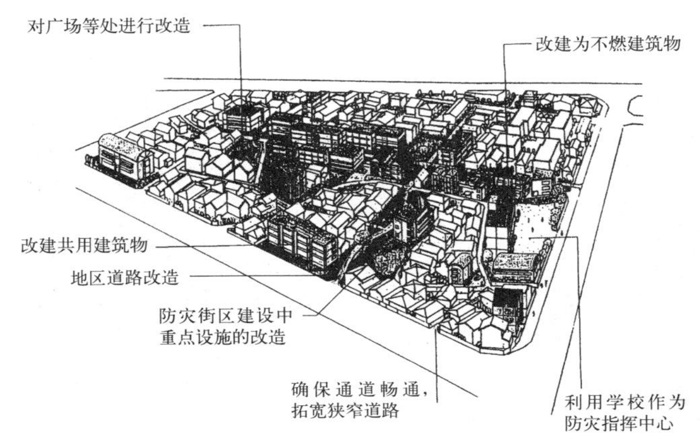

图-1 密集城市街区的治理示意图

图-2 以早期灭火为目的的灾害应对型训练（东京都内）

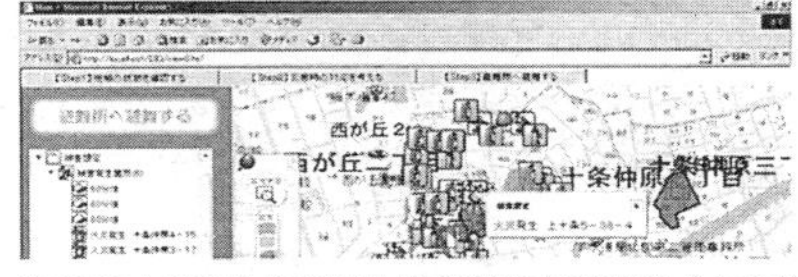

使用WebGIS的抗灾图上作业训练支援系统（由工学院大学开发）。近年来，以参加者理解的深化和信息共享为目的，利用各种ICT举办的竞赛活动与日俱增。

图-3 设计竞赛中利用ICT实例

使其具有防灾功能；④对围墙进行修补和改建，以逐步实现砌块化和树篱化；⑤断水时，井水和雨水可以满足用水需要；⑥培植绿地，以发挥绿地的防火作用及对坠落物和坍塌建筑物的缓冲作用等。为了形成安全良好的居住环境，尤其要重视绿地所具有的各种防灾功能，尽量营造出将现有绿地连成一片的绿色网络。

另外，在软件方面，为了提高地区防灾的应变能力，应该成立相应的组织机构，进行防灾教育和防灾训练。近些年来，以大学和街区建设协议会为中心，利用由居民参与编制的地区游走巡检地图和街区模型开展设计竞赛的活动正方兴未艾。此外，还针对设想的地震实际发生后的情况想出不少新的对策，如在市区里进行应对灾害训练、抗灾图上演练（DIG）以及灾后街区重建模拟训练等。

建设防灾街区面临的课题

在防灾街区建设中遇到的最大课题，是应该如何治理和改造具有防灾危险性的密集街区。近些年来，城市再生本部特别将发生大火灾危险性较高的约 8000hm^2 区域确定为重点地区，在民间开发商的支持下，给予居民组织以有效援助，并同时进行治理和改造。建设防灾街区，在进行物质建设的同时，还必须伴随着对人的教育和相应的组织建设，所以这是一项社会性的系统工程。从某种意义上说，甚至要循着文化和历史的脉络，从多个视角全方位地不断推进街区防灾建设，以实现彻底改变密集街区面貌的目标。

下面，想顺着关于密集街区防灾建设研究的路径，提出几个问题。

1 地方城市的防灾街区建设

不仅在大城市，在地方城市中也同样存在具有防灾危险的密集街区。只是在规模、建筑物密度、建筑质量以及危险程度上与大城市有些区别而已。而且，这些地方城市中有相当一部分没有遭到战争的破坏，传承和遗留下来战前就存在的街区风貌，因此，作为一种地域资源具有较高的景观价值。从城市景观的角度来看，有时呈现在人们眼前的优美的街区景观，其防灾性恰恰又十分低下。不言而喻，在这些地区尚存在着新街区所没有的传统的地域共同体。与大城市相比，特点迥异的地方城市密集街区该怎样进行防灾街区建设呢？与其相关的具体规划设计手法目前正在探索中。

2 保护地的防灾街区建设

在“传统建筑群保护地”和“重点传统建筑群保护地”，由传统建筑物形成了历史性的街区景观。可是其中的多数都是早已超过使用年限的木结构建筑，甚至还有不少是以茅草葺顶的房屋，抵御火灾的能力非常差。加之道路狭窄，也没有逃生通道和足够的避难空间，面临的问题与密集街区很相似。尽管在保护地已制订了各种相关法规；然而，为了将传统建筑物及历史街区景观所具有的魅力保持下去并传承给未来，还应该从防灾街区建设的角度加以适当的治理和改造。

3 自小巷中兴起的防灾街区建设

在密集街区里，将一排排住宅相互连在一起并形成一个个生活空间的是“小巷”，小巷成为在这里过日子的人们的生活基础。但从防灾的角度来看，小巷具有不安全的一面。必须依靠在小巷里生存的共同体的力量来减轻一旦发生灾害所造成的损失，共同体将发挥重要作用。并不提倡将全部小巷拓宽，而是要在保存小巷所具有的魅力的同时，提高密集街区的防灾能力。为达到这一目的所要采用的新手法也是我们面临的课题。　　（村上正浩）

［参考文献］

1）『都市防災学　地震対策の理論と実践』梶秀樹・塚越功編著，学芸出版社，2007

2）『まちづくりキーワード事典　第二版』三船康道＋まちづくりコラボレーション，学芸出版社，2002

营造一个小小的开放空间，埋设防火水槽。

图 –4　使开放空间具有防灾功能一例（金泽）

图 –5　城市密集街区里的小巷实例（东京都内）

在金泽市尚遗存许多历史性的街区建筑。将这样的“优美街区”当做“婷婷玉立美少女”一样守护着；然而，这并未减少该市在防灾方面的投入，他们尽量在完好保存历史风貌的前提下，采取一些必要的防灾措施。

图 –6　金泽保存下来的历史街区

5 防 Crime Prevention 犯罪

建筑设计
城市规划

Keywords	Crime Prevention through Evironmental Design 防犯罪环境设计	Quality of Life 生活品质	Fear of Crime 担心发生犯罪现象

Books Of Recommendation

- 《街区建设教科书 第 7 卷 建设安全放心的街区》 日本建筑学会编，丸善社，2005 年
- 《Design Out Crime:Creating Sate and Sustainable Communities》 Lan Colquhoun,Architectural Press,2004
- 《城市防犯罪工程学及心理学研究》 小出治监修，樋村恭一编辑，北大路书房，2003 年
- 《安全放心街区建设手册 建设防犯罪街区实践编》 安全放心街区建设研究会编，晓星社，2001 年

从事后应对到预先防范

在防犯罪方面大体上有两种做法，一种是以依靠刑事司法矫正犯罪者为目的的事后对策；还有一种则是以欧美的共同体预防犯罪活动为代表，将保护犯罪受害者作为目的而采取事前对策。所谓共同体预防犯罪活动，系市民预防犯罪活动、预防犯罪环境设计（通称 CPTED）和地方警察活动的总称。在欧美国家，依靠刑事司法手段预防犯罪作为一项国家计划，自上世纪 70 年代后半期开始，取得很大进展。日本的情况是，由于发生在我们身边的犯罪现象急剧增加以及人们对犯罪感到的不安也在加重，因此如何通过共同体预防犯罪活动来预防犯罪也成为一个紧迫的课题。特别是那些成为犯罪发生场所的环境（建筑物、道路及公园等处），该怎样提高其预防犯罪功能以防犯罪于未然，在这方面对 CPTED 寄予了很大的期望。

CPTED（预防犯罪环境设计）系基于以下两个方面的考虑而提出的：一是“为预防犯罪，必须夺取潜在犯罪者的犯罪机会，对犯罪行为除了要进行物理上的阻止，还应该创造一种环境条件，使拟犯罪者面对这一环境会犹豫不决”；再一个是“通过由人所做的适当设计及对这种设计的有效利用，减少犯罪的发生及对发生犯罪的不安感，从而提高生活的品质”。通过杰伊柯布斯和纽曼等人的研究并加以总结的预防犯罪手法至今已取得长足的发展，而且在犯罪学、建筑学、城市工程学和地理学等多个领域，有关这方面的研究正方兴未艾。追求居住环境和城市环境的舒适性及高品质的生活，也是建筑设计和城市规划的重要目标之一。考虑到近年来日本发生犯罪现象的形势，在建筑设计和城市规划等方面应将 CPTED 作为有效的手段加以运用。

推进 CPTED

CPTED 主要有强化受害对象或使之回避以及防止与犯罪者接近这种直接的手段，还有确保环境的可监控性和对指定范围进行强化处理这样的间接手段。这些手段适用于居住空间和城市空间的营造，其目标是抑制犯罪和减轻犯罪的损害程度，以提高生活的品质。从 1980 年代到 1990 年代，在防范示范道路和防范示范住宅区改造，以及重视公共空间视线管理的中高层组合住宅的开发中，都对 CPTED 做了各种前瞻性的尝试。然而，作为住宅和城市规划的行政部门，却一直没有就防范问题制订出相关法规，更未得到普及和推广。自 2000 年以后，由于犯罪形势的恶化，在这一背景下，通过 CPTED 来预防犯罪的重要性又重新被人们所认识，一系列有关营造防犯罪居住空间和城市空间的方针、标准及法规陆续出台，其中有警察厅制订的《推进安全放心街区建设纲要》、以该《纲要》为指导拟定的《道路、公园、停车场、码头和公用厕所预防犯罪标准》和《公

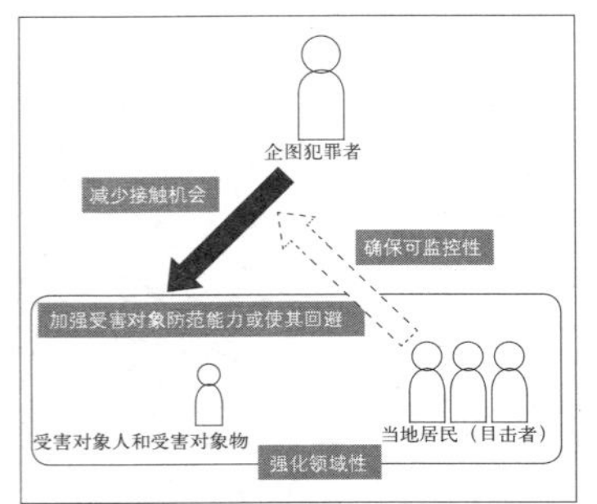

作为环境设计的手法，大致有如下几种：加强受害对象防范能力或使其回避（为了避免成为受害对象，而将其所在环境中的结构体和设备设计成难以破坏的），减少受害对象与犯罪者接触的机会（限制犯罪者的行动，妨碍其与受害者接近），确保可监控性（确保环境在人的视野内），强化领域性（加强归属感，促进共同体建设）等，这些环境设计手法之间相互存在关联性。

图 –1 预防犯罪环境设计基本理念

近年来，以加强儿童回避危险的能力为目的，普遍对孩子们进行了安全防范教育并自制了犯罪危险地图。如果看一眼由孩子们自己绘制的犯罪危险地图就会明白，孩子们对犯罪感到不安的场所或实际受害的场所，与我们成年人所认定的场所有许多不同之处。

图 –2 孩子们感到不安的空间例子和孩子们自己绘制的犯罪危险地图事例（东京都）

寓防范注意事项》，由国土交通省住宅局制订的《公寓设计预防犯罪指导方针》，其他还有东京都的安全放心街区建设相关条例等。特别是在与预防犯罪街区建设有关省厅的联席会议上，依据CPTED的原则确定了《在预防犯罪街区建设中公共设施配置管理注意事项》，以确保环境在人的视野之内（确保可监控性），减少与企图犯罪者接近的机会，加强当地居民的归属感和提高团体意识（强化领域性）等。此外，由犯罪对策内阁会议制订的《实现抵御犯罪社会行动计划》，在普及和推广CPTED，并给予其高度重视方面也具有很大意义。

CPTED课题

在日本，用于营造具有预防犯罪理念的居住空间和城市空间的设计规范和设计标准已经陆续出台，但不可否认的是仍以概念上的内容居多。这是由于将适用于欧美国家的居住环境和城市环境设计手法直接引进日本存在一定困难和日本的犯罪发生频度也不如欧美国家那样高的缘故。除此之外，还有一个重要的原因，根据日本现有的环境条件，难以对CPTED的防范效果做定量的分析和检验，加之也缺乏必要的CPTED实践经验。尽管如此，CPTED仍不失为一种预防犯罪的有效手段，因此热切期望能建立与日本国情适应的CPTED体系，并使其在设计中得到具体应用。

下面，我们将一边分析近年来日本的犯罪形势和社会状况一边提出几个在利用CPTED营造居住空间及城市空间方面存在的问题。

1 如何减轻人们对犯罪的不安感

以近年来的犯罪形势为背景，日本国民对犯罪的不安感显得更加强烈。将提高生活品质作为最终目标的CPTED，则被看做是减轻这种对犯罪不安感的重要手段。可是，对犯罪的不安未必与犯罪受害者的实际境遇相一致，加之由于年龄和性别的不同，对犯罪的不安感也有差异，研讨起来困难重重。而且，根据以往的对犯罪不安感的研究表明，空间的能见度、道路形态、胡乱涂写的文字和散乱的垃圾等形成的现场氛围，也是引起人们不安的因素。因此，到底应该怎样进行空间设计才能减轻人对犯罪的不安感，迄今尚无具体的手法可资利用。

2 开办面向地方的学校

近年来，通过学校与地方的合作，保护儿童不受犯罪侵害的活动正在开展，从而使学校具有地方交流中心的功能，开办“面向地方的学校”也成为社会一致的呼声。可是，自从发生大阪教育大学附属池田小学校事件(2001年6月8日，一名日本男人持刀闯入大阪教育大学附属池田小学校内，砍死学生8名，砍伤13名，另有2名教师受伤，当时使日本全社会都受到极大震动。——译注）以后，不法之徒的侵害案件一起接着一起。为了在学校面向地方开放的同时，确保孩子们的安全，不用说必须与地方合作建立安全管理方面的运作体制，而且还应加强对进入和利用须保护领域的控制（动线的管理和规划），在教室的配置设计方面也要采取一些应急措施，将孩子们的行动置于成人的视线范围之内，并在遇到紧急情况时可迅速撤离。总之，应该站在以空间设计为主要内容的建筑和城市规划角度上，将其当做一个重要课题进行研究。

3 在CPTED实践中照顾到与其他功能之间的平衡

对于居住空间和城市空间，提出了具有舒适性和便利性等种种要求。但提高防范性与其他各种功能的协调关系上，如果过分强调防范性，则有可能使生活的品质降低。随着老龄化社会的到来，在推进居住空间和城市空间无障碍化的过程中，无障碍化与防范性如何共存，防范性与其他功能之间怎样取得平衡等，都成为CPTED在实践上遇到的重大课题。

（村上正浩）

[参考文献]

1)『日経アーキテクチュア』日経BP社，2005.5.30,「特別編集版 これからの学校2005」，69ページ，2階平面図 1/1200

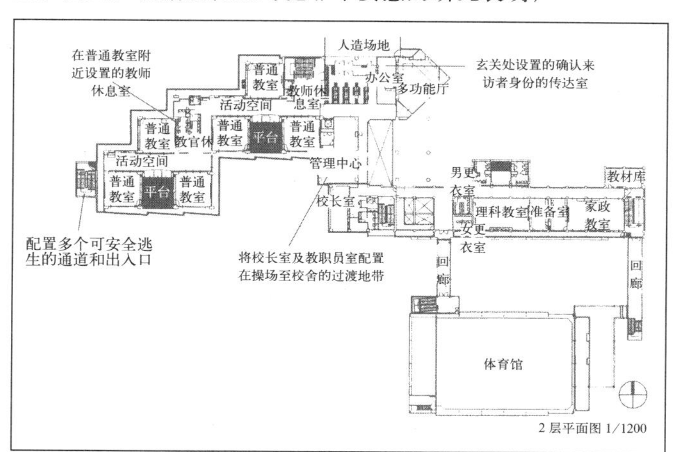

图-3 以防范理念设计的大阪教育大学附属池田小学校新校舍平面图(2层平面)

上：城市中因涂鸦受害（轻犯罪）例。涂鸦也是引起对犯罪不安的因素之一。下：发生抢劫案件道路例。在考虑到空间舒适性和便捷性的同时，如何提高防范性是亟待解决的课题。

图-4 发生犯罪空间例

6

建筑设计
地域规划

低出生率对策

The Declining Birthrate

Keywords: Child Care Center 育儿援助设施 | Preschool 儿童乐园 | Child Raising 育儿

Books Of Recommendation

■《儿童的生活及保育设施》
小川信子，彰国社，2004 年
■《向世界学习！育儿援助》
汐见稔幸、大枝桂子，福禄培尔（Frobel,Friedrich Wilhelm August,1782~1852，德国教育家，幼儿园创建者。——译注）馆，2003 年

■低出生率及生育数变化趋势

依据厚生劳动省发表的年度出生数，在所谓第 2 次生育高峰的 1973 年，创纪录地出生了 209 万婴儿以后，出生率呈持续下降趋势。虽然 2006 年比前一年多出生了 2 万人，也不过只有 108 万人，仅相当于 1973 年的一半。1 名妇女一生中生育的子女数（合计特殊出生率）在战后初期迅速上升到 4 人左右；而到了 2004 年则下降到 1.3 人，出生率下降十分明显。

导致低出生率的原因很多，一般都认为晚婚、晚育和单身生活是妇女生育婴儿数减少的主要原因，这也可以说是一种与妇女大量走入社会有关的现象。

■与低出生率相关的设施变化

受到低出生率的影响并不断变化的城市活动场所，应该是育儿援助设施、幼儿园和托儿所处。

这其中在近年来增长最快的是以 0 ～ 3 岁儿童及其父母为对象的育儿援助设施。这样的育儿援助设施，1989 年最先出现在武藏野市，其目的是将正在养育婴儿的父母聚集起来，互相交流育儿方面的经验及其他信息。后来，又增加许多吸收已结束育婴阶段的家庭主妇、退职赋闲者和当地小学生参与，成员变得多元化，逐渐成为共同体场所的设施。

例如，在位于东京都北区的“爱儿放心馆”，经常可以看到一些以“与宝宝交流小队”命名的当地小学生与带着 2 岁左右子女的父亲自然地进行交流的情景（图 –1）。本来，类似这样的交流应该出现在街角和小巷里。可是正如所不愿听到的那样，由于孩子们可能成为罪犯袭击的受害对象以及儿童数目的减少，上述情景已经从街道上消失，全都转入到设施内部去了。在这样的设施中，带着围裙的工作人员不仅是谈话的对象，而且也作为把大家串联起来的核心人物跑来跑去。借助于工作人员的沟通，来到这里的人们彼此开始了交流。说起来令人难以置信，这所育儿援助设施竟是利用废弃的幼儿园开办的，低出生率导致原来的幼儿园不得不关闭，仅此一点也表现出社会变化的特征。

据说，日本的幼儿园和托儿所同时诞生于明治时代（1868 ～ 1911 年。——译注），系分别属于文部科学省管辖的学校教育设施和厚生劳动省管

图 –1　带着幼儿的父亲与当地小学生〝与宝宝交流小队〞相互交流的场面（东京都）

开放空间结构不断得到推广，在其内部设置了许多被称为“托儿角”的游戏设施。

图 –2　这是由幼儿园所认定制度在全日本第 1 批认定的 5 个设施中的一个—井川儿童中心（秋田县）

辖的儿童福利设施，曾经发挥了重要作用。近年来，我们能看到一种倾向，即具有寄托功能的幼儿园的托儿所化和开始致力于教育的托儿所的幼儿园化，通过二者功能的相互融合使其变得一体化（表 –1）。而且，2006 年 10 月又建立了《幼儿园所认定制度》。同年 11 月，秋田县在全日本第一批认定了 5 处这样的设施（图 –2）。

《幼儿园认定制度》是在幼儿园工作人员流失、城市没有等待入园儿童及整合人员稀少地区保育设施的背景下出台的。最早被认定的园所恰恰属于低生育率的人口稀疏地区，通过整合，将学龄前儿童都集中在一个保育设施中，不仅可以使管理更方便，而且还能够让当地的家长们互相熟识并成为朋友，这非常有利于儿童的成长。

即使那些没有经过园所认定的保育设施也正在发生变化。例如，为了面向地区开放，很多园所都是按照成人的尺度来设计的(图 –3)。这样一来，让孩子们感觉到凡是大人能够做到的他们也同样可以做到，在茁壮成长中体验到许多乐趣。与此同时，还充分考虑到成人利用的方便，与育儿援助设施一样，孩子们也可以在这里与成人交流。

以儿童为对象的未来建筑物

作为新设施的例子，归纳幼托一体化设施的情况如表 –1 所示。这张表与以前讲过的内容有相通之处，都以设施的多维化见长。在日本各地，以复合化为主的多维化设施已经诞生，但这并不意味着将什么混合起来就行了。以儿童为对象的建筑再也不同于从前那种仅具“房屋”功能的建筑设计，重要的是该如何提供一个有利于儿童成长的、可获得社会性的场所。而且，必须随时吸收新的元素，不断地营造出富有创意的儿童空间。

（佐藤将之）

在以成人尺度设计的洗手处设置了小椅子，孩子们很高兴使用这样的洗手盆

图 –3　也被设定为当地成人利用的幼儿园洗手间（东京都）

表 –1　托幼一体化的优点、课题、住所及计划制订须注意之处　（编制：山田飞鸟、佐藤将之）

	优点	课题	住所及计划制订须注意之处
孩子们	· 鼓励不同年龄段孩子们相互交流。 · 增加工作人员数量，扩大与家长们的交流。 · 扩大地区与相同学龄儿童的交流。	1 短托儿童与中长托儿童的差异 · 由于会有想回家和想留在园里的差别，因此必须考虑短／长托儿童分开的时间段以及为长托儿童设置专门的午睡场所。 2 长托儿童活动场所的变化 · 随着时间的流逝，这里的孩子长大后会逐渐离开，孩子越来越少，活动场所的设定要根据这种变化随时调整，以不使他们感到寂寞。	短托儿童和长托儿童活动场所的配置和设定 · 确保足够的场所，以满足长托儿童午睡和园内活动的需要。 · 确保可以从容迎送儿童所需要的空间。 · 由于这里汇集着 0 ～ 5 岁的儿童，应该考虑到安全性，活动场所尽量减少台阶，并须对各种用具和便器等加以斟酌。
经营管理者	· 从低龄儿开始，便可提供自始至终的保育／幼儿教育。 · 使幼托功能不断完善。 · 配备良好的设施和人员，高效率运作。 · 工作人员各司其职，幼儿园经营稳定。	1 在工作人员和托儿数量增大时应采取的对策 · 需要将孩子们的活动和成长状况作为主要内容，做到信息共享。 · 与家长们的联络方式。 2 幼儿园与托儿所的区别 · 服务形态不同。 · 在学龄前教育方面，幼保二者的侧重点不同。	1 幼托二者功能及实践经验 · 必须让人感到这里是一处具有对学龄前儿童进行教育的作用和意义的场所。 2 注意工作人员办公室的配置方法 · 很重要一点是，尽量将工作人员集中在一起，以便于相互交流信息。 · 在配置上还要考虑到与家长联络的方便。
家长	· 能够找到可提供多种寄托时间段、经验灵活的幼托园所。 · 让不同职业的家长们在一起相互交流。因为硬要将职业相同的家长撮合在一起反倒让人觉得没趣。	1 家长因职业不同而产生的意识差别 · 对园所的参与度和功能要求不同。 2 与工作人员的联络 · 如果工作人员实行轮班制则较少与其联络。	确保联络场所和联络机会 · 由于短托儿童与长托儿童生活在一起，因此家长间的相互联络会有些困难。 · 在组织和管理方面表现考虑到，为家长之间的意见交流和信息共享提供方便。

7

地域规划
城市规划

儿童与城市环境

Children and The Environment of City

Keywords	Make The Town 城市建设	Environment Education 环境教育	Place of Children 儿童活动场所

Books Of Recommendation

■《游戏与城市生态》
木下勇，丸善社，1996 年
■《孩子们的游戏环境》
罗宾 · 穆亚等编著，吉田铁也、中濑勋合译，鹿岛出版社，1995 年
■ < 日本冒险游戏场所创建协会 > 网站主页
http://www.ipa-japan.org/asobiba/

■生活方式与城市环境的变化

孩子们是在城市里工作的大人和操持家务的主妇的呵护下长大的。可是，自战后至今，随着住宅的高层化、小家庭化、走入社会的女性的增加，并且以儿童为对象的各种设施大量涌现，社会环境和孩子们的生活都发生了很大变化。

笔者曾经在东京下町再开发地区，对与小学生有关的生活状态和城市环境做了调查[1]。这项研究覆盖了儿童日常生活的各个角落，包括在园所或学校的学习情况。对于儿童来说，一天的典型生活都是有目的性地来往于相关建筑物之间，就像住所→学校→保育园所 · 技艺班 · 宿舍→住所这样的模式。而且，如果让孩子们将从学校到自宅这段放学的路上所见到的景物写生下来的话，那些居住在高层公寓中上街时间短的孩子几乎画不出什么来，较为常见的多是把从自家里看到的建筑描绘成大箱子的样子（图 –1、图 –2）。对于孩子们来说，城市的街区是“为了自己移动而存在的空间”；而不再是“眷恋的场所”和“玩耍的场所”。排得满满的课程日程、有趣的游乐场地的减少和眷恋感的淡漠等各种各样的原因都是在这一背景下产生的。

在藤原智美所著的《话说“孩子们的生活”》（讲谈社）一书中，提到心情沮丧的空间和养育空间这样的概念，并列举了下面的空间关系：“学习”= 学校，“游戏”= 迪斯尼乐园，“徘徊”= 儿童房间，“迷失”= 电子空间。遗憾的是，作为一座不同年龄段人们共存场所的“城市环境”，至今仍未成为人们关注的话题，浮现在人们眼前的城市环境既不让人沮丧，亦不令人振奋，总是一副无奈的样子。

■儿童活动场所与社区

创设孩子们游戏环境的过程，作为社区形成的例子之一，如冒险游乐园的建设。可以说，在日本一直到了 1970 年代，人们还对自己的孩子该不该到这种地方去心存疑虑，尽管冒险游乐园的设计出自也存在同样疑虑的建筑师之手。

冒险乐园具有任何人只要愿意，都能够如身临其境般体验到的可亲近性。而且，游乐园还有一个特点，即在被称为“剧本角色”的孩子们中安排了一个重要人物，他的作用是将游戏方法和规则教给大家。以这个重要人物为中心，可以将当地的大人们召集在一起，共同探讨有关孩子们的住所问题。在制造游乐设施时，并不局限于孩子的家长，也可把木工师傅、高中生和大学生请来，通过在一起操

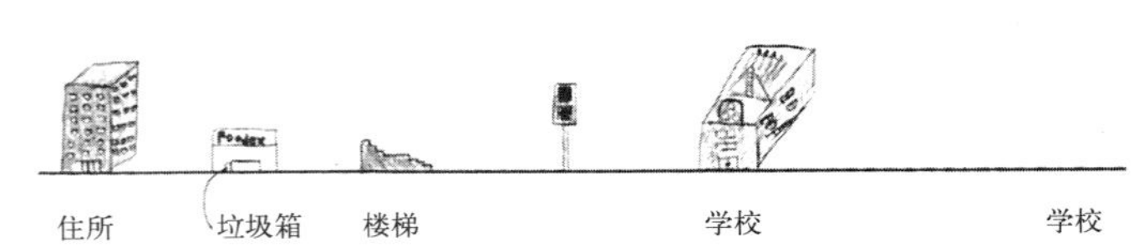

能够记住的景物很少，将建筑物描绘成大箱子的样子，差不多都涂成灰色。

图 –1　在高层公寓居住的 5 年级小学生对上学路上所见景物的写生

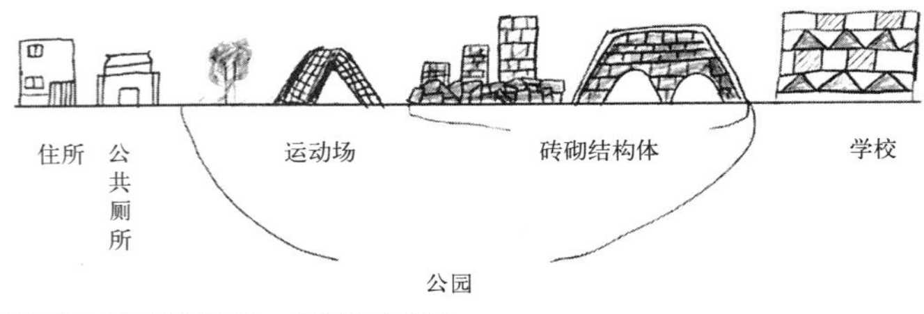

在放学途中闲逛时的写生，并涂以不同颜色。

图 –2　生活在低层住宅中的 5 年级小学生放学回家路上的写生

担任中心人物角色（剧本角色）的孩子所做到介绍。

图 –3　乌山冒险游乐园手工自制的招贴板

炊和就各种话题进行交流，使人们之间的关系更密切、联系更广泛。而且由于亲自动手制作各种设施总会觉得有些成就感，慢慢便容易对自己的住所生出眷恋之情（图 –3）。在日本冒险游乐园创建协会的网站主页上有全国游乐园一览表，有兴趣的读者可就近找一家做些调查。

此外，我们再来看看木下勇所绘制的“三代游乐场地图”（图 –4、图 –5）。该游乐场位于东京都世田谷区的太子堂占地范围内，通过引进“时间轴”理念，在经过对不同年龄段人们所喜欢的游乐场进行比较研究，设计了一座与以往理念迥异的游乐场。这座游乐场可以满足从牙牙学语的儿童到耄耋老人各个年龄段人们的需求，给予他们同样的关注，应该说是一个成功的项目。孩子们的游戏并无特殊的专业性，而且人人都从那时候经历过，只需按照自己的想法去做就是了。以上的例子，在如何将各色人等汇集在一起这方面，同样为我们做出了示范。

这一手法也使城市建设的固有理念受到很大冲击。在城市环境不断变化的情况下，怎样使儿童游戏环境的创建也能随之改变，这就是我们从木下勇的地图中读取的信息和令人感兴趣之处。地图上描绘的不仅是一座四代游乐场，而且还保留了当地传统的城市建设理念。由此可知在设计儿童活动场所的时候也应考虑到成人的使用需求，这已成为目前城市建设中的一大要素。

从重视场所品质的角度出发，除了以上所讲的事例，还有一些为人们所关注的深层次的课题，如包括多种功能和人居方式在内的“潜在性和容许度”、“规范、公共性和痕迹”等也正在热切讨论之中[2]。

关于儿童与城市环境的课题

由于孩子们正在以新的视角来看待城市环境，因此不能忘记构建儿童—城市环境的关系。而现实情况恰恰不尽如人意，在普通设计和毕业设计中，尚很少能见到以儿童对建筑和城市的需求（或使用方法的理论）作为构思要素，并与环境设计衔接起来的方案。日本建筑学会曾举办过“家长与孩子们的城市和建筑讲座”，而且由大学生们策划和组织了城区漫步和建筑探险等活动，试图能使孩子们对自己所在的城市和建筑保留一点眷恋之情，并为新理念的诞生尽绵薄之力（图 –6）。希望读者诸君也能够在参与这一计划的过程中，进一步考察儿童—城市环境的关系。　（佐藤将之）

[引用文献]
1)『遊びと街のエコロジー』木下勇，丸善，1966
[参考文献]
1）宮地紋子，佐藤将之ほか「都市における子どもの構築環境に関する研究」2004年日本建築学会大会学術講演会梗概集，E-2 425～426ページ，2004・9
2）鈴木毅ほか／日本建築学会建築計画委員会環境行動研究小委員会「体験される場所の豊かさを扱う方法論」『建築雑誌』，2004・1

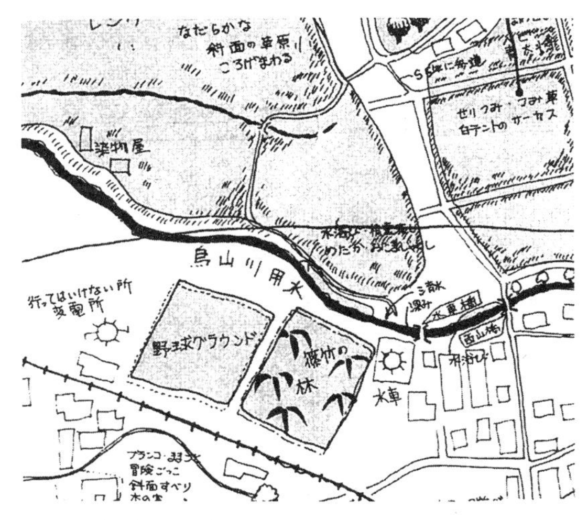

图 –4　描述游乐场的地图（提供：木下勇）[1]

· 木屐不见了，木屐藏在篱笆内（1930 年生）

昭和初年

· 从自家篱笆自由地出入。（1916 年生）
· 捉迷藏时，钻进墙根处。（1924 年生）
· 处处畅通无阻，钻来钻去。（1926 年生）

图 –5　不同时代游戏的情形[1]

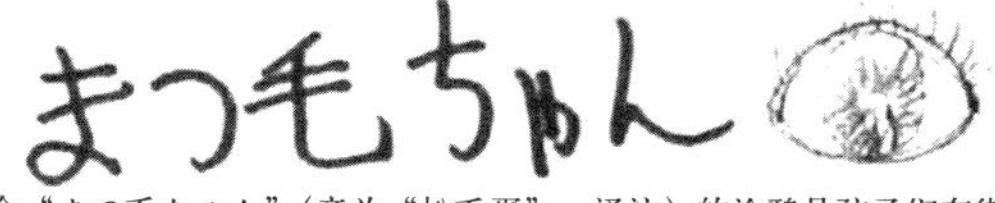

这个“まつ毛ちゃん”（意为“松毛蛋”—译注）的涂鸦是孩子们在街里玩游戏时无意中发现的，乍一看像是眨着的右眼。如同在城市的街道上发现了自己熟悉的面孔一样，如果能够给各种各样的场所也起个名字，不仅是一种标识，同时也会引起人们的眷恋。

图 –6　下町孩子们发现的建筑上的标识性涂鸦

8 老 Aging 龄化

建筑设计
地域规划

Keywords	Welfare Town Planning 构建福利街区	Diversification of Needs 需求的多样化	Baby Boom Generation 数世同堂

Books Of Recommendation

- ■《构建老龄者可生活自理的住宅 有助于放心生活的住宅改造和设计》儿玉桂子、铃木晃、田村静子编，彰国社，2003 年
- ■《老龄者之心事典》井上胜也、大川一郎编，日本老年行动科学会监修，中央法规出版，2000 年
- ■《老龄社会的环境设计》上野淳、登张会梦，时报社，2002 年
- ■《关怀老龄者社会政策学》松原一郎编，中央法规出版，2000 年

■老龄化现状

现在，日本正在迅速地进入老龄化社会。据总务省统计局 2005 年 9 月 15 日（敬老日）的统计数字，目前全社会 65 岁以上人口约为 2556 万，占总人口的比例为 20%，是有史以来的最高值。而且，根据预测到 2015 年 65 岁以上老人占总人口的比例将提高为 26%，即每 4 个人当中就有 1 名老龄者。这种人口结构快速老龄化的原因，被认为来自以下两个方面：一是医疗技术的进步使人的平均寿命延长，二是发达国家出生率的下降。

关于老龄者的定义有许多种，一般公认的看法系将 65 岁以上总称为老龄者。此外，根据联合国制订的标准，当一个国家全社会 65 岁以上老人占总人口的比例超过 7% 时，被称为“老龄化社会”；如果这一比例超过 14%，则被称为“老龄社会”。用这一标准对照日本的人口结构情况，让我们不得不面对现实并应该有清醒的认识。事实上至少在 10 年前日本已经进入“老龄社会”阶段，无论同任何国家相比，都没有像日本那样快地开始老龄化社会的进程，在当今世界上几乎没有一个国家类似日本的人口结构状况。亦即我们面对仍在进一步快速发展的老龄化状况，尚无他国的榜样可供学习，只能立足于自己去寻找前面的路标。作为一种结果，目前在各个领域都开展了应对老龄社会的研究，并逐步进入实践阶段。尤其是近年来开始的对居住环境的研究更引起人们的极大关注，为了让哪怕年纪大身体行动不便的老人也对自己的住处感到舒适和眷恋，并愿意继续生活在现有的街区和住宅内，应该创建一个什么样的环境，目前正在不断地探索中。

■有关居住环境研究动向

正以世界上任何国家都看不到的高速度迎来老龄化时代的日本，其当务之急是制订一个适当的方针，并在这一方针的指导下对居住环境进行治理和改造，以应对所面临的严峻形势。

以老龄者为主要对象的居住环境，通常被分为“住宅环境”、“设施环境”和“地区环境”这样 3 个大类。如果翻阅过去 24 年（1979 年 1 月～2002 年 12 月）中的有关文献（总计 2985 件）并对其中的各种数据进行研究，从中得出的一个总的印象，就是虽然关于住宅环境的研究有逐渐减少的倾向，但对设施环境和地区环境的研究却呈现增加趋势。尤其是有关地区环境的研究，增加的趋势更为明显，已成为近年来最热门的研究题目。在这一

在街区中设置具有核心功能的“综合服务中心 Welfare”，以便同周边公共设施相连接。通过周到的服务网络，可以满足各种各样的需求和应对突发事件（上图）。此外，还计划充分利用服务中心周边地区的自然条件开辟散步道及公园等（右图）。

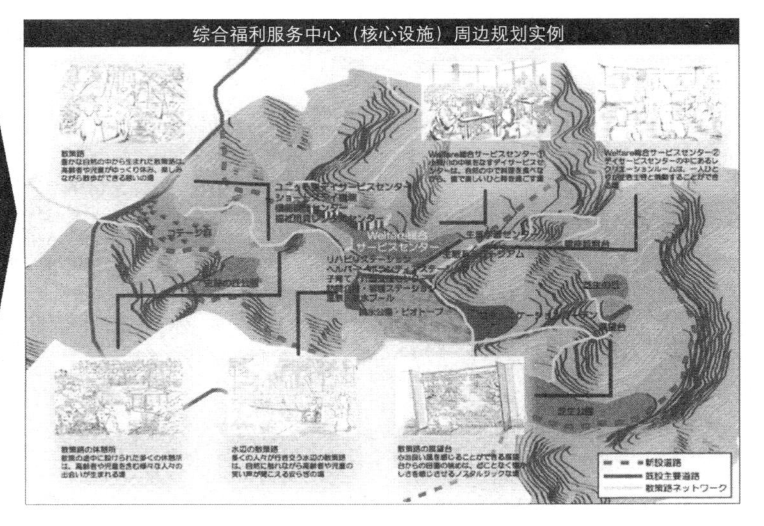

图－1　未来型福利网络构想

背景下，不仅可以为老龄者提供可以生活自理的环境条件，而且还以地区为单位提供周到的护理服务。总之，对地区和城市环境进行充分治理和彻底改造的重要性正逐渐为人们所认识，而现在老龄者得到的比较完善的环境条件正是将这种认识付诸实践的结果。下面当我们详细考察各类居住环境时，会发现以下的种种倾向。

对住宅环境的研究近年来呈现下降趋势。尽管如此，作为日本老龄化对策的基本方针，仍然以家庭护理为主，因此今后还需要继续坚持无障碍设计和通用设计的理念，将如何在住宅改造和居室设计方面下功夫作为主要的研究课题。

设施环境是在相关研究里最少为人涉及的领域。虽然如此，伴随着老龄化社会的快速发展和75岁以上高龄者数目的不断增加，预计罹患痴呆症的老龄者也会越来越多，这一问题的重要性不能不引起我们的关注。

地区环境则是研究最多的领域，但也是存在分歧最大的领域。之所以产生这样的倾向，与下面的现象的有关：面对日本社会的快速老龄化趋势，站在地区的角度应该采取怎样的对策，构建一个什么样的体系，成为各个地区的第一要务。

如果根据以上情况对处于老龄期人口居住环境研究动向加以总结的话，可以说其主要内容不外乎在住宅环境和地区环境中如何完善家庭护理以及与此相关的地区环境治理。另外，在设施环境方面，随着设施生活的QOL逐渐提高，应该对如何关怀痴呆老龄者的认识不断深化的主要着眼点已放到改善老龄者居室条件方面，如为特别看护老龄者提供单人居室，提高集中养老设施的整体水准等。人们普遍认为，从软件和硬件的关系着手对老龄者居住环境进行研究，应成为今后的重要课题。

关于居住环境设计的课题

在这里，我们将通过各种研究获得的见解在应用于具体的建筑环境和地区环境的规划设计时尚存在的主要课题分述如下。

1 服务网络的构建

一般来说，当人们听到老龄化一词时，很容易将其与无障碍设计和通用设计联系在一起。必须重申老龄化问题是当前地区和城市所面临的最大社会问题之一。亦即所谓老龄化问题就是在制订地区和城市的总体规划时，应该考虑如何为老龄者构建一个让他们可以安心生活的街区环境的问题。为此，面临的最大课题便是怎样构建一个福利网络系统，能够将软件和硬件两方面结合起来。将何种用途的设施配置在街区何处，如果以此作为核心设施应该给老龄者的居室提供什么样的软件环境，都是站在地区规划和建筑设计立场上必须研讨的课题。

2 满足多样化需求

那些曾被称为“数代同堂”的人们，如今将逐渐步入65岁这个年龄段。尽管是否超过65岁是当前一个认定老龄者的标准；可是还很难说65岁以上人中的大多数需要看护。虽然健康状况越来越差，行动能力也每况愈下，但仍然可以生活自理。因此，“老龄者＝看护”的想法则有失偏颇。他们在因身体衰老行动不便而需要一定帮助的同时，仍然有其他方面的需求，因此创造能够满足这些需求的环境就显得尤为重要。例如，休闲活动和日常生活知识的学习等，进而还可以考虑开展志愿者活动，以满足老龄者多方面的需求。总之，我们应该认识到对老龄者的一般印象与今后的老龄者形象并不完全相同，必须准确把握将要步入老龄期的人们会有怎样的需求，并以此为基础去构建环境。（赤木彻也）

表－1　老龄者居住环境研究概要

住宅环境研究

研究区分	研究项目	研究分项	研究数（论文数）
住宅改造	设计指针、关注点		90(13)
	住宅改造	方针、关注点	38(3)
		问题点、改善点	26(0)
		效果	23(0)
		改善状况	26(0)
		其他	41(1)
	构建体系	项目	40(3)
		设施对策	30(2)
	功能尺寸、形状		33(0)
	其他		47(3)
居住者特点、生活	生活行动	生活行为	17(0)
		交流	21(1)
		其他	49(7)
	家族形态		15(3)
	看护、援助		31(6)
	改变居室		16(2)
	居室内事故		29(2)
	防范、防灾		11(1)
	属性、特点		30(1)
	意识	生活意识	34(2)
		评价	27(1)
		要求	34(0)
		其他	19(1)
	其他		90(5)
住宅分析	利用状况		44(1)
	设备		20(2)
	住宅特点		70(7)
	问题点、课题		27(1)
	其他		62(13)
其他			45(4)
合计			1085(85)

设施环境研究

研究区分	研究项目	研究分项	研究数（论文数）
设施改造	设计指针、关注点		72(13)
	问题点、改善点		5(0)
	改善	影响	20(0)
		其他	2(0)
	防灾		26(5)
	其他		14(2)
设施分析	设施特点		42(3)
	问题点、改善点		9(1)
	利用状况		59(1)
	评价尺度		11(2)
	其他		28(1)
居住者特点、生活	生活行动	生活行为	22(1)
		生活状态	15(1)
		交流	32(5)
		活动范围	20(6)
		事故、受伤	5(1)
		其他	52(5)
	特点、属性		43(3)
	意识	生活意识	10(0)
		评价	11(0)
		要求	10(1)
		其他	5(0)
	其他		19(4)
设施活动	看护、援助	看护业务	53(3)
		看护动线	3(0)
		其他	22(0)
	服务		5(0)
	设施开放		5(0)
	其他		5(0)
其他			13(0)
合计			638(58)

社区环境研究

研究区分	研究项目	研究分项	研究数（论文数）
社区、城市改造	设计指针、关注点		114(9)
	规划课题、问题		35(2)
	规划内容		16(2)
	无障碍		34(0)
	防灾		40(1)
	功能尺寸、形状		37(4)
	其他		18(1)
构建体系	服务		113(10)
	对策		54(2)
	医疗		22(4)
	社区活动		20(0)
	其他		29(3)
社区、城市特点	老龄化		14(0)
	年龄结构		23(4)
	设施		67(1)
	环境		17(2)
	评价		16(2)
	其他		34(6)
生活行动	实际生活状态		84(7)
	行动特点		103(5)
	户外活动		24(2)
	两代住宅		39(2)
	防范		3(0)
	看护		11(0)
	事故		9(1)
	其他		37(2)
居住者	属性、特点		26(2)
	意识		95(9)
	其他		36(2)
其他			92(9)
合计			1262(95)

9 痴呆症 Dementia

建筑设计 地区规划

Keywords
Quality of Life 生活品质 | Homelike 像样的家庭 | Environmental Behavior 环境行动

Books Of Recommendation

- 《创造可让痴呆老龄者安心休养的环境 用于环境评价和环境改造的手法》
  儿玉佳子、足立启、潮谷有二、下垣光编，彰国社，2003 年
- 《为老年性痴呆症患者所做的环境设计 营造可缓解症状和提供看护援助的生活空间的设计指针和手法》
  U. 科本、G.D. 霍斯曼著，冈田威海、滨崎裕子译，彰国社，1995 年
- 《为痴呆症老龄者所做的室内装饰设计 营造援助生活自理老龄者生活环境的指针》
  E.C. 布罗里著，滨崎裕子译，彰国社，2002 年
- 《痴呆症老龄者居室形态 瑞典南部的集体生活》
  大原一兴、O. 奥伦多著，国际印刷社，2000 年

何谓痴呆症

随着日本快速进入老龄化社会，老龄者罹患痴呆症的问题也日益严重。所谓痴呆症一般系指"由于脑自体病变（器质性障碍），使本来发达的思维功能（智能）持续下降的状态，而且这种智能的下降已对个人的工作和社会生活构成障碍。"[1)]根据日本的情况，这类患者患病的原因，以脑血管性疾患和老年痴呆型占其中的大多数。对于这种疾患目前尚无有效的治疗手段，即使有些治疗的办法，但由于治理对象多为高龄者，也无法进行外科手术，只能采用药物疗法或康复疗法，疗程所需时间很长。因此，必须正视这一现实，除了要在医学上对痴呆症的病因、预防方法和有效治疗等进行直接的研究以外，还应在护理学、看护学及建筑学等多个领域进行各种研究。

老年性痴呆症患者最突出的症状是非正常举动，非正常举动这一特殊症状又分为核心症状和衍生出来的次生症状两大类。我们经常看到的老年性痴呆症患者的非正常举动大多都属于次生症状。在核心症状中，有记忆障碍、抽象思考障碍、判断障碍、性格异常和识别障碍等；次生症状主要有夜间谵妄、人物误认、幻觉、妄想、徘徊、自语、攻击行为、不洁行为和收集癖等多种多样。应当指出的是，就目前情况来说想要使核心症状得到改善还十分困难，只能在充分了解非正常举动根本原因的基础上，将重点放在针对次生症状给予适当的援助上。次生症状与老年性痴呆症患者目前的生活状态及其所处的社会环境和物理环境、自身性格及生活习惯等各种要素有着复杂的关系，是通过多种多样的行动形态发现的。

居住环境设计的意义

当前，需要从一般治疗和收容看护的目的出发，使老年性痴呆症患者的居住环境尽量满足患者的多方面的较高需求，如与痴呆症的适应、个别护理、确保私密性、得到一定帮助的生活自理和安全上的万无一失等。特别是近些年来，在减轻老年性痴呆症患者的烦躁不安和意识混乱，使之精神状态稳定等方面又让人们看到一些希望，而且正在把与维持和提高患者残余能力有关的内容作为重要的研究课题，以期改善患者的生活品质（以下以"QLO"代之）。尤其在 2000 年以后，可以说日本老年性痴呆症患者进入了居住环境的转换期。2000 年 4 月实施了《看护保险制度》，其目的是对老龄者的看护责任不再完全由其家属承担，全社会都将给予广泛的援助。家庭护理受到重视，地区看护服

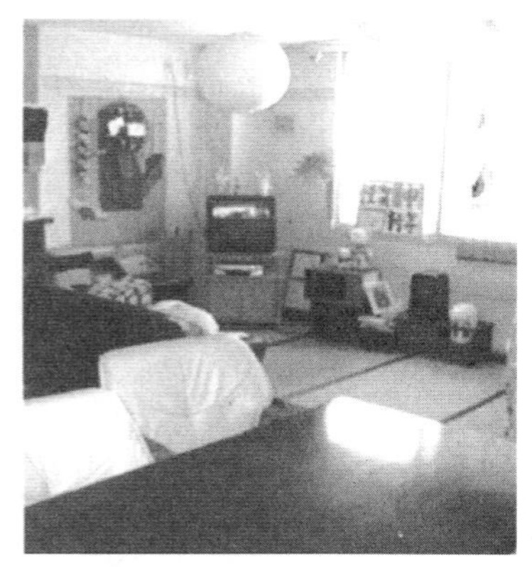

将过去为集中看护方便而配置的多床房间改造成现在的客房式单人房间。以柔软的棉布遮盖强烈的日光灯光，营造出一个更有 Homelike 感的环境。

将过去的长廊用帷幕分成段落，更让人有 Homelike 的感觉。

将色彩单调的居室用各种标识在较低位置进行装饰，并通过色彩、材质和形状等的变化与墙壁产生对比，显得更温馨。

图 -1 对旧设施内部进行改造实例

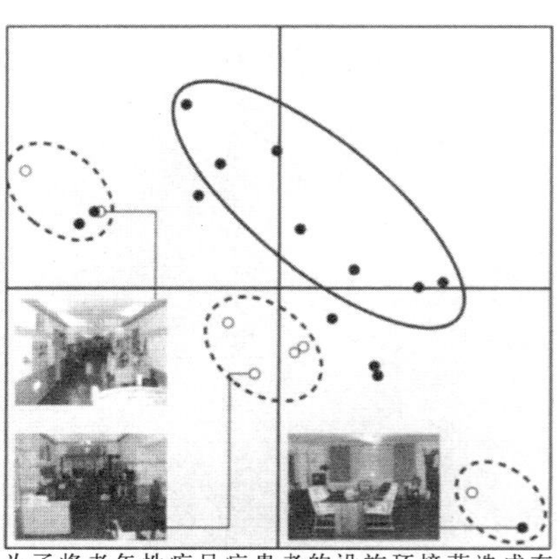

为了将老年性痴呆症患者的设施环境营造成有 Homelike 感觉的建筑空间，很重要的一点是不能仅停留在以人为标准的尺度这样的水平上，还应使空间具有融合感和富有生气。

图 -2 营造具有 Homelike 感空间的心理要素

务网络亦应运而生。同时以具有家庭或（以下称为Homelike）为基础上的小规模护理的组合家庭和集中看护的必要性也日益为人们所认识。总之，近年来是老年性痴呆症患者居住环境设计的重要性开始受到全社会重视的时期，而且将这一问题摆在了突出的位置。

■居住环境设计方面存在的课题

现在，当从建筑学立场来看待老年性痴呆症患者居住环境设计问题时，环境行动的观点的重要性已引起人们的关注。

所谓环境行动的观点，系指对于QOL这样异常抽象的标准，并不将老年性痴呆症患者的行动和环境截然分开，形成两个对立面；而是要坚持这样的立场，即以多个视角来审视它们的关联性，并将审视的结果用在为提高老年性痴呆症患者QOL所做的居住环境设计上。有关老年性痴呆症患者居住环境设计的环境行动研究，必须与老年性痴呆症患者行动特点和居住环境二者相互关系的复杂程度适应，今后还要使其应该探索的范围更广泛、手段更加多样化。

在这里，我们将要展示如下的主要课题，这些课题都是在具体进行建筑环境和城市环境规划设计时碰到的，规划设计中也采纳了许多真知灼见，这些真知灼见是从以环境行动研究为中心的各种各样的研究中获得的。

1 Homelike的具体化

作为老年性痴呆症患者居住的设施环境，通常都采取以Homelike为基础的小规模看护方式。即使在2003年4月开始实施、修订过的《看护保险制度》中，仍然以提高特别养护老人居家服务设施的质量为主要目的，并不提倡统一的集中养护方式。从更接近家庭生活的视角来看，在提供一间单人居室以保证设施的使用者能够自理生活的同时，还应该营造一个由少数人生活在一起，有Homelike感觉的环境，这便是组合看护方式的引入。然而，在将Homelike作为实际环境具体化时，除了存在所谓以人为标准尺度的情况外，还有其他一些问题目前仍然找不到解决的途径。比如，该如何装饰和布置空间，才能营造出使居住者更有Homelike感觉的环境等。

2 旧设施的环境改善

特别养护老人之家，是目前老年性痴呆症患者居住的设施形态之一。与基本上以单人居室为主的组合看护相对应，一种所谓“新型特养”作为新的形态已经制度化。可以说，通过实施这一制度，不仅组合家庭一类的小型设施，即便是大型设施也同样能够实现以家庭为单元的小规模看护设施形态的目标。不过，现实情况是，以多床居室为主的旧式大型看护设施在全国仍然有500家之多。如何将这些旧式设施改造成小规模养护型设施，已成为需要从各个方面来研讨的大课题。

3 住宅、设施和社区之间的相互协调

如今，作为一种大的社会需求，在重视居家养护的同时，也对地区看护服务设施的完善程度提出了更高的要求。遗憾的是，有关老年性痴呆症患者居住环境的研究目前大多还停留在对设施环境研究的水平上，关于住宅环境和社区环境的研究则几乎空缺。考虑到今后对痴呆症患者护理方面的需要，应该将住宅环境、设施环境和社区环境这3个环境分别放在软件及硬件的层面上进行规划和设计。在这样的规划和设计过程中，必须考虑到该如何使3个环境相互协调，以提高老年性痴呆症患者的QOL，并且要从城市规划的角度，将其作为一个紧迫而又重要的课题。（赤木彻也）

[引用文献]

1）『老年期痴呆の医療と看護』室伏君士，金剛出版，1998

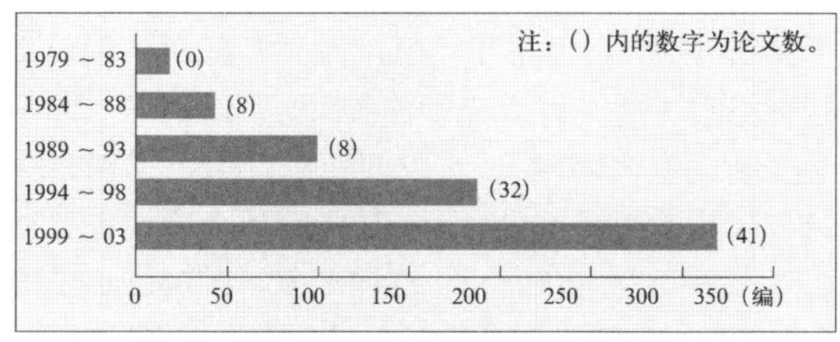

图-3 各阶段关于居住环境研究的论文数

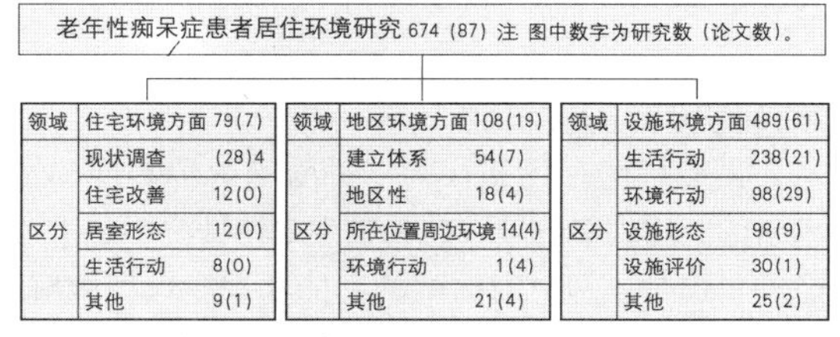

图-4 老年性痴呆症患者居住环境研究的类型及其研究论文数

表-1 设施方面的研究区分和项目及其研究论文数

区分	项目	研究数（论文数）
生活行动研究	生活行为	99(7)
	①总体	60(5)
	②入浴	20(1)
	③排便	12(1)
	④饮食	5(0)
	⑤康复	3(0)
	居室功能及利用	49(0)
	①共用空间	23(1)
	②居室	17(1)
	③其他房间	9(1)
	环境变化	43(4)
	现状调查	33(4)
	动线	13(2)

区分	项目	研究数（论文数）
环境行动研究	形成领域	32(11)
	整体空间把握	21(2)
	路径检索	20(10)
	装饰	15(3)
	聚会	9(2)
设施形态研究	空间结构	27(4)
	现状调查	28(0)
	组合家庭	22(2)
	其他	12(1)
	小规模看护	11(2)
设施评价研究	评价尺度	15(1)
	设计方法	9(0)
	居室、房间	8(0)
其他研究		25(2)

有关老年性痴呆症患者居住环境的研究，显现出对其重要性的认识日益加深的趋势。然而，大多还停留在设施环境方面的研究上，关于住宅环境和社区环境方面的研究合计起来尚不足全部研究总数的三成。研究数量最多的设施环境研究，其数量则以下面的顺序递增：设施评价<环境方面≒设施形态<生活行动。学术论文以环境行动研究领域的数量最多。即使按年代分别计算的论文数量增加率，也以环境行动研究领域为最高。

10 医疗设施

Medical Facilities

建筑设计 地区规划

Keywords	Hospital 医院	Clinic 诊所	Region 社区

Books Of Recommendation

■《看护备忘录》
F. 南丁格尔著，汤槇增、薄井坦子、小玉香津子、田村真、小南吉彦译，现代社出版，1968 年
■《远离医院的社会—治疗的界限》
I. 伊里奇著，金子嗣郎译，晶文社，1979 年
■《空间设计大系 4 医疗 · 福利》
船越彻等编著，长泽泰等著，新日本法规出版，1995 年

■对未来医疗政策的展望

作为一种医疗政策的流程，目前总的倾向是将昂贵的诊疗费用 *1) 加在急性期治疗 *2) 中，慢性期治疗 *3) 不是利用医疗保险，而是实行护理保险 *4)。另外，处于从急性期到慢性期之间恢复期的康复治疗 *5)，其重要性已逐渐为人们所认识，而且可以想像得到在回归家庭的口号和类似潮流的影响下，相关的设计也必然将其作为自己的核心理念。此外，由于高度的城市化和社会结构存在的弊端，精神疾患、尤其是以抑郁症为代表的情绪障碍患者逐渐增多，因此针对这些患者的治疗需求自然也会更加迫切。

鉴于上述，今后的医疗流程基本是 2 条主线：一条从诊疗所 *6) →急性期 · 专科医院→恢复期康复医院→家庭，另一条则加上精神治疗。

■目前的医疗设施

目前的医疗设施是怎样应对上面的流程的呢？

在全民保险的日本，只要带上保险证，你可以在任何时候，随便选择哪一家医院去看病。作为任何人都能享受公平医疗待遇的医疗体系，迄今为止一直有效地运作着。可是，由于患者多数都涌向大医院，加之随着老龄化的进行导致的慢性病患者日益增加，使地区大医院（≒急诊医院或专科医院）的患者显得十分集中。这样一来，那种存在已久的“等候 3 小时，看病 3 分钟”的现象至今没有消除，门诊与急诊和专科医院分业的设想始终无法实现。这意味着特意为大医院配置的专治疑难病症的设备难以发挥作用；相反，应该指出的是，在大医院里却存在着普通治疗设备、诊断器械和专科医生过分集中的问题。

像这样把高度复杂化的病症只有在大医院才能诊治，便使医院变得越来越大，走向巨型化和综合化的路子。这就是一般日本医院设计的现状。与此同时，由于医院的规模过大，只能远离城镇向郊外转移，成为与社区隔绝的孤立存在。

■毕业设计选择医疗设施的意义

针对当前这种现象，应该设计出吸引患者的门诊医院以使患者分流，或从大医院里分出一部分作为专科医院使用，这对于营造一个可充分发挥专业化作用的空间具有非同寻常的意义。前者系植根于社区的小型设施；后者则是一种规模稍大、具有诊疗特色的设施设计。二者都体现出与过去设施的不同之处。在此基础上，我们希望那种可提供如下所述的医疗以外服务的设计尽早出现。

■新医疗设施的发展趋势

地区中心医院每天的外来患者数超过 1000 人，再加上陪同的家属和前来探视者，这里便成了数千人聚集的场所。作为一座每天有数千人络绎不绝地光顾的设施，也成为该地区人员最集中的地方。为了应对这种局面，在医院里配置了各种各样的便利设施。其中最明显的当数卖场和餐饮店了。在从前的医院中，小卖店是由医院的关联团体开设的，再有就是员工食堂以及同厨房差不多的对外食堂；如今已设置了超市和餐厅（图 −1）。而且，为了适应治疗前咨询制度普遍实行和患者知情权不断提高的新形势，在医院内部设有医疗图书室，可供患者自由利用（图 −2）。这里不仅配置了互联网终端，还有专门的工作人员帮助患者查找所需的信息（但不受理医疗方面的咨询）。进而在设计上考虑到医院员工托儿所的配置空间等，使医院成为既让患者也让员工感到方便的设施。这样一来，医院已不仅仅是医疗机构，也是一座具有学习和购物等多种功能、并开始与社区生活衔接的设施。

■作为设计的实在感

虽然说医疗设施作为一种受到各种制度和技术条件制约较多的项目，由学生来设计几乎是不可能的。但是，通过对医院的功能和规模进行分解，使之更加贴近社区，作为一种内容变得较为单纯的

项目，不妨在毕业设计中一试。只是这样的设计因过于脱离现实，很难得到人们的首肯。例如，将儿科医院与游乐场相连，可让患病的孩子与小朋友一起自由地玩耍，这出发点或者能够被人理解。然而，如果真的付诸实践的话，由于多数患儿抗感染的能力都很脆弱（不仅特殊的感染，哪怕感冒之类的轻度感染，也会消耗体力，致使病情恶化），对于这种无论什么人都可以随便与患儿接触的设计，人们不可能采用。因此，在设计时必须考虑到，在确保患儿身体状况好的情况下有户外活动场所的同时，要将身体状态不好没有心情去玩耍时所在的空间与普通空间范围加以分开。

如制度所规定的那样，针对随着社会性需求的变化而改变的世间万象，多多少少做些超前的设计固然是允许的；可是，对像医学那样并未超出生物学范畴的社会现象做出想当然的解释，在医疗设施的设计上则是不允许的。

各种医疗设施的设计

作为毕业设计选定的具有实在感的医疗设施，即使规模不大，也与社区有着以下的密切关系。

1 门诊

如开始说过的，首先在门诊做出初步诊断，然后只将有进一步诊疗需要的患者介绍到医院去，这是有效利用医疗资源的方法。如果能使这样利用医疗资源的方法得以实施，日常社区居民看病时，就会集中在门诊部，家庭医生也能够在了解居民平时健康状况的基础上，随时发现患病的征兆，并予以足够的关注和采取适当措施。这样才能真正贯彻“从治疗转向预防”的医疗方针。

2 老龄者和康复设施

与此同时，对于身体经常感到不适的老龄者和康复患者来说，这些以预防为主的各类设施的存在也会增强他们恢复健康的信心。对于生活在社区中的体弱的老龄者和康复患者最危险的事，莫过于没有与人交流的机会，被孤立于社区生活之外。因此，建立老人日托站一类的设施（将老人集中在一起，提供餐饮和洗浴服务的非住宿看护设施）和日托康复设施，证明在为老人和康复患者提供交流机会方面是有效果的。当然，因为设施提供的接送和其他服务要收取一定的费用，所以也有不想利用这些设施的人。对这一部分人，可以采用至家中访问看护等他们能够接受的方式。只是这肯定会受到人手的限制，最好的办法是将一些小型的老龄者和康复患者设施变成这部分人的活动场所，配置在社区内。

3 精神医疗设施

当前精神医疗方面存在的最突出的问题是有许多患者虽然已无治疗必要，但以没有家属接纳，无家可归为由，硬要长期住在医院里。尽管他们中大多数人也可以尝试着在医院附属的组合家庭里共同生活；但最终还是要一个人在社区生活下去。较为理想的状况是，他们彼此的住所近一些，必要时可求得他人的帮助。对于不曾得过精神疾患的人来说也许很难理解，患有相同疾病的人之间的那种相互鼓励，对康复极其有利。

通过以上所述，我们大致可以知道，构想未来的医疗设施，其实就是一个考虑怎样恢复弱者与社区密切联系的问题。（冈本和彦）

*1）诊疗费用：即医疗费用，依据疾病种类与医疗设施的规模而细分规定。
2）急性期治疗：受伤等必需进行的治疗，以及手术等重症的治疗。
3）慢性期治疗：病状比较稳定，但是仍需在医院进行的治疗。
4）护理保险：与医疗保险类似，护理服务费用也依据内容有严格规定。
5）康复治疗：因脑疾病或骨折等身体有障碍，但能在家中生活并接受的治疗。
6）诊疗所：与病院的区别是病床在19张以下。

图－1 与街区中商店格局毫无二致的医院店铺

图－2 可利用住院机会在此学习

11

建筑设计
社区规划

设施的分解

Reform of Institutions

Keywords	Institution 设施	Conversion 转用	Region 社区

Books Of Recommendation

■《监狱的诞生》
M. 福柯著，田村俶译，新潮社，1977 年
■《远离学校的社会》
I. 伊里奇著，东洋、小泽周三译，东京创元社，1977 年
■《建筑地理学》
长泽泰、伊藤俊介、冈本和彦，东京大学出版社，2007 年

何谓设施

虽然要追寻设施的历史不是一件容易的事，但可以认为其中的大多数都发端于宗教场所，并利用这些设施向集聚在一起的人们布道或提供医疗服务。我们在这里对其所做的定义和说明与上面的解释大体相似，只是提供这些服务的所谓设施就是指建筑物。作为其中的代表，如学校和幼儿园之类的“教育设施”，医院和诊所之类的“医疗设施”，还有以特别养护老人之家为代表的各种“看护设施”等。

在这些设施中，都配备提供服务的专职工作人员和拥有服务所需要的空间；相反，如果不是在专门设施里便很难得到这样的服务。总之，作为一种设施就是要具有某些功能，而这些功能是住宅所没有、又必须委托到外面去的。在某些功能不断高度集中并日臻专业化的过程中，逐渐演变成今天的形态。

为何分解设施

由于功能的专业化和高度集中化，使设施变得更加有效率；但绝非不管三七二十一只要一股脑地将专业化和高度集中化向前推进就行了。目前尚存在的种种问题，追根溯源其产生的原因恰恰就在于一些最先进的设施本身。

1 过于集中和庞大

所谓大型医院，为了尽可能提供全面的医疗服务，设计的建筑物动辄成为数万平方米的庞然大物。结果是，许许多多特意跑到那里去看病的人，其实只是有点儿伤风感冒而已，这在日本已成为一种普遍的现象（日本的医疗保险制度规定，任何人可以在任何时候选择任何一家医院接受治疗，这在世界上也几乎是绝无仅有的）。这样一来，好不容易建立起来的医疗资源却未能充分有效地利用。学校一类的设施也存在同样的现象，一些规模很大的学校颇让人感到忧虑，学校能否平等地关怀到每一名学生，并给予学生细致耐心的学习指导。在大型看护设施里，也照样存在因工作人员一时照顾不到而发生事故的危险。

2 只将脾性相近的人聚在一起

在如此巨大的设施中，如果能将脾性相近的利用者聚在一起，或许有利于提高工作效率。可是，也可能会造成这样的后果：只是一些境遇相同的人聚在一起，而对这个圈子以外的人却表现出冷漠。尤其在教育领域，与具有形形色色属性的人交往被看做培养学生社会性的有效手段，当了解到教师以外的成年人每天都做些什么来打发日子的，对学生未来生活道路的走向一定会产生很大影响。不过，现实中要进行这样的教育恐怕还有困难。

基于这一理由，那些因受到低出生率冲击而变得空无一人的小学教室（官方的叫法为“冗余教室”）可以改做老龄者设施等，以试着加深与具有其他属性的利用者的交往。只是从建筑的角度讲，如果学校和高龄者设施二者之间形成不易往来的结构配置，而且又没有预先安排交流日程的话，实行

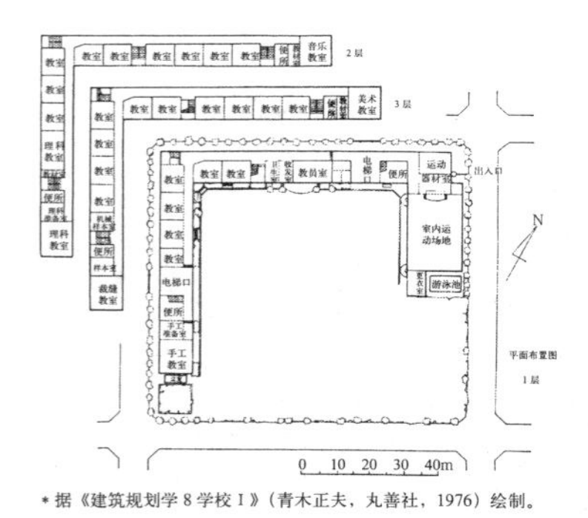

＊据《建筑规划学 8 学校Ⅰ》（青木正夫，丸善社，1976）绘制。

图 -1　典型的小学校平面图

图 -2　虽与小学校合并，但因阶梯阻隔而无法同小学生交流的老龄者养护设施

起来的阻力也会很大。

3 无法转用的空间

进而还有将小学校转做他用的问题。目前的情况是，学校北侧设有走廊，由于其平面布置为5间 ×4 间的惯常模式，因此利用起来很不方便（因其内部平面被分割成近似于正方形，故不利于换气和采光），转做他用的可能性不大（图 –1）。即使医院和看护设施，那种与学校差不多的直线型建筑物，几乎都被用来做工作人员的办公室，而且还多少有点儿富余。

4 缺少人情味的建筑

作为一种设施，主要追求的是使用的方便，在空间设计上，不仅要让人感到宽敞还必须形成尽可能短的动线距离，以最大限度地提高工作人员的效率。像老龄者养护中心这样应该关注生活品质的设施，越是将便于工作人员作业置于优先地位，则越是使设施空间失去了生活气息，从而离利用者所向往的设施环境也越远。

■目前的对策

对于目前设施已经存在的问题，应该采取怎样的对策呢？事实上，作为老龄者设施，已经做了许多先驱性的尝试。例如，与其他服务设施（托儿园所等）合并的现象日益增多（图 –2）。这对于平时只尽到看护服务责任的老龄者设施来说，又多少增加了一些工作负担（如组织孩子们拜访老人等）。其目的在于，当老人们得到工作人员看护和关怀的同时，又能受到稚气的孩子们的感染，并成为一种惯例和日常安排，从而使他们的生活更富有生气。

从硬件的角度来看，也没有营建新设施，而是频频地将住宅直接转化成设施来使用（图 –3）。目的是让老人们摆脱设施那种冷冰冰的空间，以充分享受真正家庭的温馨。这已经不是原来那种为提供服务建立设施的模式，而应该说完全出自在家庭提供设施服务的理念。

类似这样的尝试在老龄者设施中出现的越来越多，究其根源，亦不排除因其设施规模小，所需费用低，实施效果立竿见影的缘故。

■分解顺序

虽然这是基于对大型设施反思而持续开展起来的一种草根活动；然而，即使通过这种活动能够从中发现过去大型设施存在的许多问题，也说不上是一种“分解”行为。而且，还遗留下来一些亟待解决的问题。诸如，从前在设施里的利用者和工作人员该到哪里去，小型设施能否全员接受，小型设施的功能可以满足要求吗……等等，不一而足。在实际做毕业设计时，必须通过下面的步骤来试着进行“设施分解”。

1 选择用地

这里说的是毕业设计的总体情况，而在专门以“设施分解”为主题时，则需要先行对用地及其周边状况做详细调查。这是因为，当对设施进行分解时，必须将其中的一部分功能交由社区来承担。已经存在的类似设施位于何处，有无尚未使用的建筑和地块，去往设施的交通手段是什么，设施的主要利用者是否属于设施所在社区等，只有在详细掌握了以上信息之后，才会使设施分解成功的可能性大大增加。

2 对未来的展望

如果考虑到人口、社会、制度和技术手段等这些伴随设施成立始终的要素，都发生了哪些变化，或可能发生什么变化，就能够从中找到设施分解的方向。例如，由于工作人员与利用者的对应成为现有设施的特征，因此当这一比例突然遭到破坏，现有设施的运营模式亦将不复存在。

3 考察先进事例

即使认为自己的尝试是过去不曾有过的，但作为一种理念必然已经存在。重要的是，应该在这种模式先进的设施里听一听工作人员与利用者之间的对话，以便使自己的设计方案更加完善。

上述各点，对于多少有些脱离现实倾向的“设施分解”设计来说，为了能够做到脚踏实地，则是不可或缺的作业。　　　　（冈本和彦）

图 –3　转用做老龄者组合家庭的民居外观（左）和内部（右）

12

建筑设计 社区规划

教育环境

Educational Environment

Keywords	Individual Education 教育的个别化	Rich Living Place 丰富多彩的生活场景	Open to Community 向公众开放

Books Of Recommendation

- ■《学校大变革》
  长泽悟、中村勉编，彰国社，2001 年
- ■《学校现状必须改变！！》
  上野淳监修，"学校现状必须改变" 编委会，鲍伊克斯出版社，2002 年
- ■《建筑资料集成 教育 · 图书》
  日本建筑学会编，丸善社，2003 年
- ■《美国的学校建筑》
  柳泽要、铃木贤一、上野淳，鲍伊克斯出版社，2004 年

■各种各样的教育设施和教育制度

教育设施有很多种，如幼儿园、小学、初中、高中、大学、研究生院，还有聋哑学校和护理学校之类的特殊学校，以及专修学校等其他学校。始于战后的 6 · 3 · 3 · 4 制的学校教育制度，在 1962 年增加了 5 年一贯制的高等专门学校设置；1999 年，又设置了初高中一贯教育的中等教育学校；进而从 2004 年开始，还尝试了实行小学和初中一贯教育的可能性。总之，在过去的几十年里，学校制度一直成单线型的变化。这一期间国外的情况是，英国将处于义务教育阶段 5 至 16 岁的少儿按年龄段分成 4 组，再分别设定科目；美国各个州实行的教育制度五花八门，在此前传统的 6 · 3 · 3 制基础上，自 1980 年代的后期开始，又增加了 5 · 3 · 4 制和 4 · 4 · 4 制。北欧的丹麦和瑞典，从 1995 年起开始对义务教育期间 7 ~ 16 岁的少年儿童实行 9 年一贯制教育。

作为教育体制，1988 年开始不再按照学年区分教育课程，而依据必修科目学分认定能否毕业的高等学校，到了 1994 年则设定了一个系列，从毕业所需的 80 个科目中选择了 35 个科目作为必修课，其余的可从选修课中选择的综合学科制高等学校所设置。总而言之，一些各具特色的学校正在陆续出现。

■教育及其运作方式和学习

虽然有关教学内容、课时数和科目选择等的标准是由各类学校按照自己的学习指导纲要制订的，但差不多每隔 10 年则需要进行一次修订。最近，依据 2002 年的新学习指导纲领，引进了全周 5 日制教学，减少了授课时数，增加了综合性的学习时间。特别是近年来，由于日本大力推广所谓教育个性化和多样化的制度设施方面的改革，在中小学里已不再像过去那样实行统一的指导型的教学模式，而是以个人或小组为单位组织学习活动。还有由各年级多位老师合作开展的分组教学活动等一些新的学习形式也开始登场，为此学校方面则提供了附属于教室的开放空间和多功能空间。在这里，无论教师还是学生都突破了学科的框框，由儿童和学生自己来寻找并确定课题。其着眼点，则主要放在学生通过发表自己的学习成果来提高自学能力上。在欧美地区，虽然有许多国家同样推行个性化教育方式，可是，在有的学校每名学生都有一个教育计划，这个计划是在学生与家长和班主任老师充分协商的基础上制订的，少数学生还可以得到细致耐心的辅导。今后的日本，为了推行效果更加显著的个性化教育，或许应该把编制针对少数年级和个别学生的辅导手册当做一个新的课题。

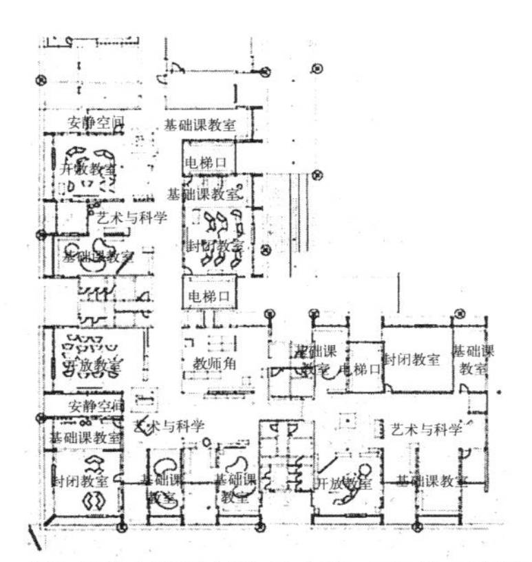

低年级教室平面布置（1 年级、2 年级、3 年级）

在基础课教室授课的情形

在开放教室授课的情形

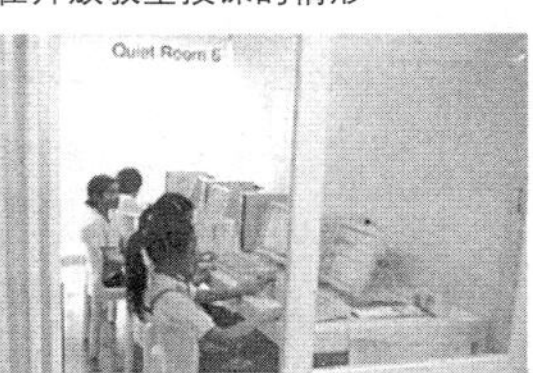

在封闭教室学习的情形

按照惯例，从小学到中学被分成 3 个阶段，每个阶段学生的学习活动，是分别在传统型的封闭教室、开放教室、构成班级据点的基础课教室、被玻璃隔断的安静空间和用于实习的艺术科学角等丰富多彩的学习空间里展开的。里面还配置了台式电脑和小巧的电脑桌、可移动的白板以及一些收纳用家具等。

图 —1　具有多种学习空间的学校实例 / 群马国际学校（群马县太田市）

当然，由于学科和课程的不同，利用教室和学习空间的教育运作方式也是多种多样的。不过，基本上分为综合教室型、特别教室型和学科教室型等。实行学科分担制度初中和高中往往采用学科教室型；然而在有的高中里，将 2 种以上的运作方式组合起来，即必修课较多的 1 年级采用特别教室型，2 年级以上则采用学科教室型等。

■居住环境设计上的课题

因教育设施的类型不同，故其空间结构也多种多样。以小学和中学为例，其全部空间大体上是这样构成的：以普通教室为中心的一般学科学习空间，供理科、手工、美术、家政、技术和音乐等课程使用的实验实习空间，图书室及视听室之类用于信息检索和收集的信息空间，此外还有室内运动场和竞技馆等与体育有关的空间，大厅和餐厅等生活集会空间，职员室和会议室等管理空间。

可以看到尤其是在以 IT（信息技术）化为大背景的今天，由于电脑和互联网在学校里的普及，小学生们都在自己动手营造学习环境，即使是传统的设施结构也逐渐发生了变化。如教室周围设置了附带信息角度的多功能空间，而在学校的中心位置则配置了具有图书、媒体和视听等多种功能的图书多媒体中心这样的空间。只是与欧美发达国家比较，我们多数学校里的图书多媒体中心，无论在规模、设备还是在工作人员配置和系统方面都有一定的差距。但愿今后我们能够设置更多更好的阅览和学习空间，添置大量的图书和报刊，完善现有的信息网络，直至成为一个可供日常使用、具有较高亲和力的图书多媒体中心。

■作为生活和交流场所看到的教育环境

对于教育设施来说，如何提高其作为生活环境的品质也是很重要的。我们想要营造的环境是：应该有大多采用木材装饰的内部空间，温暖舒适的家具，可供孩子们游戏用的凹室和各种挂饰，这些都让人倍感温馨，触发你想要与人交流的愿望。

此外，出于降低环境负荷和保护环境的目的，一种“生态学校”正越来越引起人们的注意。这样的学校使用太阳能热水器和风力发电装置，还采用了雨水循环再利用系统等，几乎到处都配置着对应的机械设备。不过，归根结底对于生态学校来说，最为重要的还是如何改善孩子们的生活环境，尤其是要营造一个可让儿童们健康成长和快乐生活的环境。为此，便要考虑构建精巧居室的对策，充分采用天然素材，确保自然采光和通风换气，培育屋顶庭园和生物生境，有效地营造出接近自然条件的环境。这不仅具有保持一个温暖环境物理上舒适性的作用，而且可以期待对于孩子们产生心理作用。

特别是近年来日见增多的木结构或木质类校舍，具有混凝土和金属所没有的令人感到“安定”、“闲适”和“温馨”的效果。事实上，我们也能够经常听到老师和学生们所给予的高度评价，并认为在教育方面的效果也不错，如“气味太好闻了”、“很温馨”和“呆在里面心情很平静”等等。在城市里通常受到消防法规的限制，难以建造纯木结构的校舍，可以与钢筋混凝土及钢筋结构相结合，使内部装修木质化，并尽量使用木质家具，最大限度地将木质材料引进到环境中来。

如果把视线转向海外，当然可以看到国家和地区之间的差别。可是，在结构、内装和家具方面充分使用木材的学校同样是比较多的。尤其坐落于欧美国家郊外的学校，因受惠于大自然，加之占地广阔，木造和木质类的低层校舍，使室内外产生连续性并舒缓地铺展开来。这些学校的教育环境那就不用说了，对于孩子们的生活环境学校给予了同样的重视，并进行了精心的规划和设计，给校舍营造出住宅区氛围，这一点也格外引人注意。（柳泽 要）

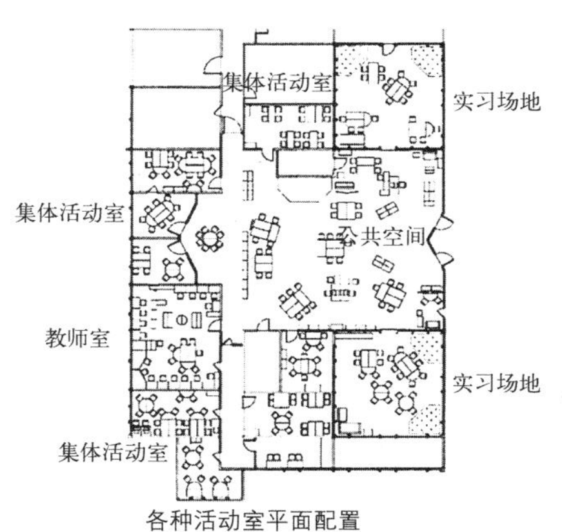

各种活动室平面配置

明亮的开放实习场地

在公共空间内各自学习的情形

位于各功能厅的娱乐角

这座学校的少儿学生从 1 年级到 9 年级（日本初中 3 年）总计不到 1000 人，沿纵向被划分成 6 个活动空间。在各个活动空间内，还设有可供由数人组成的小组进行活动的小组活动室，而公共空间则设有各种各样的学习角，以供个人或小组学习使用。铺有地砖的开放空间可用于实习活动，里面排列着大小不等的教室。此外，还设置了教师室和供小学生们游戏的生活角。

图－2　设有多种空间的学校实例／未来者学校（斯德哥尔摩）

13 内装设计 Interior

建筑设计
内装规划

Keywords	Anticipation of Activity 设想的活动	Nodal Point of The Space and Humans 空间与人的节点	Space Function 空间概念

Books Of Recommendation

- 《设计出活力！以学校空间为中心的研究》
  小嶋一浩编著，彰国社，2000 年
- 《图解装潢设计师用语辞典（修订版）》
  尾上孝一、大广保行、加藤力编，井上书院，2004 年
- 《河童看到的“工作场所”》（文春文库）
  妹尾河童，文艺春秋，1997 年

何谓建筑设计中的内装

在建筑设计中，内装设计作为空间设计的一部分起着重要作用。设计一座建筑物，不仅要设计该建筑物的空间整体，同时也可以说是在设计给予人们的活动、感觉和精神的影响。使建筑物所营造的空间具有各种功能，并构成与体验该空间的人相互融合和相互交流节点的部分就被认为是内装设计。

然而很遗憾，在大学的设计教学中，大多都将内装设计与建筑设计看做是两个不同的门类，即使在设计课题评价中，也基本上都将其作为附加要素来处理。

不言而喻，作为一名有志于建筑事业的学生，在自己从事空间设计作业时应该对体验该空间的人有足够的认识，其中包括人的行动和活动样态。所谓设计，完全可以理解为系将风俗、街区、周边社区、环境、文化、设备、功能、结构和内装等无数要素，以及在那里生活的人的活动、行动和心理影响等进行形象化搭配融合的结果。

不仅仅局限于毕业设计，只要看一看建筑专业学生的课题设计等实际作业就不难发现，几乎每部作品都饱含着学生个人的心血，处处流露出对各个课题的思考、理念和为将方案传达给他人所倾注的热情和付出的努力。不过也有令人遗憾之处，一个明显的事实是，其中难得见到能让人感到人的存在的作品，而这些存在的人恰恰是生活在设计的空间里的人。展现在我们面前的空间只是由平面图和断面图上的线条围成的冷漠的存在，在脑际浮现的也不过是“休息室”、“开放空间”和“画廊”等空间的名称。空间里岂止没有人的存在，甚至连人与空间相互接触的装置都看不到。类似这样的建筑渲染图差不多谁都见过。

内装设计的意义

建立在建筑设计基础上的内装设计，就是要将设计作品变得更具体更形象。如果只是保证所需房间面积，确定了动线，作为结构体而使之成立，建筑物并没有完成。只有当建筑物里有人存在和活动，才真正称其为建筑物。为了能让第三者具体想象出人们存在和活动的情景，应该说设计和建筑渲染作业中的内装设计是很重要的。

丰富的想象力、经验和建筑语汇是重要的，不断从日常生活中吸取这样的要素并加以积累，对于设计建筑空间和设计内装都同样重要。而且，通过对内装的具体设计，将使建筑整体结构及其功能变

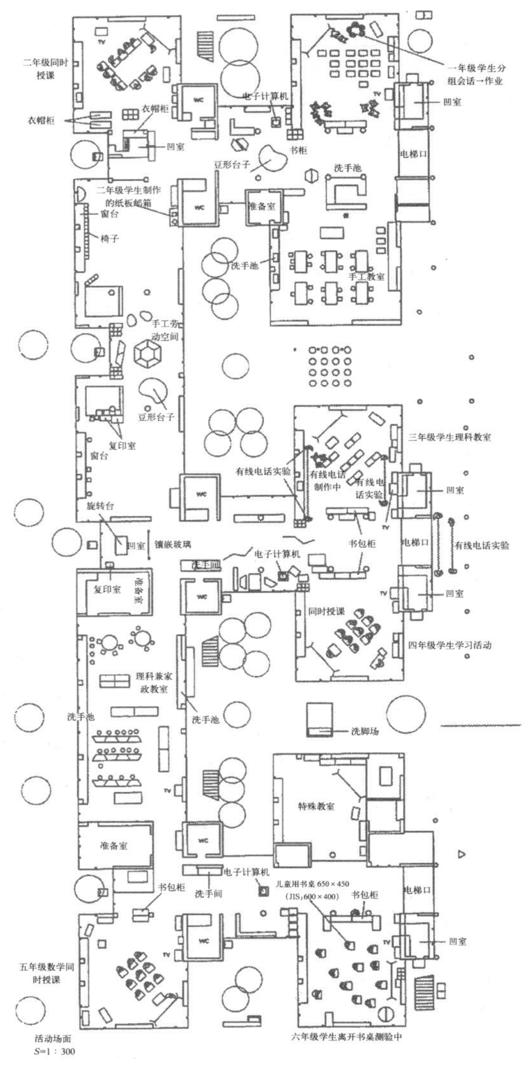

图－1　吉备高原小学校及其学习空间的家具配置

得更实用。因此，即使站在课题设计的角度也应该认识到，设计内装绝不单单是为了解决粉饰内部、对内部做些处理或装潢的问题。

■充分利用感受、经验和研究成果

那么，在实际做课题设计时，应该怎样进行内装设计呢？当然，多数情况下，要依赖自己的经验及体验或参照书本杂志介绍的优秀作品，再将从中获得的心得体会与个人设计空间的形象化活动相比照，而设计就是在这种比照中完成的。

在制订新功能的方案时，由于自己的体验和经验已是过去的事情，如果原封不动地加以运用，将难以提高方案的实用性。因此，显得尤为重要的是，对于拟提交方案中的建筑功能和建筑结构之类的目前状况及相关课题应进行整理，并设想出在自己拟提交方案所具有的新功能空间里人们的活动情景。诸如，在这样的空间里，想让人们做出哪些举动，希望他们搞些什么活动等。这种形象化的思索，不仅出于内装设计的需要，也使建筑物整体变得更加具体化，并以牢固的理念矗立起来。

在建筑设计研究领域，从很早开始便一直采用被称为“用法研究”的调查研究方法。这种研究方法主要是对人们怎样使用与方案空间相似的已存在建筑物空间进行详尽记述，从而得出研究结论。然后，再将这一研究成果用于下一个方案。在新方案的空间中将会发生什么事或出现什么活动，则被形象化处理成为资料，以便于今后利用。

近年来，建筑师与建筑研究者合作设计出优秀建筑的事例与日俱增。同时，建筑师参与内装设计、家具设计和规划布置的例子也屡见不鲜。

即使在学生的课题设计和毕业设计中，特别是在以设施建筑这种功能性较强的建筑作为方案对象时，不仅要靠个人的经验和体验，而且还得充分应用以往的研究成果。为了能实际想象出方案空间中人们的活动情况，只有这样做才是有效的。创造某种与人相互接触的装置，再将这一装置插入自己设计的空间内，应该被当做设计作业的一部分。

（仓斗绫子）

表－1　在小学校学年区所看到的家具配置及其各功能角一览

角名称	内容・目的	
A 一般活动空间	A1：C.S. 的各自座位是一天当中大部分学习和生活活动（ex. 授课、作业、实习、进餐）的场所。个人的座位是固定的。 A2：放置 O.S.、W.S. 等阅览桌的年级共有一般活动空间。	
B 图书角	是放置年级图书、资料集、辞典和百科事典之类书籍的角。将过去集中在图书室的图书分散到各个年级区去，放置在 O.S. 等的功能角内。	
CAV 角	系设置 TV、VTR、OHP、幻灯和盒式收录机等 AV 器材的角。过去多半被放置在 TVC.S. 的角落内；而现在将 AV 器材配置在 O.S. 等的年级空间中，也便于学生自己学习时利用。	学习媒介
D 计算机角	将电脑置于阅览桌上，可供儿童自由利用。	信息
E 展示、公告角	E1：这是一个用于与学习单元有关的展示和公告的角，备有活动提示板和墙面招贴栏。展示内容多与理科和社会科学有关。 E2：揭示有关教职员工及学校的各种通知和值班表；以及绘画、摄影、书法和手工作品展览等。	学习环境构成要素
F 学习材料角	用于儿童学习的各种教材存放的角，如学习单元的复印件、演算题、练习题、学习辅导书和个别学习用的文件夹等。	
G 教具角	这个角放置各种文具、实习器材和备品等，可供儿童自由使用。其中包括夹子、裁纸刀、透明胶带和彩色画笔等。此外，还有一个角放置着球类运动器具及风琴和口琴等。	
H 教师角	设在 C.S. 或年级区的教师专用空间。通常都是由办公用电脑和 1 ～ 2 个橱柜组成。也可见到在年级区内构成年级专用办公空间的形式。	
I 生物角	I1：用于理科的观察授课，培植球根和饲养生物等的区域。 I2：装饰着观叶植物，饲养着儿童和老师喜欢的土拨鼠、小鸟和昆虫等的区域。	
J 洄游水流	设置洗手池、流水和水管的区域。	
K 携带物品存放角	收纳儿童携带物品（书包、皮包、饭盒和工具类）的橱柜。分为活动式和固定式 2 种。通常作为 C.S. 和 O.S. 的角落、C.S. 和 O.S. 的隔断设置。	收纳
L 扫除用具存放角	收纳笤帚、撮箕、抹布和吸尘器等清扫用具的场所。	生活环境构成要素
M 休息角	配置沙发、茶几或坐垫、有着轻松氛围的休息角。也可供儿童小睡或少数人在这里交谈。不过，现实当中真正能够保证这种功能角使用的并不多见。	

C.S.：班级空间　O.S.：开放空间　W.S.：手工劳动空间

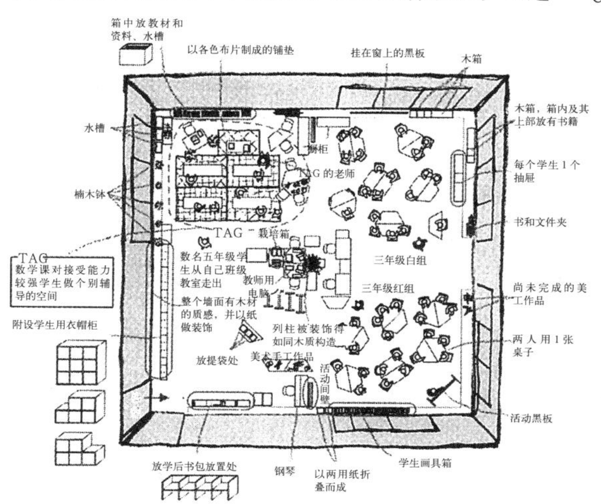

图－2　加藤学园及其三年级学年组的家具配置

图－3　加藤学园。三年级学年组学习情景

14 工作空间 Workplace

建筑设计 设备管理

Keywords	Communication 通信	Organization 组织	Productivity 生产性工作

Books Of Recommendation

■《POST-OFFCE 工作空间改造设计》
岸本章弘、中西泰人、仲隆介、马场正尊、未刊组，TOTO 出版，2006 年
■《建筑空间的人性化 创造符合环境心理的人类空间》
日本建筑学会编，彰国社，2001 年
■《变革中的工作空间 劳动和办公创新实践》
马林 · 塞林斯基著，铃木信治译，日刊工业新闻社，1998 年
■《工作场所心理学 办公室与工厂的环境设计及其行为科学》
Eric Sundstrom, Mary Graehl Sundstrom 著，黑川正流译，西村书店，1992 年

■工作空间的概念

工作空间一词引起人们关注的一个契机是，1987 年出现的自由地址办公室及以康奈尔大学为中心对有关新劳动场所的研究。自由地址这一概念，源于日本狭小的办公室条件，为了不逊色于欧美并能够使办公室更有效率的运用才想出来的。可是，随着经济的发展，设备费用高企，近来亦受到欧美国家的重视，且被应用于实践。随着互联网的不断完善，办公室工作已被从固定场所解放出来，诞生了游动办公和自选办公等形式，不再利用写字楼内的空间；与此同时，“工作空间”这一新的形式也应运而生。

事务性办公作业场所发端于产业革命以后，系伴随着从事工厂劳动管理的白领阶层的出现而设置的。营造高效率办公作业环境的尝试，是在企业实践的基础上，放在生产管理学和产业心理学等领域来进行研究的。按照欧洲的传统，办公室通常都如医生的诊察室一样，由一个个的单独房间构成。然而，从提高作业效率和降低成本角度来看，倒是以低隔板取代小房间隔壁墙的开放布置(大房间方式)办公室更具有优势。说到战后日本的写字楼。其主流也仍然是开放布置办公室，实现大跨距和高层化的结构、空调、照明和升降设备等建筑技术是支持这一方式的基础。

石油危机之后的经济停滞，虽然对办公室的结构形式也产生了影响，但到了 1980 年代末期，作为产业振兴政策的一环，引进了新式办公化和设备管理（FB）的概念，随着在这之后泡沫经济景气的出现，办公作业场所也发生很大变化，诞生了所谓“工作空间”这一概念。对此影响较大的，是电脑的普及和 OA 设备的出现，以及逐步走向 IT 化的趋势。

■工作空间的设计

工作空间的设计中最大的课题，是如何兼顾空间利用效率、工作方法（工作形态）和个人作业与场所之间的联络等这几者的平衡配置。由于空间的组织业态和个人的工作习惯千差万别，因此设计课题也必须针对此种情况提出，然后再设定规划和设计的条件（程序设计）。作为其中较大的课题，还要对运作方法与时间及空间的关系加以权衡。

1 FM 和 POE

FM 业务的出现，源于各类组织对空间利用效率和工作效率，特别是费用成本的关注，并为此设立了设备管理资格认定机构。FM 方式已为许多组织实际采用；与此同时，还有一种调查现有空间利

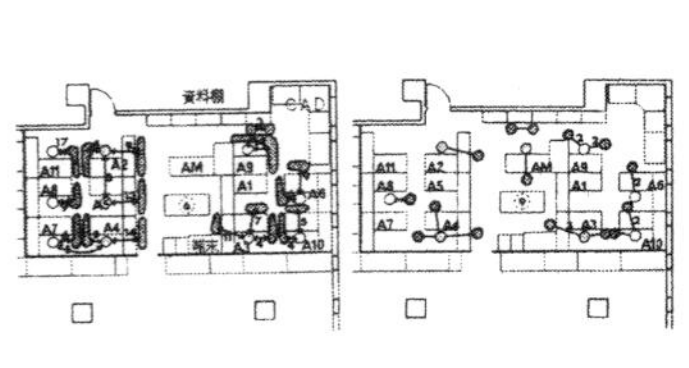

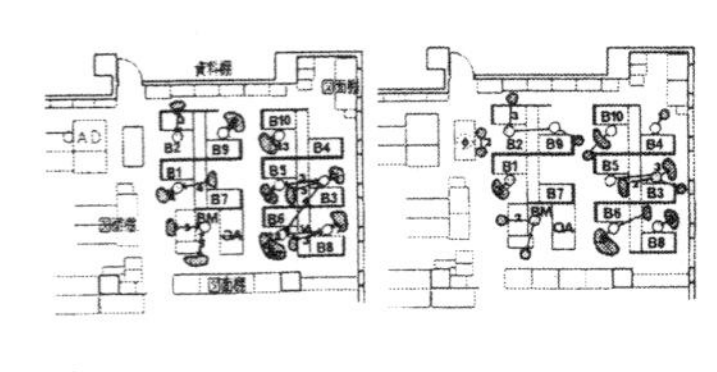

不同的场所布置，相互联络的方式也不一样。采用低隔板，彼此较易交流；隔板一抬高，则要在场所内移动。

图 –1 场地布局和相互联络

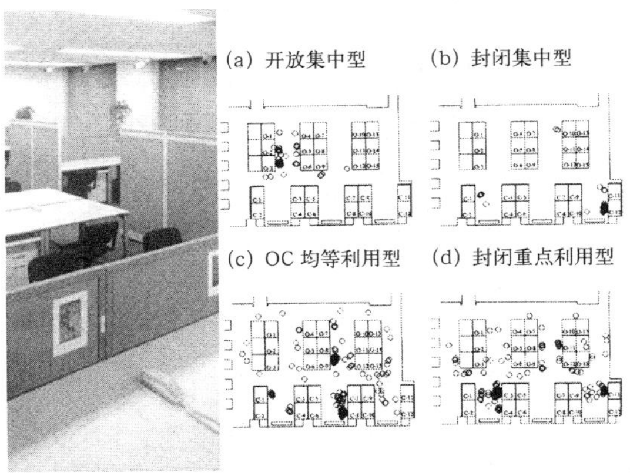

最初的自由地址办公室完全是试验性质的，并从这种试验中获得各种数据。例如，个人对场所都有不同的偏好，基本可分为开放型和封闭型两大类。

图 –2 自由地址办公室的座席选择

用状况，被称为终端占有率评价（POE）的方法。POE不仅能够依据观察和测定来对现有空间利用实际状况做出评价，而且还进行空间利用者满意度的调查，由此而变成研讨作为人性场所的工作空间的契机。

2 程序设计

由于利用工作空间这种方式的个人和组织并不具有代表性，因此为了使规划设计能够适应个别需要，便有必要建立相应的组织体制、程序和管理制度，我们将其称之为程序设计。目前，已经出现了专门从事办公室程序设计这一行当的公司。主要提供以下服务：设定与组织活动适应的工作场地，进行立体（平面的＝屏蔽，断面的＝堆积）规划，合理地将组织和空间布置在办公室内。

3 联络和 IT 技术

工作空间最大的课题，就是怎样提高个人作业的工作效率和使联络方式灵活化。由于笔记本电脑、移动电话和互联网的普及，甚至出现了以自由职业者为对象的咖啡馆和不定时上班办公室，个人工作已不在固定场所进行。可是，为了提高工作效率和创造性，集体组织的活动仍然是不可缺少的。因此，在进行工作空间的规划设计中，必须考虑营造人与人之间相互联络时能够心领神会的环境。

工作空间设计上的课题

1 相互联络和集中作业场地的配置

要设计工作空间，首先须了解所需场地状况及其结构形态。尽管哪里都可以成为工作空间，但还有一个在那里工作时使用什么（工具）和干什么的问题。了解这一点，应该算是第一步。然后，则要考虑到在这里工作的人的个人作业、集体作业、集体创造性思考、联络、报告、进餐和小憩等各种各样的行为活动情况，并为此布置必要的家具（家具或用具）和空间，以及所需数量的多少和面积的大小。而且，还要考虑到，怎样将以上各项进行最佳的功能性配置并使得这些功能之间相互平衡和协调，以及空间与空间之间该如何衔接。为此，则必须充分了解这里的工作方法（工作形态）。

2 具有灵活性的结构形态

在近现代的写字楼设计中，一般都将最大的关注点放在扩大使用面积和确保灵活性方面。与建筑物的寿命相比，组织机构和配置设备的寿命要短得多。因此，模数尺寸体系这一概念被引入平面布置和设备控制领域，并得到有效应用。从家具什器及通道宽窄，乃至建筑的跨距及层高，如果都能够采用模数体系进行细致缜密的设定，其空间灵活性将大大增加。

3 实现 FM 的基础 IT 技术

IT技术不仅是工作上的好帮手，也是设施运用的支柱。如今，利用RFID和PHS对建筑物里的人和物，甚至居所内都能够实施监控。假如从中得到的信息不仅可以传给安全系统，以及空调和照明等设备控制系统，而且还接通工作上的助手并进行联络，进而又用于设备的柔性控制等。像这样的理念如果能够付诸实践，也应该是一件很有趣的事。

4 走向街区

工作形态并不止办公室工作一种，可以设想在街区的各种场所里营造工作空间。不仅个人作业场所，就是可以相互联络的场所也照样能够建立在街区不同的地方。街角的工作空间网络，改变了工作形态，使经济活动变得生气勃勃。从另一个角度看，那些工作着的人们利用集体办公形式和知识管理系统来进行彼此交流，作为工作空间的一种，人们可以在这里经常碰面，可以将众人的智慧集中起来。构思这样的空间及其结构形态，同样是必要的。

（山田哲弥）

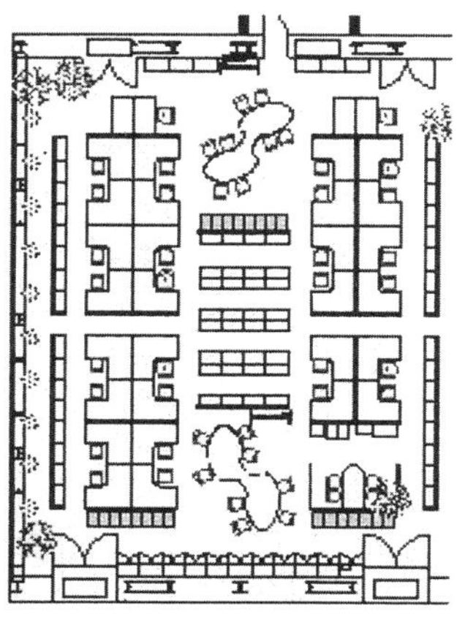

将联络场所设在哪里，怎样设置，是平面布置设计的关键。

图－3 联络的活性化

采用3.6m模数的相向布置一例

采用3.2m模数的相向布置一例

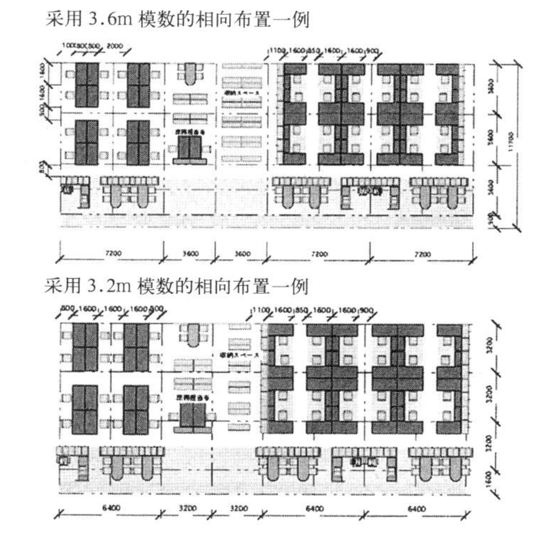

图－4 平面布置和模数的考量

15 设备委托管理 Facility Management

建筑设计
社区规划

Keywords
Information Technology 信息技术
Post-Occupancy Evaluation 使用后评价
Programming 程序设计

Books Of Recommendation

■《设备委托管理实践 充分发挥设施作用综合战略》
日本设备委托管理协会编，丸善社，1991 年
■《整体工作空间 设备委托管理与弹性组织》
富兰克林 · 佩卡著，加藤彰一译，特尔斐研究所，1992 年
■《建筑空间的活力 利用环境心理学营造人的空间》
日本建筑学会编，彰国社，2001 年
■《为设备委托管理改变的经营战略》
鹈泽仓和，NTT 出版，2007 年

■何谓设备委托管理

设备委托管理一词来源于美国，似乎已在国际上流行；但其定义却并不明确。按照美国国会图书馆的定义，“所谓设备委托管理，系指充分利用经验管理、建筑、行为科学和科学技术的原理，调节物理性作业场所与组织及其成员之间关系的功能。”在办公室等组织迅速变化的过程中，为了取得与其他企业竞争的胜利，必须利用设备委托管理的方式，调节与建筑物及其内部系统以及机械设备和家具的规划、设计和运营等全部业务。为此，作为设备委托管理业内的经营者，应该精通与建筑专业领域有关的广泛知识。而且，设备委托管理不只是承担建筑物落成后的维护管理责任，还要起到一种调节作用，用以调节施工中建筑物的规划和设计等。

■设备委托管理问世的背景

设备委托管理肇始于 1960 年代。当时制造业最关心的，都是直接与生产效率有关的事项，诸如怎样觅得一块最理想的厂址并使占地得以充分有效的利用，以及生产设备的更新和设备的模拟操作等。在这一背景下，一些专门从事所谓科学高效的资产管理的种种模式相继诞生。到了 1970 年代，各类法人组织不断演变的结果，导致办公室的空间规模及结构，包括家具和设备也都不得不随之改变。这样一来，使得与办公室有关的空间成本管理的重要性越来越突出，更加让人们认识到设备委托管理的必要性。特别是办公室的人事费、租赁费和家具等固定资产的成本费用居高不下，成为不可忽视的问题；而如何有效地利用办公空间，同样是一个人们关心的课题。还有一个背景，就是为了要吸引人才，营造一个惬意舒适环境的这种需求也与日俱增。作为一个法人组织，美国于 1979 年成立了 FMI（Facility Management Institute），并于 1980 年确定了其设备委托管理经营者的职能。随后的 1987 年，在日本也成了日本设备委托管理协会。

近年来，随着信息化的飞速发展和信息技术的普遍应用，也极大地促进了设备委托管理业的进步。例如，信息技术完全可能使设备委托管理组织整体网络化，并有效地运用于经营资产的数据管理及其模拟实验等。这已不仅仅是如何发挥老设施的作用问题，而且还要以设施、人员和信息的综合管理为目标，将机构设置在企业中，以对企业的不动产进行委托管理。同时，这个设置在企业中的机构所承担的设备委托管理责任，还包括收集企业工作

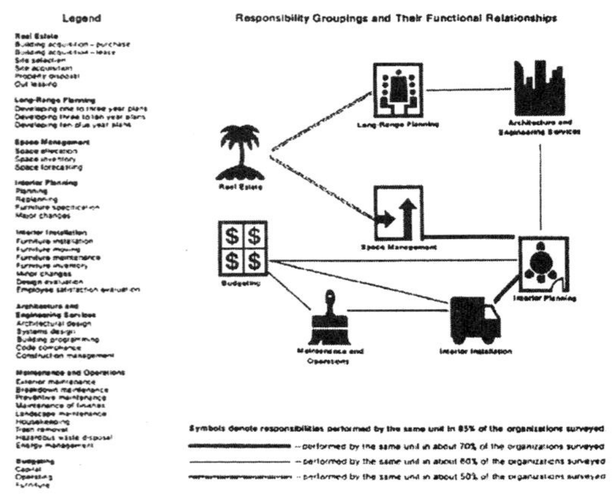

设备委托管理的功能，包括不动产、内部装潢、建筑物、技术、维护和财务管理等多个专门领域及相关的专业知识。

图 –1　设备委托管理的功能 [1]

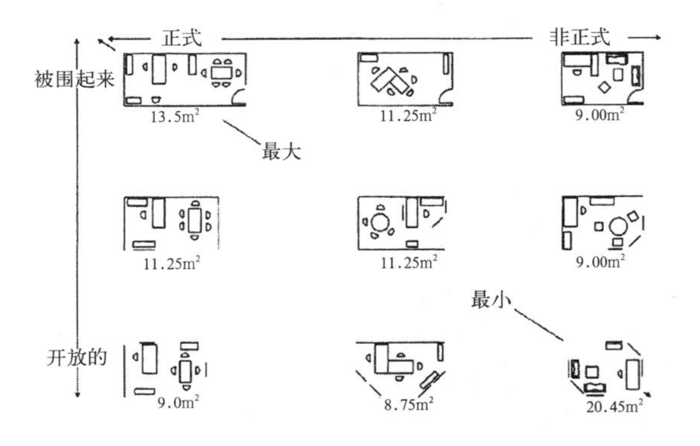

比起空间标准的叫法来，更常常被定义为空间指导方针，以使得在空间的框架内业务上的不同要求可以相互对应。

图 –2　空间标准的趋势

人员的相关需求，对企业新建设施或老设施进行改建和改造时的程序，积极地建言献策。

■使用后评价（POE）和程序设计

为了实现设备委托管理方面的目标，必须要对当前设施存在的问题进行调查，并给予适当评价，而且还要成立一个机构，以将调查和评价的结论充分应用到设施的新建或改造中去。作为设施使用状况的评价方法之一，有 POE（Post Occupancy Evaluation）法。这一方法除了要对空间和设备的利用率及占有率进行调查，还要做客户的意识调查、行为调查和满意度调查等各种各样的定性及定量的调查分析。使用后评价的定义为"建筑物竣工并实际投入使用后，以系统而又严格的方法对其进行评价的程序"。到了 1960 年代后期，在美国因为客户对医疗设施等建筑物的不满和要以科学方法分析设施功能的完备程度，从 1970 ~ 1980 年代开始，作为一种系统的专门领域剖析评价法发展起来。

此外，在明确设施存在的问题点以及所有课题的基础上，研究解决的对策以达到改善设施现有状况的目的，同时设定建筑物的规划条件及其功能。进而，还必须提出具体的规划设计方案。这个过程被称为程序设计。在实际的设施改造完成后，便开始对新设施进行 POE，这与该设施的新的程序设计有关。正由于这样一个周而复始的过程，才使得设备委托管理变得更加必要。为了营造一个满意度更高的环境，客户及居住者都应该积极参与到 POE 和程序设计当中来。

■公共设施中的 PFI

设备委托管理虽然是以办公室领域为中心发展起来的，但也应该广泛地运用到办公室以外的各种设施上去。设备委托管理作为一种行之有效的管理方法，可以调节在设施内工作的职员及利用者与设施之间的关系，让设施以最佳状态发挥作用。仅从这一点考虑，毋庸说以经营为本、须臾不可或缺的办公室和工厂，就连近年来因闲置而备受指责的公共设施也同样应该采用这一方法进行管理。

当前的公共设施面临着许多难题，如设施老化、人员和机构的更迭、利用者人数和需求变化等。特别是由于低出生率导致学校的剩余教室越来越多，因市、町和村的合并也同样使多余的公共设施不断增加。如果要对设施进行改造或重建，又普遍存在经费上的困难。面对这些深刻的问题，尽快将设备委托管理方式有效运用到公共设施上去，不失为一个较好的对策。

最近，越来越多的地方自治体开始引入 PFI（Private Finance Initiative），以将民间资本和技术用于公共事业。通过采用这一方法，能够以较低的成本实现魅力十足的方案和系统，提供设施和设备服务。作为一种高效率运营设施的主要方法，最早出现在英国，日本与 1999 年开始制订了 PFI 推进法，确定了实施指导方针。随后，英国开始将公共设施的企划、建设和运营委托给一家民营公司进行试验，并已取得成效。而在日本，还停留在公共设施部分民营化的阶段。　（柳泽　要）

[引用文献]

1）『トータルワークプレース ファシリティマネジメントと弾力的な組織』フランクリン・ベッカー著，加藤彰一訳，デルファイ研究所，1992，22ページ，図1-1

2）同上，173ページ，図11-5

3）Jeremy Myerson and Philip Ross：the Creative office, Gingko PRESS，1999，P.131

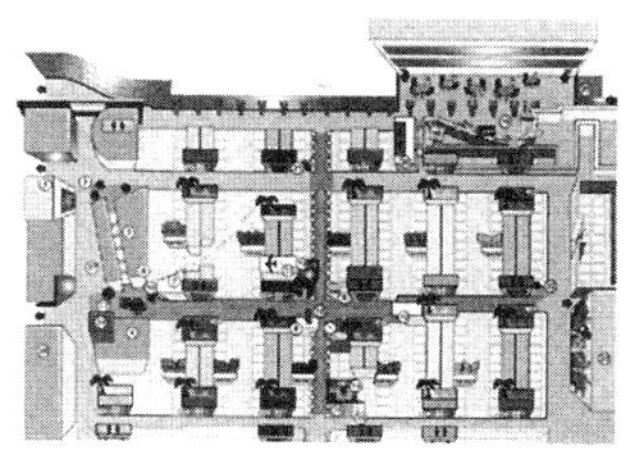

将街区概念化的办公室平面图 [3]

反映了员工愿望的空间

将旧工厂改造成最新的办公室

进行办公室内设备委托管理的不动产部门

这是一个将从前作为工厂的建筑物改造成公司总部的事例。在进行改造施工期间，以企业的不动产部门为中心，充分调查员工的意愿，了解到他们普遍不想从市中心搬迁到郊外去，并将这一点体现在程序设计中。另外，还进行了设施满意度的调查，以使改造后的设施与更迭的组织机构相对应，并满足员工多方面的需求；为此，又对设备及其布局，以及食堂的转包等做了频繁的调整。

图 -3　先进的设备委托管理事例（诺塔尔 · 布兰普顿中心 / 多伦多）

16 再生的住宅区

Housing Regeneration

建筑设计
社区规划

Keywords: Types of Family 家庭成员 | Image of Human Life 生活状态 | Restructuring of Space 再造空间

Books Of Recommendation

■《彻底讨论 我们希望居住的城市 身体 · 私生活 · 住宅 · 国家 工学院大学连续讲座全记录》
山本理显编，平凡社，2006 年
■《再生住宅区进程 创建生态住宅区的开放大厦》
再生住宅区研究会编著，丸善社出版，2002 年
■《公寓原论的尝试》
黑泽隆，鹿岛出版会，1998 年

住宅区建设的背景与今日的课题

在郊外广阔的地块内，矗立着一排排 5 层左右盒子状的公寓式建筑，形成大片的住宅区，这样的景象对任何人来说都不会感到陌生。实际上，这样的公寓式住宅区数量很大，据说在日本全国总计约有 300 万户左右的家庭都生活在公寓式住宅区内。而且，几乎都是由自治体、旧公团（现称都市再生机构）和地方住宅公司供给的公共住宅。

住宅区建设中的所谓 55 体制建立于 1955 年，并立即正式运作。之后，建成的户数急剧增加。可是，在 1973 年第一次石油危机的冲击下，建设的住宅数量又骤然减少，到 1980 年代，竟滑落到只有全盛期的三分之一左右。可以这样说，住宅建设的高峰期，恰好与日本经济的高速成长期是一致的。因此，像这样建设起来的成片住宅区的景象，亦成为日本一个时代的象征。那么，产生这一景象的背景到底是什么呢？

由于战后人口大量向城市集中，城市住宅难以满足市民的需要，为适应这一形势的变化，依据国家政策开始建设住宅区。因此，住宅区的建设，在一定程度上体现了国家要为政策规定的每一户标准家庭（即指 1 对夫妇 2 个子女。——译注）送去满意的栖身之所的理想。不言而喻，所谓的标准家庭即由核心成员组成的家庭。为了使核心家庭成员的理想生活具体化，进行了建筑规划学的种种实验，而 nLDK 型住宅则是这种实验的成果。此外，公寓式住宅区的集合形态，证明任何家庭都平等地享受同样的居住环境已受到重视，当然，提高生产效率也是其中的因素之一。条件相当的住户，均等地排列在那里，这就是人们在住宅区里看到的景象。

然而，时至今日，随着社会的成熟化和复杂化，家庭的形态和生活方式也变得千差万别。核心家庭虽然仍是主流，但已不是稳定的家庭结构。而且，原有的住宅区都是按照当时的标准设计的，人们还觉得挺合适；如今住宅建设的水准已大大提高，一些核心家庭不会看上原来住宅区里的房子的，结果住在住宅区里的核心家庭越来越少。尽管如此，住宅区依然保持着原来的传统，把为核心家庭提供满意的居所作为自己的理想；与此同时，还一如既往地影响着现有居住者的生活。

再生住宅区实例

目前的住宅区再生事业，其背景在于自治体财政捉襟见肘，无法大兴土木建设新的住宅，但又必须将社会性的民生事业作为政府不可推卸的责任。为此，尝试着用新的住宅形式让老住宅区再生，

图 –1　在经济高速成长期建设的公寓住宅区

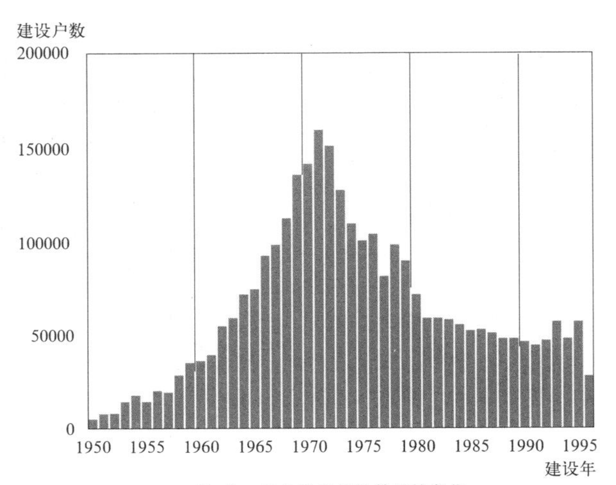

图 –2　公共住宅供给数量的变化

以吸引那些离开这里的居住者回归。

例如，随着老龄化社会的到来，当初生活在住宅区的核心家庭那一代，如今孩子已长大成人，夫妇俩自己反倒成了老龄者一代。类似这样的情形，在住宅区里比比皆是。考虑到这些人生活的便利，在原来只有步梯的公寓住宅内安装了电梯。

此外，随着核心家庭的逐渐迁出，反而有一些单身者或二人家庭陆陆续续搬进来。住宅区则必须适应这种变化。为了能够接纳各种各样的家庭，特别是吸引有小孩的家庭前来，对原来整齐划一的房间结构重新设计，布置成多样化的房间格局。

在欧美国家，正尝试通过减少住宅区公寓数量的方法，将不适合人居住的尺度的住宅区外部空间再生成高品质的环境。

再生住宅区的着眼点

这里再向读者介绍几个住宅区的着眼点，这些着眼点被认为是住宅区再生的程序。

1 与周边社区的关系

住宅区大都具有与自身匹配的尺度，即使对于周边社区来说，也是一个有着重大意义的存在。比如，采用低容积率设计的住宅区，在步入市街化的社区中，也许是个如同沙漠绿洲那样有着肥美绿地的场所。或者也许是块除了居住者以外，无人从这里经过的城市的巨大空白。不管它是什么，只要住宅区的外部环境有了大的变化，就一定会影响到街区的整体形象。像这样进行的再生工程，都会勾画出一幅幅清晰的蓝图，将包括住宅区在内的街区整体效果展现在世人面前。

2 住宅区景象

住宅区景象是某个时代的象征，因此凡是看到这一景象的人一定会产生各种联想，想象自己到底与那个时代有着怎样的关联。比如，对某个人来说，理想的生活被当做结晶化的事物；而另一个人却认为是对居住者的欲望和自由的封闭；除此之外，还会使人产生思乡的愁绪……林林总总都在住宅区里反映出来。类似这种多元化的景象，应该改变还是传承下去，便成了住宅区再生事业的重要着眼点之一。

3 集合的形式

如果着眼于多样化的家庭和多样性的生活，在以平等为宗旨的住宅区都采用公寓那样的住宅集合形式，在这方面有很大余地值得我们重新加以审视。因为日本已进入人口逐年递减时期，所以原先那种连一家一套居室的愿望都遭到质疑的时代也许一去不复返了。

4 家庭形态和生活状态

住宅区中的家庭形态和生活状态已经成为过去，与此同时，通过住宅区的再生，取而代之的是一幅新家庭的新生活图像。仅供居住的空间虽然宽阔但却显冷清，如果你对住宅区中出现的各种问题能够予以关注的话，便会知道即使住宅本身的功能也并非是显而易见的。

5 工程学方面的设想

在住宅区再生工程的实施过程中，对原有的空间特点有必要做较大改变，如墙体结构中的结构墙过多，层高过低等。想要改变住宅区内部的结构或许让人感到很棘手。实际情况也是这样，由于结构十分坚固，必将使施工过程拖得很长。因此，如果采取适当加强措施的话，便有可能对结构设计做相当多的变更；但这些设想有时也会成为产生全新空间的契机。另外，住宅区的供热状况都不太理想，配置的设备大多都已老化陈旧。因此，从新的热环境系统的角度来设想人们的居住条件，同样显得十分必要。

如上所述，住宅区再生事业是一个难度较大的主题，需要放在广泛的视野中加以审视，惟其如此才更值得选为毕业设计的题材，何况这还是一个极具前瞻性的主题。（门胁耕三）

图－3 在原来设置步梯的例子

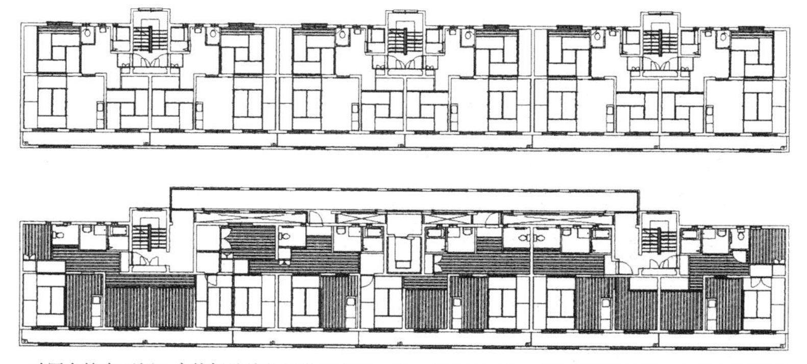

对原有楼内西侧4户的间壁墙位置做了变更，由4户变成3户，扩大了使用面积。改造后的平面布置已经完全不同，而且还增建了北侧的公共走廊，拆除了中央的公共楼梯，安装了电梯，从而无论到哪家去，都不必再爬上爬下的。

图－4 将单一的房间格局改造成具有多样性形式的房间的公寓楼安装电梯的例子（上：原有平面 下：改造后平面）

17 郊区住宅地的整理

Restructuring of Suburbs

建筑设计
住宅问题

Keywords	Redesign 再生	The Elderly 老龄者	Suburb 郊外

Books Of Recommendation

■《东京的住宅地》
日本建筑学会关东支部住宅问题专门研究委员会，2003 年
■《新市区的今天》
福原正弘，东京新闻出版局，1998 年
■《家庭和幸福的战后史—郊区的理想和现实》
三浦展，讲谈社，1999 年

■近代的郊区开发

进入明治时代（1868 ~ 1911。——译注）以后，工厂用地大都选址在城市，使城市人口急剧增加。而城市的基础设施建设却跟不上人口增加的速度，致使公害和疫病频发，渐渐地让城市变成了一个不适于人居的地方。在这一过程中，作为一项应对措施出现的便是郊区住宅地的开发。

日本初期最有代表性的郊区住宅地是田园调布（图 –1）。田园调布于 1923 年开始分块出让。正当开发之际，适逢 E．霍华德（Howard,Ebenezer,1850 ~ 1928，英国城市规划学家。——译注）的《明天的田园城市》一书问世，因而受到该书影响，又在实际运作中经英国的瑞奇沃斯等人反复考察和进行规划。即使在住宅地的运营中也体现了英国特色，比如著名的绅士协定《土地转让合同书》（表 –1）。为了使住宅地内的街道布局保持一定的水准，还规定了建筑物形态和所需资金数目等项目的指标。又指定入住者必须是能够遵守绅士协定的人，最好是医生、军人和公务员等。在这之后，郊区住宅地的开发仍然没有中断，除了电铁公司以外，相继又有土地建物公司、学校法人和信托公司等参与了郊区住宅地的开发。这些已经建成的郊区住宅地，直至今日仍然作为优美的住宅区存在着和使用着（表 –2）。

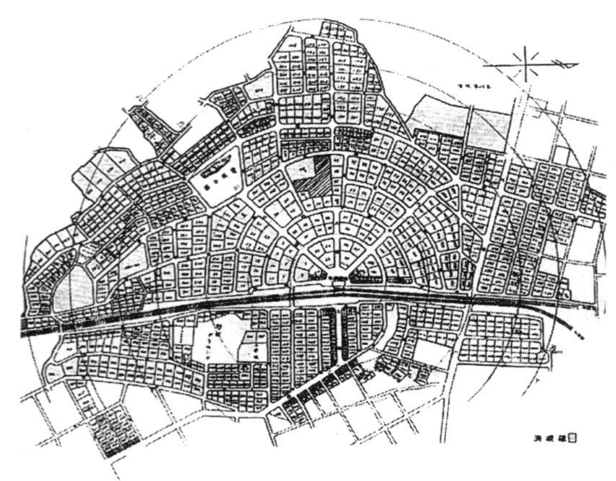

作为高级住宅地获得好评。辐射状的街道两侧栽植着银杏树。

图 –1　田园调布的布置图

■战后的郊区开发

战后，大批的劳动者为谋生计开始从地方涌入大城市，作为一种必要的生存条件，不得不向他们供给大量的住宅。日本住宅公团（即现在的城市再生机构）开始在郊区谋求住宅建筑用地。当时给予日本公团建造的住宅以白色厅堂之类的美誉，“团地”（即集中规划和经营的住宅区。——译注）也成了人们憧憬的住宅而趋之若鹜。可是，归根到底团地毕竟只是一种过渡措施，受到广泛关注并为各界支持的，还是更高一级（追求的目标）的住宅形态，即单户独立住宅。这样的住宅开始在郊区选址，由政府和民营业者进行建设，并逐渐在郊区扩展开来。

作为其中规模最大的规划住宅地，叫做新城区。新城区一词最早出现在英国，在英国的大伦敦规划（1944 年）中，为了吸收不断增加的人口，在绿化地带的外侧规划了一个新的街区，被称为新城。在日本，与其说是一座自立的城市，莫不如说只有市中心才是人们上班的地方，而每天奔向这里来的人却以住在郊区的更多一些。因此，在规划的手法上，采用了 C．伯里的邻近住区理论（以小学校区为中心形成一个住区，干线道路从其外围绕过，废掉原来经过住区的交通通道，住区内配置小学校、儿童乐园和公园等公共设施和商业设施）。

除了像这样经过规划进行开发的地方以外，也有的郊区并不做规划，而是蚕食耕地用来建造住宅。为了抑制这种蚕食耕地滥建住宅的现象，在 1968 年制订的《新城市规划法》中，划定了城市化区域和城市化

表 –1　田园调布的绅士协议

1 不建造会给他人带来不便的房屋。
2 即使他人给自己造成麻烦亦当泰然处之。
3 建造房屋不超过三层。
4 建筑物占地面积不超过地块总面积的五成。
5 建筑立面前沿与道路间之距离不小于路宽的二分之一。
6 住宅施工费用每坪不少于 120 日元至 130 日元。

表 –2　近代著名住宅地

成城学园／玉川学园／洗足／多摩川台／
目白文化村／大泉学园／小平学园／国立
樱新町／常盘台等

调整区域，其中的城市化调整区域被确定为控制城市化进程的区域。自治体一次次地要求对区域进行划分，但根据现状却难以看出有什么规划性的意图。其中不可否认有对土地拥有者迁就的迹象，不少地方无序开发和滥建住宅的现象仍然存在。在被称为迷你开发和迷你住宅的狭小地块上，不留庭院的空间，以10cm左右的住宅间距进行的高密度小规模开发，如今仍利用城市规划的空子紧锣密鼓地进行着。

住宅地的规划

现在，已经能够对社区的居住环境设定一些相关的标准和限制（地区规划、建筑协议），譬如建筑物用地、位置、结构、用途、形态、创意和建筑设备等。具体说来，像禁止用地的细分化、强化建筑面积比和容积率的限制、指定墙面位置、限定用途范围（禁建单室公寓等）、限制建筑物的高度和层数、指定屋顶形状和材料以及有关住宅外围（门、墙和栅栏）的规定等。此外，还有签订关于绿地培育和维护的协议，也可以采用树篱之类的方式对社区进行绿化（绿化协议）。这些措施在限定个人私有财产权利的同时，却营造了一个整体良好的环境。

签有协议的住宅地的确不少，并以此作为住宅地的附加价值。在住宅部分以外的地方，既配置了林荫道和广场一类的公共资产，也考虑到像步行路和掉头道路等交通设施。还培植了由建筑师宫胁檀提议的象征树和绿地，对周边的各种设施（如路灯和门牌等）统一进行设计（图－3）。通过以上这些手段，终于建成一个优美的住宅地，即使现在也仍然具有示范意义。

2004年试行的《景观法》规定，可以划出一定区域对其景观进行保护。在埼玉县户田市，依据所谓“3户协议”，只要3户以上人家相邻便须签订协议，负有保护和维修范围内景观的义务。

只要居民的意识得以改变，一切着眼于未来，想要营造优美环境的办法多的是。

从资产到利用

单户独立住宅之所以成为过去住宅建设的主流形态，在很大程度上与土地权属已成为资产形成的一种方式有关。人们都在向往着那种作为一国一城之主的成就感，哪怕再小终究是自己的家，也是一份产业。最近，对土地的意识则从仅当做一份资产而转向实际利用。当前的状况是，附加定期土地使用权的分批出让单户独立住宅已崭露头角。不仅那些一直将土地抓住不放的土地所有者与想就近居住的住户之间在经济上取得了平衡，而且如果相邻地段还有土地所有者继续住在那里时，他们或可成为当地生活的咨询顾问，给按照新法规迁进来的邻居提供一些指导性建议。住户通过土地所有者了解到当地久远的历史和风俗习惯后，便能够很快适应这里丰富多彩的生活环境。

郊区现状

1997年发生的神户连环杀害儿童案，使郊区成为人们批评的对象。这些批评主要集中在，核心家庭的过于集中，没有纵深（小巷和商业街）空间，建筑设施单调的功能，某些住户度日艰难等。其中也有这样的问题，由于建筑用地未加整理和基础设施配套不充分，因此住宅建设迟迟无法进行，土地长期地闲置在那里。另外，经过一个较长的时期之后，当初生活在这里的一代人如今已步入暮年。随着子女长大成人并陆续迁出，家庭结构发生很大变化，年轻人和孩子越来越少，老龄者越来越多，加之公共福利设施不健全，使社区的运营活动困难重重，亟待处理的福利问题及相关事务堆积如山。

此外，由于战前开发的住宅地一直实行世代继承制度，父母的房子可由子女接着居住下去。如今仍然能够看见一些零星分布在各地的类似住宅，住宅与屋边的老树和残破的墙垣相伴。随着最近土地的细分化和高级公寓的建设，居住者依靠自己力量进行社区规划和签订协议的现象也日见增多。

构建新体制

由于对于住宅地未来的危机意识的淡薄以及老龄化的到来，丧失了居住者活力的郊区正在衰退，这是显而易见的事。实行世代交替或按新规入住的制度，对早已落后的基础设施进行改造，自治体等机构的介入，采取这些措施以做出扭转衰退局面的规划设计，或者让住宅地重返原野的程序设计，都是当前我们追求的目标。

不过，尽管郊区在衰退，然而新兴开发的需求今后仍将继续。在经过战后一系列反思基础上提出来的单户独立住宅地开发和大规模高级公寓建设曾盛行了很长时间，作为一种替代设想，在加入巧妙的设计元素和凸显公共性之后，或许可以期待在迷你开发的可能性上会产生新的理念。（安武敦子）

［参考文献］

1）『トータルワークプレース ファシリティマネジメントと弾力的な組織』フランクリン・ベッカー著，加藤彰一訳，デルファイ研究所，1992，22ページ，図1-1

2）同上，173ページ，図11-5

3）Jeremy Myerson and Philip Ross：the Creative office，Gingko PRESS，1999，P.131

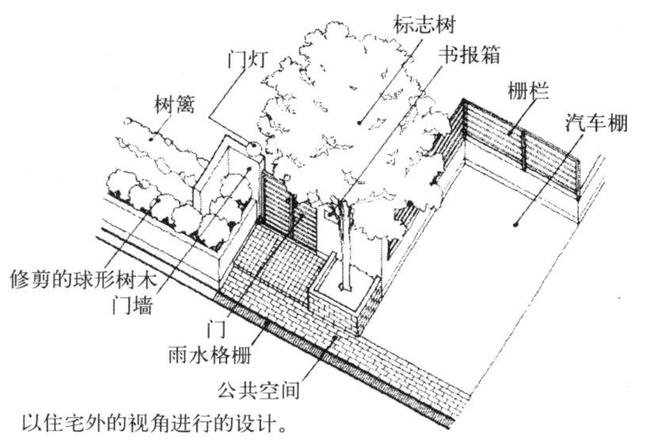

图－2　由宫胁檀设计的住宅临界部分

18 景 观布置

Landscape Control

城市规划
景观设计

Keywords	Landscape Act 景观法	Master Architect 总建筑设计师	Design Control 设计指导

Books Of Recommendation

- ■《日本的景观 故乡原貌》
  樋口忠彦，筑摩书房，1993 年
- ■《消失的景观 战后日本建筑》
  松原隆一郎，PHP 研究所，2002 年
- ■《城市建设与景观》
  田村明，岩波书店，2005 年
- ■《街道的美学》
  芦原义信，岩波书店，2001 年

■何谓景观

如同山川湖海不仅是景的存在，还要加上一个“观”字，由此便可理解景观一词也包含着人在欣赏风景时的观点在内。从前日本的景观，个人的私有权被大大弱化，即使将一座奇怪的房屋建在私有土地上，土地的主人也不能为自己主张权利。这样一来，人的观看的权利（想要观看好景观的权利）都得不到保障。

如果说观赏优美景观的权利完全被剥夺了或许有些言过其实，在某些景观优美或存有传统建筑群的地方，也设立了划定的保护区，使那里的景观得以保存下来（图 –1）；还有就是在为新规供给而建造的单户独立住宅区内，以建筑协议和社区规划的形式制订的有关规章制度（图 –2）。此外，自治体也颁布了不少的景观条例。然而，这些都不具有强制力，因此对于保护和建设优美景观来说还远远不够。

■依据景观法布置

日本国土交通部于 2003 年以《建设美丽家乡政策大纲》为基础，推动了景观法制化的进程，并于 2004 年颁布和开始实施《景观法》。自治体施行了一些优惠政策，适当减免与景观有关的税金，并在资金上给予一定的补贴。

在城市：

· 为确保开放空间，临街墙面一律后退到指定位置，并进行绿化

· 限制建筑物体量

· 限定建筑物材质和色彩

· 对屋顶设备和户外广告加以限制

在郊区：

· 确保视野开阔（规范建筑物的布局和高度）

· 保护绿地

· 指定外墙材质

在农村：

· 保护棚田

· 保护葺草屋顶

等等，可以将当地的景观资产妥善保护起来，也对未来的发展具有示范意义。

■由总设计师进行调整

在进行大规模开发建设时，需要有多位设计师参与其中，这是不得已的事。但在有些情况下，则必须尽量减少设计师的人数。1989 年，在日本多摩新城公寓住宅群的建设中，则是由总设计师（内井昭藏）出场，对整体设计理念加以把握，同时对各个局部的设计师进行协调。另外，像 1991 年的

京都是景观保护的先进地区，各种各样的规章制度如同一张网一样，将传统景观笼罩着进行呵护。

图 –1　京都的传统街道

由宫胁檀氏提议制订的制度，以建筑协议和绿地协议形式加以保护的住宅地（柏村）。

图 –2　由协议统一起来的街道

按照景观法，对已经放弃耕作的棚田也可以进行保护。

图 –3　中越冬棚田风光

福冈市的环形世界（磯崎新城），系著名的国外设计师担纲的项目，也是典型的事例（图－4）。

总设计师要将业主和居民的意见集中起来，经过提炼形成一个整体理念（concept），然后对色彩、配置、体量和用途等要素进行调整和平衡。虽然不同的总设计师调整的空间和提出理念的时间会因人而异，但都要首先将理念和基本事项传达给承担局部设计的设计师，在相互沟通的过程中促成整体的和谐。

作为总设计师必须站在公正的立场上，代表业主和住户双方的利益，他既是设计作业的主持者，又是各位设计师的知心人，因此得扮演多种角色。总设计师不仅受托于开发商，有时也被自治体所雇用，代表自治体出面。这时，对提交自治体批准的建设项目从景观角度进行审查和指导，或对大规模开发项目提出咨询意见，作为一名为居住者着想的专家把景观的培育和保护纳入到项目中来。

■在设计指导方针指引下

在幕张海湾区的中层街区，规划了环形高密度公寓住宅区，并制订了城市设计指导方针。每个设计项目，都是依据这个指导方针实施的。在指导方针中，对“口”字形住宅楼的配置、墙面高度、楼间距的限制、墙面率、阳台及屋顶形状、墙面设计的三重结构（基础部、中间部、顶部）等都一一做了规定。指导方针在实行过程中尽管也遇到过阻力，但由于具有一定的张力，因而荣获了优秀设计奖。

■向现有地区插入的设计

过去我们经常见到的设计调整，无非是做出一个概略设计，并设法将景观元素引入设计中来而已。可是，也有一种景观调整手法，系在现有的多个建筑物和多种用途混杂在一起的情况下，将景观要素插入其中（图－5）。在设法插入景观设计时，必须形成一个中心点，并将其形象化，让人感到统一和协调。在中心点处如果有独立结构体存在的话，也可以看做网络的内核。由于无论从设计角度还是功能角度它要成为一个核心，因此须插入新式建筑或改建或再生原有的建筑。总而言之，对于周边的动线来说，既要考虑到拱顶街、行道树和地面铺装之类线（路）的设计，也要考虑到路灯、长椅和标志等要素的设计（图－6）。

■景观设计

从前的建筑师充其量所做的也不过是构建景观的一部分，在景观处理上有多个主体，也不可能即兴而为之。作为景观对象地区，都得制订相关的规章制度，设定和扶植运营主体，并在相当长的时期内进行模拟演练。而在实际运作中，又时不时地须进行微小的修正。当在毕业设计中将景观设计作为重点时，或者将景观调节纳入自己设计的建筑物中时，有关时间轴的设想和运营方法显得很重要。今后对设计者要求逐步做到，无论从硬件还是软件上，都要在自己设计的作品中包含着未来的元素。不能仅仅停留在单体的设计上，在运营和软件部分的新理念同样值得期待。　（安武敦子）

[参考文献]

1）『かたちのデータファイル』高橋研究室，彰国社，1983

2）『幕張新都心住宅地都市デザインガイドライン』千葉県企業庁

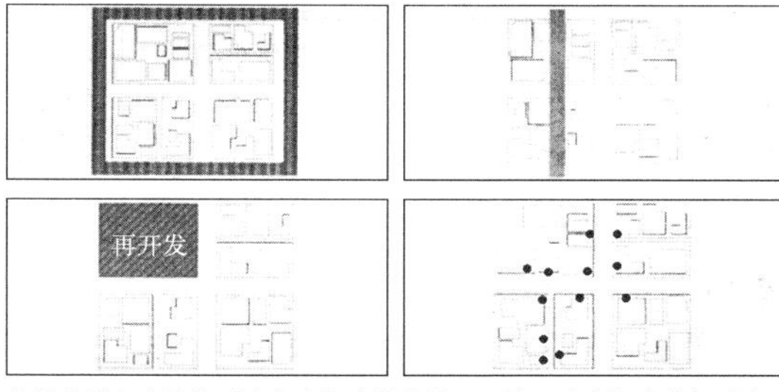

作为将已存在的诸要素集中起来的方法，①注入成为标志的新要素；②插入具有设计核心作用的轴线；③将四周围起来形成一体；④配置共同要素，使其具有统一感。

图－5　归纳诸要素的手法

环形世界项目虽然也做过设计变更，但却是汇集了多位著名建筑设计师的成果建成的。

图－4　由总建筑师主持的设计

由路灯、行道树和路面铺装等的设计构建的个性化街道（西班牙）。

图－6　具有整体感的街道

19

地区设施设计

公 Public 共性

Keywords	Public sphere 公共圈	Internet 互联网	Anonymity 匿名性

Books Of Recommendation

- 《公共性的结构转换》
  昆格尔・巴巴马斯著，细谷贞雄、山田正行译，未来社，2001 年
- 《城市和建筑的公共空间》
  赫尔曼・海茨巴赫著，森清太译，鹿岛出版会，1995 年
- 《公共设计事典》
  公共设计事典编委会，产业调查会设计中心，1991 年
- 《以公共圈命名的社会空间》
  花田达明，木铎社，1996 年

■前言

笔者通过此前的设计活动，感到在公共建筑的“公共性”方面，主体性问题、经济性问题和政治性问题等是交互重叠存在的，并具有随着时代变化的性质。而且，从事公共建筑设计的人必须在意识到这种价值随着时代改变的“公共性”的过程中，逐渐理解使用者和经验者的立场以及开发商的意图。

因此，我们有必要探讨一下，到底应该怎样处理所谓“公共建筑”具有的“公共性”才是合理的。

■公共性的概念

公共建筑这一概念主要指公共设施，而以公共性作为研究课题的概念还包括公共事业、公共财产和公共部门等。它们之间的关系如图 −1 所示，呈现一种梯次结构形态。

进而，公共性的“性质”，可以整理成如表 −1 那样的 10 个项目，它们分别归纳自公共部门、公共财产、公共事业、公共设施和公共建筑等。其中的①～③可称为法律上的依据；④～⑥具有经济性质；⑦～⑨关系到设施的配置、管理和运营等；⑩系指开放化。

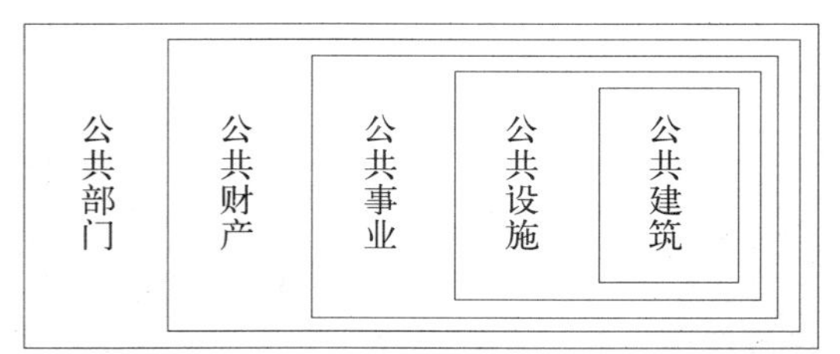

图 −1　有关公共性的梯次形态

表 −1　公共性的“性质”

①保障基本人权	⑥非排他性
②以全体居住者为对象	⑦公共设置
③平等性	⑧公众管理
④集体性	⑨办理使用手续
⑤非竞争性	⑩公开

如果以上面的公共性的“性质”来考查公共建筑的话，其“主体”便成为“社会一般不特定多数人（个）的集合体”。而且，其“性质”可以说主要表现在平等性、集合性、非竞争性、非排他性和公开性等方面。

■公共建筑的作用

翻开《建筑大辞典》，关于“公共建筑”词条的释义是，①为政府或公共机构所有，以及由其经营或建设的建筑；②未由私营企业或个人独占并具有公共性的建筑；③平时向公众开放的建筑，如火车站和博物馆等。

如果把公共建筑看做社区居民日常必需的生活关联设施，还能够举出更多的例子，如教育设施（幼儿园、小学校和中学校）、社会福利设施（保育所、老人设施）、社会教育设施（公民馆、图书馆和儿童馆）、集会设施（公共会堂、社区中心）、体育设施（体育馆、游泳池）和行政管理设施（官署、消防署和警察署）等，这些设施的功能都各不相同。

不言而喻，公共建筑在一般情况下应该具有开放性，这从公共性的性质所具有的“公开性”含义便能够体会到。然而，实际情况又因建筑类型而

图 −2　卡拉拉泰斯公寓架空层（孩子们游戏处）

有差异。而且，即使是同一建筑，也分为利用者特定空间领域和不特定空间领域。仅就利用行为而言，也有特定场所和不特定场所之分，存在着限制程度的差别。而且，在利用程序方面，有的需要履行手续，有的则不需要；至于管理和运营方法更是多种多样。

可以说，公共建筑就是这样依据一定的规定章则形成的，这些规定章则确保建筑具有“公共性”的性质，并使不同种类公共建筑具有不同的功能。此外，还可以这样认为，公共建筑内的空间性质（秩序）取决于对该空间的限制，换言之亦即由其空间所具有的弹性程度决定。当把公共性的条件看做利用条件是非排他的和非竞争的时候，公共性，即对于设施利用者的开放状态是在开放场合形成的。开放状态则又是通过可接近性、行为自由度和运营管理方法等的相互关联来加以判断的。这里的“主体”虽然系不特定的多数集合体，但其中的每一个体的自由度绝不能妨碍其他个体的自由度。因此，应该说公共空间也是有一定限制的。如此看来，公共性形成伊始，便产生了它的对立面。

■公共领域与私人领域

假如跳出国家与社会的关系性这一范畴，仅仅把个人和社会的空间作为私人领域和公共领域看待的话，所谓“个人的”与“集体的”可以相互置换加以表述。在这二者之间尚存在着以半私人和半公共形式表现的空间，可以说这是一个要以个人与集体的相对性来加以判断的概念。

一方面，每个人的意志都将给予个人领域和集体领域以一定影响；另一方面，以他人的判断形成的领域也在开创之中。

海茨巴赫在《城市和建筑的公共空间》一书中做过这样的阐述：“如果个性这一语汇代表人的一部分的话，那么所谓共性就是人的整体或人的集体的标志。个性系由个人意愿决定的与人有关的事物；但共性则完全与人无关，而是与‘社会’有关的事物。”

假如给空间安上两扇门，并将其一分为二，根据门透明、不透明或半透明的状态，空间利用者全体能够凭直觉感到内在空间是私还是公的性质差别的话，作为一种公私的界限也许会有一定作用吧。

图 -2 是由伯纳德 · 秋米设计的位于巴黎郊外的拉 · 彼雷德公园。作为任何人都可自由出入的公园，以其乡土气息和时代性兼备而给公园的公共性带来变化。

■从新闻界到互联网

公共性原理的功能变化，应该说是基于公共性范畴自身结构的变化。在报纸和书籍成为信息发布中心的时代，都有特定的作者、发行者和印刷者。即使到了以广播电视为主要宣传媒介的时代，也同样有着明确的信息发布源。然而，由于近年来IT化的高速发展以及电脑和移动电话的普及，信息的发布和接收具有从前的媒体所无法比拟的辐射距离和巨大的影响力。

在公共性的范畴被急剧放大的同时，也产生一些相反的效应，如虚假信息的传播，加之信息发布者的匿名性，也使其脱离了公共性的范畴。如此一来，互联网带来的丰富信息及信息存储的便捷和由匿名性导致的非公共性，似乎让人觉得公共性的定义越来越混沌了。　　（广田直行）

图 -3　缅琴古拉特巴赫美术馆的屋顶花园（屋顶公园化，但未与街区相连）

图 -4　拉 · 彼雷德公园（情侣专用？）

20 复合化 Complex

建筑规划

Keywords	Interaction 交流	Dieresis and Connection 分解与接续	Efficacy of Complex 复合化产生的效果

Books Of Recommendation

■《复合化能够提供新的功能吗？ 设施复合化的课题》
日本建筑学会大会、建筑规划部门 PD 资料、日本建筑学会 / 建筑规划委员会编，1994 年
■《城市开发与复合设施》
钢材俱乐部编，日本钢铁联盟，1988 年
■《展现新时代的复合开发》
钢材俱乐部，日本钢铁联盟，1994 年

■何谓建筑的复合化

近年来，出现了许多用过去的高层大厦建筑形态无法分类、将多种功能合并在一起的建筑物。在东京都的中心部，作为都市再开发的一环，也陆续建成了将商业设施、旅馆、写字间和住宅复合起来的综合性建筑。而且，在郊区和地方以公共设施为中心的复合化建筑的实例越来越多，如今也不再是什么罕见的事了。住宅与商业设施的复合化，作为所谓“穿木屐的高级公寓（日本旧指楼下为商店或办公室，二楼以上为住宅的楼房。——译注）”建筑形态古已有之。即使在新城的住宅区规划中，这种建筑形式同样被纳入进去，成为开发项目的主要内容。其实，写字间与商业设施和写字间与旅馆等的复合设施已经建成的实例并不鲜见，只是还很少有人能够重新意识到这些设施的功能具有“复合化”的意义。时至今日，人们仍然对其一律以大厦形态称呼之。

在这里，我们想重新给“复合”一词定义。依据辞典,复合即“将两种以上的东西合成一个”(《广辞苑》岩波书店)。在建筑方面，该怎样解释这种合成为一个的现象呢？由此将会产生什么结果呢？对这些问题的思考，应该是件很有意义的事。

■复合化的意义

在做毕业设计时，有很多同学都很重视将从前没有的功能和空间元素吸收到自己设计作品的方案里来，并将能够完成这样一件作品作为自己的追求。在类似这样的课题中，很少有人把现存的大厦形态原封不动地作为方案采用，一般都要从中挖掘一些问题，然后提出新方案。因此，复合某个比较异类的大厦形态作为方案的作品，尤以毕业设计登场的最多。

那么，在制订新建筑的方案时，所谓复合又意味着什么呢？“将两个以上的东西合成一个”将会产生怎样的效果呢？事实上，这并非是两个以上单体的复合化，而是让我们能够发现这样的复合所产生的新的关系和人们的行为等，以及由此出现的新的空间、环境和场所。

就像近年来经常看到的那样，如果我们对公共设施复合化事例稍加留意就会发现，因行政隶属及资金的关系，过去只能个别对某个设施进行整修和改造，如今则越来越多地开始对整座建筑物做全面的维护。这一现象产生的背景，可以说与各种制度的宽松和自治体财政状况的改善等多种因素不无关系。考虑到利用者的方便，作为一体化的复合设施进行管理的优点是很多的。不过，从另一个角度来说，尽管作为复合设施进行一体化的管理，也会看到不少这样的事例，即建筑内的每个设施都有自己的出入口，单独设置各自的收发室，为了明确分担照明和供热的费用，又不得不划分出一个个小的区块。

像这样的复合化究竟还有什么意义呢？现在看来，有必要对复合、共建和合并这些概念的意义进行一次整理了。

■建筑复合化方面的课题

在这里，我们以日本国内数量最多的公共设施——学校设施的复合化为例，就近年来引起人们

很早就有的复合化建筑的代表。

图－1　穿木屐公寓

访问老龄者设施的孩子们和被学校招待的老龄者，由建筑复合化开始进行的活动和出现的景象。

图－2　学校与老龄者设施的复合化

较多关注的学校与老龄者设施复合化方面存在的课题做些介绍。

1 复合的方法

有两种方式，一种是将多种功能融入一座建筑物内；另一种是在占地内完全分栋配置建造。即便是采用前者的方式，我们也常常注意到，在设计上大都考虑将各设施的入口分开，以避免动线的交叉。

2 构建边界的方法

在让同一座建筑物具有多种功能的情况下，特别是在与学校设施复合时，一般并不取决于功能和活动形态，而是要对全部功能设施逐个地划分出明确的各自区域。不过，依据构建各不同功能区域间存在的边界的方法不同，也会使功能的混合、共用和人与人交流方式产生很大变化（表 –1、表 –2）。

3 通过复合产生的现象

如表 2 所示，采用复合方式的优点是，当建筑物为分栋形式、边界上锁、通道分开，并不具备积极倡导交流的条件时，则由工作人员或教师等来主持定期的交流活动。在小学生与老龄者无法相互接触和进行交流的情况下，也能够通过视线相遇来了解彼此的存在和分享共聚的快乐。

4 复合的意义

在面临低出生率严峻形势的今天，在充分利用学校所拥有的大容量建筑物的基础上，将多种功能复合在一起正成为一般采用的方式。可是，正像现在我们看到的、已经采用这种方式的事例那样，在只是一种将整体分解后共存的复合中，则很难期待会有新活动的展开和交流的发生。当然，不排除有这样的事实，在这种场合通过共存和复合也产生了不少新现象。　　（仓斗绫子）

[参考文献]

1、2）斎藤潔「公立小中学校と地域公共施設との複合化に関する建築計画的研究」東京都立大学大学院工学研究科博士論文

表 –1　老龄者援助设施与公立学校的复合形态、管理运营方式及自然交流的有无（东京都的实例）[1)]

项目	图示	类型	细分	说明	件数	有自然交流	无自然交流
①通道	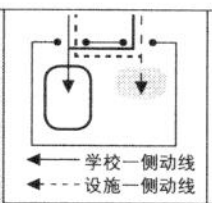 学校一侧动线 / 设施一侧动线	同一位置使用型	无时间指定	·设施一侧也使用学校一侧的门。·无时间限制，可同时使用。	1	1	0
①通道		同一位置使用型	有时间指定	·设施一侧也使用学校一侧的门。·有时间限制，不能同时使用。	2	1	1
①通道	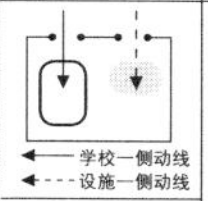 学校一侧动线 / 设施一侧动线	另一位置使用型	无间壁	·使用不同的门。·在占地内可相互移动。	5	4	1
①通道	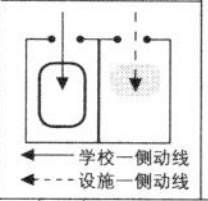 学校一侧动线 / 设施一侧动线	另一位置使用型	有间壁	·使用不同的门。·在占地内不能相互移动。	16	7	9
②设施边界	部分使用型	墙壁		学校与设施之间被墙壁隔开，完全分离。	1	0	1
②设施边界	部分使用型	铁门 无锁	开放	学校与设施之间虽被铁门隔开，但平时开放。	2	2	0
②设施边界	部分使用型	铁门 无锁	关闭	铁门无锁，但经常关闭。	4	3	1
②设施边界	部分使用型	铁门 有锁	指定时间开锁	在午休等指定时间开放。	2	2	0
②设施边界	部分使用型	铁门 有锁	相互移动时开锁	在举行交流活动相互移动时开放。	11	4	7
②设施边界	部分使用型	铁门 有锁	关闭	相互移动时也不通过铁门。	1	0	1
②设施边界	部分使用型	无		学校与设施之间没有界限，彼此相通。	1	1	0
③相互移动	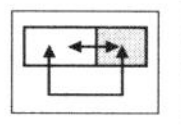	移动型	建筑物内 建筑用地内	在学校与设施内相互移动时，无论建筑物内还是建筑用地内空间都可移动。	7	7	0
③相互移动	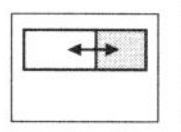	移动型	建筑物内	只能在建筑物内移动。	13	6	7
③相互移动	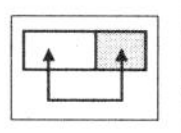	移动型	建筑用地内	只能利用校园和中庭等建筑用地内的外部空间移动。	2	1	1
③相互移动	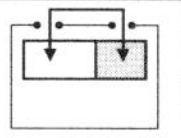	移动型	建筑用地外	只能向建筑用地外移动 1 次。	2	0	2
④视线相遇	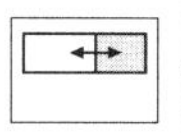	建筑物内		在建筑物内可彼此看到对方的样子。	5	4	1
④视线相遇	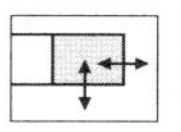	设←外 施→部		从设施与校园及中庭等外部空间两个方向可彼此看到对方的样子。	18	10	8
④视线相遇	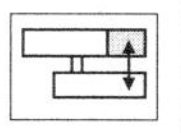	建筑物间		通过中庭等外部空间，在建筑物间可看到彼此的样子。	6	3	3

表 –2　复合化建筑形态与相互交流实况（东京都实例）[2)]

自治体名	学校名	复合形态	通道	设施边界	相互移动	视线相遇			可相互利用场所			交流									
									学校管理部分		设施	节日交流		企划交流		相互招待		作品交流		自然交流	
						建筑物内	设施外部	建筑物间	校舍内	校舍外	一侧	学校	占地	学校	占地	学校	设施	学校	设施	时间	频度
St 区	Ik 小学校	分栋型	另设，有间壁	栅栏，无门	建筑用地外							●			●						
St 区	Sk 小学校	分栋型	另设，有间壁	栅栏，无门	建筑用地内		●					●			●	●					
Sj 区	Ht 小学校	部分使用型	共用，限时	有锁，移动时开锁	建筑物内		●	●				●			●			企划			
Bk 区	Nd 小学校	部分使用型	另设，有间壁	墙壁	建筑用地外		●					●	●		●				企划		
Bk 区	Ys 小学校	部分使用型	另设，有间壁	有锁，移动时开锁	建筑物内					●		●			●	●		企划	企划		
Bk 区	Sw 小学校	部分使用型	另设，有间壁	无锁，关闭	建筑物内，建筑用地内		●			●	●	●			●	●		企划		午休放学	有时
Tt 区	Sn 小学校	部分使用型	共用，限时	有锁，移动时开锁	建筑物内，建筑用地内		●				●	●			●	●		企划		午休	有时
Nk 区	Mm 小学校	部分使用型	另设，有间壁	有锁，移动时开锁	建筑物内							●			●	●		常设			
Nk 区	Td 小学校	部分使用型	另设，无间壁	有锁，移动时开锁	建筑物内		●			●	●	●	●		●			企划	常设	放学	有时
Sg 区	Ms 小学校	部分使用型	另设，有间壁	无锁，关闭	建筑物内	●					●	●	●		●	●		企划		放学周六	有时
Sg 区	Mg 小学校	部分使用型	另设，有间壁	无锁，开放	建筑物内	●					●	●	●	●	●	○			常设	课间放学	有时
Sg 区	Hc 小学校	部分使用型	另设，有间壁	有锁，移动时开锁	建筑物内		●				●	●			●					放学	有时
Sg 区	Hn 小学校	部分使用型	另设，无间壁	无锁，开放	建筑物内	●					●	●	●		●			企划		放学周六	有时
Sg 区	Om 中学校	部分使用型	另设，有间壁	有锁，移动时开锁	建筑物内		●	●				●			●			企划			
Sg 区	Sk 中学校	部分使用型	另设，无间壁	有锁，移动时开锁	建筑物内，建筑用地内		●				●	●	●		●				常设	午休	有时
Kt 区	Ss 中学校	部分使用型	另设，无间壁	有锁，移动时开锁	建筑物内		●	●			●	●			●				常设		
It 区	Fj 小学校	部分使用型	另设，有间壁	有锁，指定时间开锁	建筑物内，建筑用地内		●		●	●	●	●			●					课间午休	频繁
Nr 区	Nr 中学校	部分使用型	另设，有间壁	有锁，移动时开锁	建筑物内	●	●			●		●	●	●	●		●	常设			
Ad 区	Yn 中学校	部分使用型	另设，无间壁	有锁，平时关闭	建筑用地内		●	●			●	●		●	●			企划		放学	有时
Ed 区	Sn 小学校	部分使用型	另设，有间壁	有锁，移动时开锁	建筑物内		●					●	●		●				常设		
Ed 区	Mz 中学校	部分使用型	另设，有间壁	无锁，关闭	建筑物内		●					●	●		●		●	企划			
Mc 市	Tk 小学校	部分使用型	另设，有间壁	无锁，指定时间开放	建筑物内，建筑用地内		●			●	●	●			●	○		企划		课间午休放学	频繁
Mc 市	Tk 小学校	部分使用型	另设，有间壁	无锁，关闭	建筑物内，建筑用地内		●	●		●	●	●	●		●			常设		课间午休	频繁
Kd 市	Kd 小学校	部分使用型	共用，不限时	无	建筑物内，建筑用地内	●	●	●	●	●	●	●	●	●	●	●		常设		课间午休	频繁

凡例）●：有　○：以前有空白：无　空栏：没有　中：间休　放：前学后　昼：午休

21

建筑设计
社区规划

开放化

Opening The Facilities

Keywords	Security 安全	Public Spirit 公共中心	Accessibility 可接近程度

Books Of Recommendation

■《社区设施规划》
日本建筑学会编，丸善社，1995 年

■开放化的意义

公共建筑最重要的作用是为每一个居民提供服务，不管何种建筑物，其设施功能都是依据相应的需要来规划设计的。这些公共建筑被开放化，作为更贴近社区居民的开放场所而存在，并且作为公共空间又关系到每个人的个人活动场所的增加和选择范围的扩大。即使在形成社区共同体的过程中，公共建筑的开放化也提供了更多的居民交流场所，应该说是件大好事。

另外，设施的开放化也便于那些并无特定目的的利用者“信步到此”一游，在一些复合设施中，经常会有一些“顺便来此”的利用者。像这样的“信步到此”和“顺便来此”，同样可以提高设施的认知度和利用率，对形成社区性的活动中心的作用不可小觑。

进而，在近年来常见的复合化公共设施中，由于都使其建立了功能性合作机制，因此有必要将各个都开放化。今后的设想是，作为公共设施建设和管理的一种方式，应该通过对现有设施的充分利用以及实现网络化来使其更加完善，并在此基础上进一步增加政府与民众携手共建的大规模复合化设施。为此，设施开放化的规划指标与方法论便显得越发重要。

■被开放化的空间特点

通过对旧有的公共设施的调查我们了解到，在不经预约即可自由利用的空间（= 设施内开放空间）内，有的空间具有日常性和非日常性这样双重性质。而且，还有这样的例子，依据设施的情况，在不同时段或日子，开放的程度也各不相同。类似这样存在运营差别的空间，多见于具有多种用途且空间特大的体育馆和大型会议室等处。这是缘于它们的公共性的“性质”中具有非竞争性和非排他性的一面。即使在团体和个人均可利用的空间内，也不能不考虑采取适当的运营方式，以摆脱在提供各种服务时要面对的空间容量有限的窘境。

如果从设计者设计意图的角度来观察设施内开放空间的话，便可明了其实这样的空间又被分成了开放空间和非开放空间。开放空间，顾名思义应该是既不安装门，也不设传达室，人员可自由出入的空间。而非开放空间虽然有门，但从目的上说其用意同样也是作为可自由利用的空间设置的。再说，即使同为开放空间，其中行为的自由度也存在差异。作为表示这种差别区分线的空间形态视点，可举出换鞋台线、天棚形状、天棚高度、地板和地板高度等。

图 -1　OaZO（外部公共空地）

图 -2　OaZO（内部公共空间）

如果将这些设施内开放空间面积的总和占总建筑面积的比例命名为IOS率（=Inner Open-space率）的话，这个值可以有效地作为表示设施开放化状况的指标。现已确认，IOS率数值受制于地区性、设施规模和覆盖范围等因素。

■开放化的方法

现在，让我们再来看看为了空间开放化到底都要采取哪些具体的方法。

首先，开放化的概念可以大体上分为“物理性开放化”和“制度性开放化”。

前者，顾名思义是通过去掉墙壁和门扇来达到空间一体化的目的，或者通过不透明墙壁上安装的透明玻璃实现视觉的开放，总之是一种空间结构上的开放。例如，在体育馆里设置的休息室和接待室与比赛及训练场地在空间上是相通的，当练习中途这里不仅可以用来休息，还能够在这里享受观看他人竞技的乐趣；当举办大型活动时，通过将各个空间连通，可作为一个大的整体空间加以利用，并且能够与空间的多种功能相对应。另外，通过将走廊与烹饪、陶艺和音乐等各实习室之间的墙壁变成玻璃隔断，可以让其他人看到室内的活动情景，自然而然就成了信息的发布源。除此之外，公共空地也是物理性开放化的方式之一。近年来出现的公共空地被分成外部公共空地（图-1）和内部公共空地（图-2）两种形式，这不仅寄予着提高其可接近性的期望，内部公共空地更是把设施的开放化放在突出位置。

后者则是设施运营管理方面的方法之一。主要体现在简化利用手续和及时公布有关活动内容的信息等，这对于设施功能与人们的不同要求水准相适应来说，则显得尤为重要。而且，通过拓展现有理念（开放化），并不停留在设施空间上，进而将事业向社会展开，便能够成为超越某一设施功能的、具有多样性的活动中心场所。

■开放化与安全性的关系

与促进开放化相反，安全问题又变得突出起来。作为其中的具体问题，可举出以下几点。

①如何对待无家可归者；

②保护空间的竞争，处理所谓“挑拣地方”的争执；

③有关团体利用与个人利用如何平衡的运转效率问题；

④登记的利用团体数与现有设施规模、服务区域和设施完好状况的矛盾问题；

⑤怎样发现非法行为及如何处理；

⑥因公德缺失而带来的设施维护管理问题，特别当设施内并不常设管理者时，问题更为重要。

因此，必须想出对策，以解决与这些设施管理有关的问题。（广田直行）

表-1　看开放化的视点

开放化状况	IOS率
空间形态	物理性开放 换鞋台线 顶棚形状、顶棚高度 地板、地板高度
运营方法	多功能空间
设计意图	设置目的

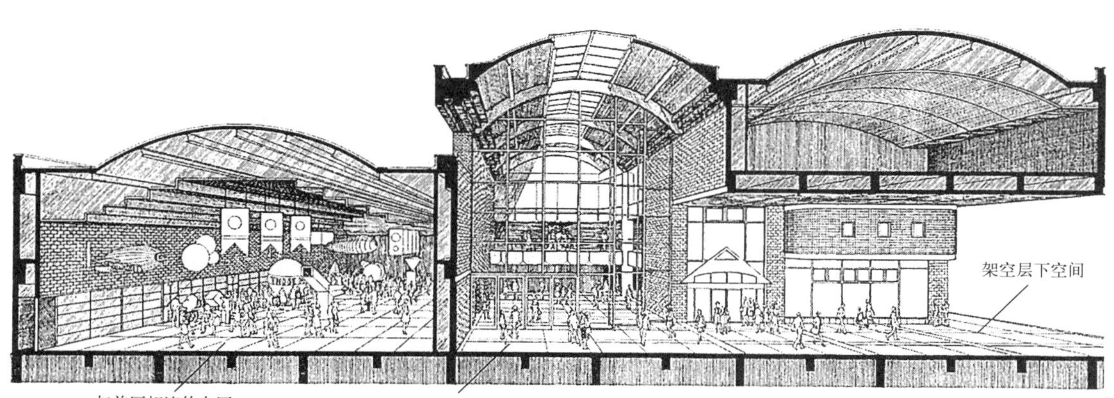

图-3　江别市公共会堂断面示意图（将内外连通的设计实例）

22

生活空间设计
社区设施设计

余暇和共生
Leisure and Coexistence

Keywords	Environmental Coexistence 环境共生	Community Activity 公共活动	Living and Residential Environment 生活、居住环境

Books Of Recommendation

■《成长的界限 罗马俱乐部 <人类的危机>报告》
多内拉·H·美杜乌茨、戴尼斯·L·美杜乌茨、J.兰达斯、威利阿姆·贝阿兰茨三世著，大来佐武郎监译，钻石社，1979年
■《<从成长的界限>到卡布·希尔村》 多内拉·H·美杜乌茨、卡布·希尔军团住宅区，神谷宏活、铃木哲喜编纂，生活书院，2007年
■《有闲人》
约翰·霍金卡著，高桥英夫译，中央公论新社，1963年
■《从未见过的美丽日本》
罗纳尔多·金著，足立康译，讲谈社，2002年

■对生活空间、生活时间和日常活动的思考

根据厚生劳动省的调查，2005年全年每人实际工作时间（30人以上企事业单位）总数约为1800小时，近10年期间缩短了75小时左右。然而，这期间正式员工的工作时数却几乎没有减少，全年总工作时数差不多一直保持在2000小时左右的水平上，凸显了缩短工作时间并无实质性进展的一面。而且，到2003年60岁以上人口占15岁以上人口总数的比例已经超过50%，一下子便进入名副其实的老龄社会。处于这样的社会背景，在总体把握社区环境和生活居住环境内的居民日常活动的基础上，生活空间与生活时间相辅相成的关系作为一种重要因素，已引起人们足够的重视。

处在日常生活时间内的工作时间和余暇时间的实际状况是，从18岁至60岁的适龄劳动人口中，普遍都觉得工作时间长，余暇时间少。可是，如果将其一生总括为生活时间，那么工作时间与余暇时间的相互补充关系则很不一样。假如全年实际总工作时数为2000小时左右，从20岁至60岁总计工作40年的话，一生的工作时数为80000小时左右。加上临时性的工作，总计不超过100000小时。另一方面，一生的余暇时间，即使去掉必要的生理时间（如睡眠等）及工作以外的受教育时间等这些固定的时间，推算起来还应该有300000小时左右。因此，必须认识到“长寿社会的到来，必然使余暇时代出现[1)]”。

而且，随着生活意识和工作意识的变化，余暇活动被人们看成能给生活带来各种闲情逸致不可或缺的要素。余暇活动早已不仅仅是对单调生活的调剂和充实，更是作为与生存意义和实现自我价值有关的生活重心被人们所认识的。像这样的余暇意识的传播，也是营造与其相伴的生活环境的基础构成要素。

■对余暇志趣、余暇活动和余暇空间的思考

如果从时间侧面来看待余暇活动，余暇活动空间则主要由居室空间、和家庭庭园空间构成。而从空间侧面来看，又表现出这样一种倾向，即作为进行多种活动的空间，其主要功能系由相邻空间承担。而且，从时间侧面去看相邻空间的余暇活动，主要是运动和购物，但创造性活动也有逐渐增多的趋势。余暇活动，正在从居室空间和家庭空间向相邻空间扩展。

另外，由于余暇志趣的多样化，终生余暇时间的延长，可支配收入的增加，以及为应对老龄社

建立在参与和团结合作基础上的共生

文化修养方面的学习、技艺和练习等基础活动
↓
创作活动等的练习和应用，参加小组和俱乐部活动，创造新价值
↓
通过积极参加与人、社会有关的活动发现自我价值，合作参与改造社区环境的社会性活动

图－1　基于余暇志趣的自我实现和自我开发

图－2　共生的生活（Cobb Hill Cohousing）

会而使社会性余暇活动日益受到重视等，必须对相邻空间的余暇环境进行改造和完善，以满足各种余暇志趣的要求。直接关系到日常生活的相邻空间，通过在其中举办的各种活动，可以成为有着丰富多彩的共生情趣的场所。

■思考共生——参与和共同合作

现在，人们都在追求高质量的生活，余暇也从非日常形态过渡到日常形态，从成长变为成熟，做出与实现创造性理想和社会性价值有关的贡献，更成为人们的普遍追求。类似近年来这样对余暇环境的高度关注，使可自由支配的时间得到充分利用，丰富了个人的生活，大都将关心他人和关心社会作为自己的个人志趣和人生理想。同时，并未仅仅停留在老龄者福利的问题上，还对社区的各种活动作出贡献，致力于传承地区文化，更朝着城镇建设的方向不断迈进。

在日本这样一个人口日渐减少的社会中，如果考虑到再循环的必要性，便应该积极而又充分地利用地区的人力资源和物质资源，共生则更成为为地区社会和环境再生的关键词。因为它与构建可持续发展的循环型社会密切相关。

像这样开展的创建可持续社会的活动意向，也开始出现在生态房屋和自然住宅的生活中。时光在流逝，当以基于人、活动和空间的关系性的生活居住空间设计视角广义地去看共生问题时，为了减少地区环境的破坏程度，保护地区固有的自然、历史和人文等方面的各种资源并使其发扬光大，便要让个人生活与自然环境和社会环境相互和谐，形成良好的共同体并使之可持续发展。与生活在社区里的居住者共生，而且与包括自然、生物、能源、资源、建筑物及其周边在内的全部环境共生，需要利用多条路径。

1 软件、硬件——同时进行 · 创造双重价值

不仅提供包括周边社区形形色色生活场面的单纯生活信息和活动空间等，而且还要提供可与生命周期及生命阶段对应的服务网络，构筑起容纳这一服务网络的空间并使其具备发展的可能性。

2 人 · 事 · 物——创造珍宝

经过多年培育的良好共同体和构筑的环境，应该当做珍宝一样看待。不仅更新空间、设施、功能和用途等，而且还要将创建毗邻社区良好环境的想法也付诸实施，争取将一个优美的生活居住空间留给下一代。

3 提议 · 感受 · 商量——以居住者为主的社区建设

形形色色立场不同的人，通过相互认识和对现状的理解，使大家以共有的形象出现成为可能。作为把对生活环境的思索具象化的手段，参与及团结合作的概念也是重要的因素。居住者作为主角，相互之间形成对话机制是与社区活力攸关的重要程序，是一个值得认真对待的课题。 （北野幸树）

[引用文献]

1）『余暇の動向と可能性』瀬沼克彰，学文社，2005

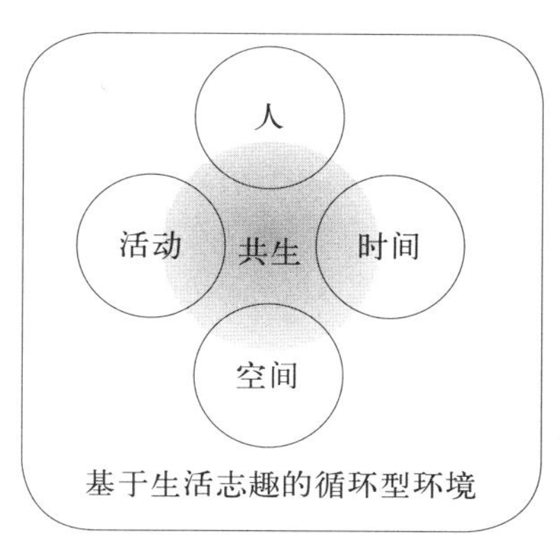

图－3 由相互渗透关系营造出的生活居住环境

① 与周边社区的和谐及关联
：创建与含周边社区的规划相关的适当功能、用途、规模、空间和环境
② 适当维护的可能性
：关于适当维护各个空间、设施功能和性能的可行性
③ 环境的形成及保护和资源循环
：在包括节能和废弃物处理的资源循环利用在内的地区适当的生命周期成本
④ 培育共同体
：基于与相邻共同体、日常生活圈和社区公共规划关系性的城市应承担的责任
⑤ 菜单构成
：活动、空间、设施展开、扩大或缩小规模、强化功能和用途可变性
⑥ 展开程序
：基于形状认识的企划、设计、富于柔性的手法、工艺、项目费用和运营方式等
⑦ 连续性和持续性
：1天、1周、1个月、1年……这样连续地展开的规划，与活动志趣对应，网络等。

参与和团结合作，以求共生
好于人、好于环境—人好、环境好

图－4 软硬两手抓（从社会学环境要素和物理性环境要素出发）

23

建筑设计
社区规划

保 存・修复

Conservation, Restoration

Keywords	Authenticity 真实性	Practical Use 实际应用	Context of City 城市文脉

Books Of Recommendation

- 《建筑的保存设计　为能不断充分利用的理念和实践》
  田园幸夫，学艺出版社，2003 年
- 《贝勒・鲁・狄克 历史再生的民族主义者》
  羽生修二，鹿岛出版社，1992 年
- 《近代建筑》
  奥托・瓦格纳著，樋口清、佐久间博译，中央公论美术出版社，1985 年
- 《设计的钥匙 人・建筑・方法》
  池边阳，丸善社，1979 年

何谓保存修复

虽然是不可能的事，但假如将罗马的城市建筑遗产在合理性及便利性的名义下，全部以新建的现代化建筑替代之，还会有人去观光采风吗？不言而喻，现代的生活和设计正是在丰富多彩的历史积淀及多元化的环境中才得以生存并显出魅力的，哪怕只是光顾罗马一次，也应该注意到城市利用“保存修复”方式对历史遗迹所做的维护工作。

即使在日本，多年来也同样有着对以木造建筑为中心的古建筑进行“保存修复”的传统。而且，自上世纪 70 年代起，曾经发动市民开展了以景观视角出发保存“历史性街区”的活动。然而，有关近代建筑的保护，至今仍处于一种无序状态。以功能主义理念营造的建筑正成为保存对象的今天，为了不致让发育丰满的环境丧失殆尽，对于我们来说，当务之急是要使保存修复的理念更加成熟。

仅据字面意义便可理解，所谓“保存修复”即“为保持存在而修理复原”。本应以富于创新自诩的现代建筑，目前正盛行一股被人们揶揄为“向后看”的潮流。这是因为，如同保存修复重要的文化财富一样，在国家管理的基础上，将重点放在永久性地保持原形（这对于作为保护对象的建筑十分重要）上，其中像博物馆那样“没有动作”的应用实例占了大半的缘故。

不过近年来地球环境保护的理念又后来居上，尤其不能漠视“应该继续使用作为社会性资源的建筑”这样日益高涨的呼声。如今更是这样，为了从过去那种单纯的文化遗产保存过渡到营造生气勃勃环境的保存（创造性保存），完成一个较大的转换，就必须认识到，“保存修复”超出建筑史的领域，已经成为现代建筑设计的重要课题。

保存修复的意义

保存修复是一种“可以延续时间与下一代链接的行为”，也是一种将身边的生活空间真正充实起来的“手段”。因此，依据其做法（手法），有时竟至失去了充实感，也有时会使其更加光彩夺目。为了达到这样保存的目的，便出现了一种只留立面一张表皮的所谓“不在现场的保存”；还有的像 N. 福斯特设计的卡雷・达尔（尼姆／法国）那样，经深思熟虑而最后确定的“破坏性保存”方式。关键问题在于，为了维护历史遗迹所包含的深厚底蕴，

在意大利各地的修复现场有时会向公众开放，并以这种方式回答人们有关“何谓保存”的问题。并以沙盘或模型等方式再现各修复现场情景，在各地巡回展出，使修复现场成为移动博物馆。

在修复中的建筑物内部，可看到修复壁画和拱顶的过程。

夜景。在围挡上映照出修复中的人的影像。

图－1　米兰的修复项目 1994 年　（托姆斯艺术院完成作品：内田尚宏）

夹在古罗马时代众神庙与广场之间的旧剧场遗址被完全拆除，取而代之的是现代建筑。保存的不是“物体”，而是“空间”。

图－2　“破坏的保存”尼姆的卡雷・达尔（1984 年国际设计竞赛方案 福斯特等／摄影：山崎俊裕）

“到底应该将什么传承下来”。而且，在现代的创造性保存方面，其本质就是一个“如何能够接着使用下去”。打开这些神秘之门的钥匙，便是“活用和转用”的理念。希望读者能充分了解“应以怎样的程序传承其价值”。

然而，现实中以经济至上主义的价值观和新建项目为主的现行体制的壁垒很难打破，“文化的”价值观无法全面为人们所接受。而且，对于日本来说，由于地震频发，“安全性”与作为文化遗产的“真实性（authenticity）”二者之间相互矛盾，在多数情况下都需要对大型建筑采取加强措施。结果，就可能损失了建筑所具有的历史性价值。既然能够接着使用也是现代保存古建筑的本质，其“安全性”当然应该放在首要位置。但并不意味着为了传承下去就要做些改动，而应该找到一条统筹兼顾取得平衡的解决途径。今后从事古建筑保存工作的建筑师是否具备这方面的能力，是重要的条件之一。

保存修复的课题

建筑物是有使用寿命的，但这并不意味着一过使用年限就必须得开始讨论“保存还是拆掉”的问题；事实上多数建筑都是在维修过程中存在的（保持存在＝保存），并且随着时代背景及各种情况的变化，不断地改变着建筑的形态和用途，以使其可以接着使用下去。如果将这样的观念灌输给设计者的话，说不定连“保存和修复”以及“再生”之类词汇的意义也都变了味儿。在这里，我们将以目前的保存设计作为毕业设计主题时存在的课题介绍如下。

1 保存设计与真实性（authenticitv）

在构思建筑的保存设计时，大致可以采取以下3种方法，①修复（Restoration），②置换（Replacement）和③附加（Additions）等。当以“保存”作为毕业设计的主题时，恐怕会像前面讲过的那样，把为了能够接着使用的“活用和转用”理念，以及为实现这一理念而采用的程序当做解决问题的关键。富有生命力的崭新理念和设计固然是人们所期待的，但如果因强调得过了头，破坏了宝贵的古建筑价值的话，便成了本末倒置。尽管不应该拘泥于采用何种手法，但对如何保持其真实性必须采取非常谨慎小心的态度。也有一些现代建筑师的作品，甚至连“该把什么留下来”的问题都没搞清楚，就将应该保存的建筑处理成自己作品中的背景。很重要的一点是，首先要对前人的创造行为怀着崇敬之心，忠实地进行修复，以将真实的原作传承给后代。

2 考虑到与周围环境的关系

在2006年度东海大学的毕业设计中，有一件以江之岛为主题的作品（江之岛改造——记忆的建筑化）。经过缜密的调查分析而提出的自岛上填埋地剥离的（经修复回归原始形态）理念令很多人感到震惊，他们都对这样的地形本身表示怀疑，认为如果能与风景结合起来做方案会更好一些。此外，在设计城市型建筑时，不用说必须了解城市的历史底蕴（时间的堆积），并在实践中充分利用它。作为一座独立的建筑物，通过与社区和城市的紧密联系，也同样应该可以形成视野广阔的方案。

3 考虑可持续的程序

在现实中，为了维持某一古建筑的存在，必然面临许多不能不解决的资金和机构建设上的课题。但凡计划不能只满足于想当然，应在明确自己的判断标准的基础上，设定有实在感和可操作的程序。

（内田尚宏）

[参考文献]

1）『建築の保存デザイン　豊かに使い続けるための理念と実践』田原幸夫，学芸出版社，2003

只修复外观。在中庭一侧为构筑现代广场增设了框架，以形成新旧的对比。

图－3　日本近代建筑再生例

很明显，在中庭一侧增设的玻璃走廊是为了营造明亮的现代氛围。仓库深深凹陷的窗户则保持了原有的真实感，也表现出历史的沧桑。

图－4　日本近代建筑再生例

以仓房闻名的小江户川越在成为观光胜地的同时，自城下町时代继承下来的、具有时空积淀的独特魅力正在悄然逝去。现在的项目，是将已成为废墟的近代建筑加大进深移址重建。构想的主题为“道路一样的建筑”。

图－5　历史街区近代建筑保存项目 川越町町＠项目 2003年：内田尚宏

24

建筑设计
结构设计

S SI（Skelton・Infill）

Keywords	Open Building 开放式大厦	Sustainable 可持续的	Housing Complex 公寓住宅

Books Of Recommendation

- ■《SI 住宅》
  建筑思潮研究所编，建筑资料研究社，2005 年
- ■《NEXT21 的设计灵魂和试居住 10 年纵览》
  <NEXT21> 编委会编著，未知社，2005 年
- ■《可持续公寓住宅 面对开放大厦》
  Stephen Kendall and Jonathan Teichier 著，村上心译，技报堂出版，2006 年
- ■《地球家族 世界 30 国的日常生活》
  物质世界项目（代表皮特・米切尔），TOYO 出版，1994 年

■何谓综合楼

SI 作为建筑的一种形态，与通用设计一样是一个广为人知的词汇。综合楼中的"综合"指的是公用部分，即一般主体；"Infill"则指私有部分，即建筑内部。高田光雄在《NEXT21》中曾做过这样的说明："Skelton"是主干，是具有很强通用性和耐久性的部分；"Infill"则是终端的和个别的，是具有很强消耗性内装的私人空间。通过强调耐久性结构和共用设备的"Skelton"部分与随着时代和居住者生活形态变化而不断改变的"Infill"部分相互组合，便可达到构筑长寿命弹性空间的目的。在可持续（Sustainable）理念已被人们普遍接受的今天，SI 为建筑业内人士所知，也逐渐渗透到普通人群中去，并作为新的建筑形态之一，开始被人们接受。

■历史背景及事例

也许不是一个耳熟能详的用语，但 SI 的出现的确是建立在开放大厦理念基础上的。所谓开放大厦，系于 1960 年由荷兰建筑师尼古拉斯・约翰・哈布拉基倡导的。由于在设计上将内装设备、主体和所在街区完美地结合起来，营造出可持续居住的良好环境。

在日本，成为建设开放大厦先驱的是日本住宅公团（现在的城市再生机构）的 KEP（Kodan Experimental Project）。KEP 体系作为一种将建筑主体与内装部分分离的方式，于 1973 年开始用于实验性的住宅建设。1998 年以后，以 KEP 的技术和成果为基础，诞生了加入居住者要求的 KSI 住宅（Kodan Skelton Infill）（据城市住宅技术研究所资料。城市再生机构的城市住宅研究所，只要事先申请便可参观）。

作为 SI 的典型案例，可以举出大阪煤气的 NEXT21（1994 年）（图 –1），它是由城市基础设施建设公团东云运河区 CODAN 建设的实验性住宅。在试运营 15 年后的 2005 年，提交了关于 NEXT21 成果的报告（《NEXT 21 设计灵魂和试居住 10 年纵览》）。

作为住宅以外的 SI 典型案例，可以举出黑川纪章设计的中银蜂巢型简易旅馆，这座建筑的设计即采用了综合楼的理念，并具有较强的社会意识，其形态也成为作家、作品和时代的象征。还有将现有建筑物作为 Infill 使用的例子，如东京国立现代美术馆工艺馆（系由近卫师团司令部办公楼改建的美术馆）和拉蒂斯芝浦（由办公楼改建成的公寓）（图 –2）等，数量不少。最近的建筑物似乎变更用途更容易了，甚至不用做什么处理便可以另做他用，这愈加说明在设计上比以前下的功夫更多了。

■SI 的可行性

1 建筑主体

到底是什么构成了建筑主体呢？应该把主体看做是盒子、是线条、还是一个点？在建筑界普遍将建筑主体当做一个盒子。比如，像抽屉和饭盒那样用途基本确定的容器，在人们实际利用其空间时

图 –1 大阪煤气实验公寓 NEXT21

也多少会有些差别，里面装的东西也是杂七杂八的；但不管怎么装，装的是什么，只要大小合适，放得进去就行。是要造一个这样的盒子吗？还是要在里面铺设血管、食道、电线和光缆那样的管道、缆线和干道呢？或者还要制成脊髓和大脑芯片？

如同高田所说的那样，当把建筑主体看做是骨干和具有很强通用性和耐久性的社会部分时，各种各样的形态都能够成为建筑主体。

至于建筑主体，因使用现有的主体还是新建的主体，其作用和表现方法也各不相同。当使用现有主体时，与内装的相容性如何？会不会出现“带短衣长”的现象呢？如果是新建的主体，在毁坏之前或其空间消失之前还有再建的必要吗？这些都要你去想出解决的办法。

2 建筑内部

如高田君所说，如果将建筑内部看做个别的终端，并是具有很强消耗性的私有部分，首先提出的疑问是内部设计真的需要吗？起码作为建筑师需要拿出一个方案，或者对现阶段的最佳选择给出必要的提示。

假如利用现有内部的话，从其主体便能够推导出内部的形态和内容。依据主体具有的个性、占地条件、周边环境、时代性和社会状况等做出判断，正因为是主体，便必然会衍生出现在被认为是必要的内部形态。建筑主体如果带有独特的建筑性质，更会是一件有意思的事，这正是建筑师功力的表现。

如果根据主体来设计的话，让建筑内部在多大程度上反映利用者和社会的要求，而且作为设计者的方案如何完善，都成为值得探讨的问题。如果主体是盒子那样的形态，尺寸和其中的可变性是个问题；如果是管道和线缆的形态，就有像运河那样将船停靠在码头的可能性；或者像大树一样，可能朝着不同方向分叉。假如主体是核心，内部也可能像水果的种子一样在中心膨胀。这样一来，说不定需要在头脑里做四维空间的思考。

3 系统

在设计SI时，可以将其系统作为方案提出。并不需要实际指定的用地，这是一个随便什么地方都可使用的主体和内部系统。为了能够建设可持续的社会，以主体为核心，内部则循环使用的建筑并非是不可能的。

■今后的SI

自SI的概念问世以后，又经历了很长岁月，可以说从前在这方面的努力已在某种程度上有了答案。因此，应该说SI开始进入下一阶段的时期又来到了。在《地球家族　世界30国的日常生活》（TOTO出版）一书中，用照片专门介绍了30国综合楼里的生活场景。尽管叫做SI，其实主体部分仍然是这些住宅内的状况，也展现了内部的家具和装饰。不过，仅仅这样介绍多样化的内部，则不得不再一次思索它的存在方式。对从前不曾有过的SI如何进行阐释，对于在各种各样的结构中出现的问题该怎样处理，应该说都是潜在可能性很大的主题。

（亀井靖子）

图－2　拉蒂斯芝浦（左：外观、右：内部）

25	3	3R(Reduce.Reuse.Recycle) R		
建筑设计 城市规划	Keywords	Sustainable Society 循环型社会	Long Life 长寿	Ecology 生态学
	Books Of Recommendation	■《循环型社会白皮书（向世界发出我国对构筑循环型社会进行改革的信息）我国与世界相连的"3R"之环》环境省编，2006年 ■《城市 这小行星的……》 理查德·罗加斯+菲利普·古姆冈著，野城智也、手塚贵清、和田淳译，鹿岛出版会，2002年 ■《地球共生 为了坚守这美丽的星球》 月尾嘉男监修，讲谈社编，讲谈社出版，2006年 ■《不相宜的真实》 阿尔·果阿著，枝广淳子译，兰达姆哈乌斯讲谈社，2006年		

何谓3R

所谓3R系指"Reduce(控制废弃物的产生)"、"Reuse(重新使用)"和"Recycle(再生利用及再资源化)"（图-1)。

2004年6月，在美国东南海岛举行的主要国家首脑会议（G8峰会）上，小泉首相通过3R组合的方式，提出旨在推进构建地球规模循环型社会的"3R动议",并在G8各国首脑间取得一致意见(见《循环型社会白皮书》)。

为了建立循环型经济社会体系，日本做出计划，规定到2010年实现如下目标：将产业废弃物连同一般废弃物的最终处理量较1997年减少一半；产业废弃物的再生利用率达到47%，一般废弃物为24%。与此同时，将资源生产率（GDP/自然资源等的投入量）提高到39万日元/t（据经济产业省3R政策)。一般的说，所谓循环型社会，就是不给环境造成压力的社会。

现在,让我们举出几个正在身边进行的3R例子。在Reduce方面，目前食品店等处正努力开展减少使用塑料袋的活动，并致力于杜绝过度包装现象。在Reuse方面，早已成为习惯的啤酒瓶和牛奶瓶的再利用，以及颇受年轻人欢迎的跳蚤市场。Recycle的活动也很活跃，如将废纸做厕纸使用，用宠物身上掉下的毛编织成马甲等。除了以上这些，在我们身边时时刻刻发生的3R现象一定多的是。不用说，在建筑方面拆除现场和施工现场的垃圾必须彻底分开，以便于资源垃圾的再利用。而且，以转换和改造等方式对现有建筑物的再利用也十分盛行。

政府揭示的课题

经济产业省在3R领域将被认为攸关国计民生的重点课题总计列出4项,包括"削减最终处理量"、"施工废弃物"、"金属资源3R"和"3R生态设计及再生生产技术"等，并制订出详细路线图。不管牵扯到哪一领域，但最终与建筑直接有关的课题是第2项"施工废弃物"和第4项"3R生态设计及再生生产技术"。

关于"施工废弃物"，分为已经建成的和今后要建的两类，要采用必要的技术和选取对象物，在总结过去经验教训的基础上，制订出短、中、长期规划。具体说来，如在建筑物维护过程中使用的沥青和混凝土等建筑废弃材料的循环再利用技术，以及为节省能源和资源而建立相关体系等事项。

关于"3R生态设计及再生生产技术"，可以归纳为生命周期的设计、3R通用要素和其他各种要素等设计技术的高水准开发，其具体内容甚至应该包括相关的流通和管理等。

根据环境省公布的产业废弃物行业类别排出量（图-2)，一眼便可看出建筑业所占比重较高。因此，我们必须对此做点儿什么。

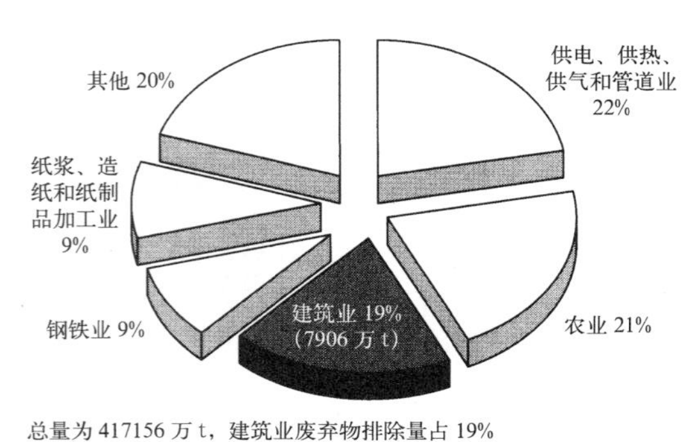

图-1 产业废弃物行业类别排出量（环境省）

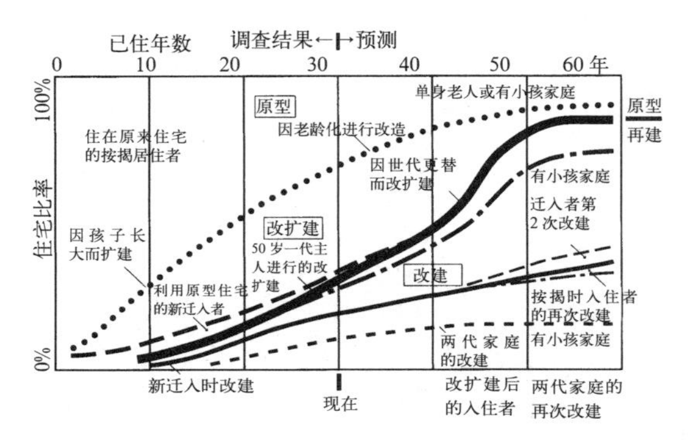

图-2 在时间轴上看到的住宅改变实况及其预测

自建筑领域出发的路径

家庭应该说是构成社会的最小单位，在建筑领域中，住宅设计则是全部建筑设计的基本目的。因此，必须也将住宅引向 3R 的轨道。3R 的目的是为了构建全球规模的循环型社会，其中的解决方案之一便是延长建筑物的寿命。日本住宅的平均寿命约为 30 年左右，实在太短了。基于此点，应该考虑从节省能源和资源的目标出发，尽量避免采用像从前那种拆旧造新的方法，以减少由此产生的建筑废料和工业废弃物。

我们再将从图 −2 时间轴上看到的住宅改变实况及其预测以图 −3 那样的形式进行铺排，从中能够明显地得出以下结论：由于家庭结构的变化、生命阶段及生命周期的变化和收入及储蓄状况派生出来的居住者对居住条件的要求在与住宅保持平衡(balance) 时，一般住宅不会改变。可是，当居住者对住宅的要求与住宅条件之间出现脱节（gap）时，扩建、改建和重建等改变原有住宅的现象就开始多起来。

为了延长住宅的寿命，最好不要重建。重建的理由无非有以下几种：内外墙壁污浊，年深日久住宅老朽，其强度已不足以抗御地震灾害；已步入老年，子女增加，家庭生活发生变化；经济水平提高，意在使居住条件更具舒适性，以改善余暇生活等等。那么，究竟应该怎样做，才能既不重建住宅，又可以满足居住者改善居住条件的要求呢？

对于“住宅的老朽化”，可以考虑加强主体的抗震性和耐久性，开发不需维护的外装材料等。在“家庭生活的变化”方面，可利用灵活适应性、换住和通用设计这些关键词来加以解决。至于“居住条件的舒适性”则是最难解决的，因为人的欲望没有止境，仅凭技术开发并不能解决所有问题。

然而，不正是这一点才更能显出建筑师的手段吗？“不追逐潮流的设计”和“象征时代的设计”都因为给建筑物附加了价值，所以可防止业主轻易将其推倒重建。譬如，在奥地利就有非常成功的范例，由于将公共建筑物委托给著名建筑师进行设计，因此大大提高了建筑物的品质，而且其设计价值还会随着岁月的流逝而不断提高，变成一种历史价值。最近，像东云运河区 CODAN 的设计者由山本理顺和隈研吾等人担当一样，日本也在开始起用著名建筑师来进行公共住宅的设计。

要解决“居住条件舒适性”的问题，不能仅停留在住宅内部的设计上。必须通过使住宅建立起与外部和与社区的联系，才能够营造出风景无处不在、丰富多彩的空间。只是让住户退上一小步，便可与社区相连，空间便豁然开朗起来（图 −4）。此外，也可以考虑砍掉现有建筑的多余部分或不使用部分，类似这样以构筑更高水平居住环境为目的的“缩建”手段，几年前便开始热烈讨论起来。

这些对住宅结构功能形态方面的研讨，也同样关系到公共空间和城市等规模较大的设计项目。只不过将“住宅”一词换成了“火车站”,“居住者”变成了“乘客”或“利用者”而已。进而,如果将“住宅”换成“地球”,“居住者”改成“地球人”的话，便直接指向全球规模循环型社会的目标（但地球是不能重建的……）。

3R 的发展体系

最后顺便提一下，近来有月尾嘉男氏在 3R 的基础上，又添加了 Repair 和 Renewal，使之变成了 5R。Repair 指的是经过修理可多次使用；Renewal 则说的是以太阳能等作为可再生资源和能源来使用。进而还有马孝礼氏提出更多的“R”，如拒绝使用不必要的东西和无实际用途的东西的 Refuse(拒绝)；利用塑料、纸张和木材等有机物燃烧的 Recover(热回收)；人类自身可持续繁衍的 Renew（再生产）等不一而足。

（龟井靖子）

[参考文献]
経済産業省：「3R政策」
http://www.meti.go.jp/policy/recycle/index.html
財団法人クリーン・ジャパン・センター
http://www.cjc.or.jp/school/index.html

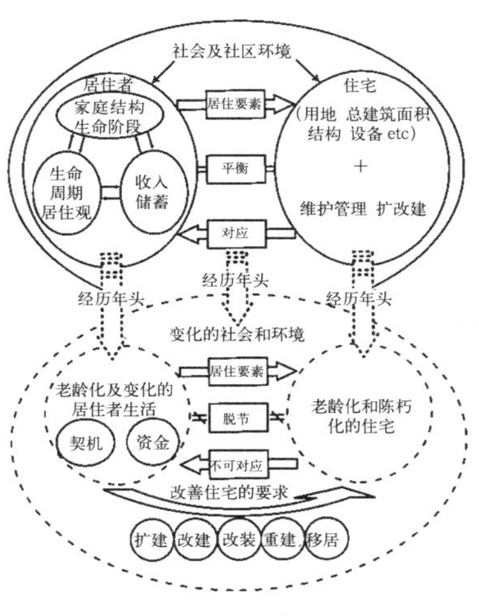

图 −3　住宅改变机制示意图

通过让住宅退后一步，便可使内外连成一体。不仅室内显得敞亮，而且周边环境也令人感到惬意。

图 −4　东京町家“9 坪之家”（设计: 伊礼智）

26

自然环境

Natural Environment

环境工程学
建筑设计
城市规划

Keywords	Cultural Environment 人文环境	World Heritage 世界遗产	Global Environmental Problem 地球环境问题

Books Of Recommendation

■《新建筑学大系 8 自然环境》
木村健一、吉野正敏、村上周三、森三正和、荒谷登，彰国社，1984 年
■《成长的界限　罗马俱乐部 < 人类的危机 > 报告》
多内拉 · H. 美多乌茨、戴尼斯 · L. 美多乌茨、J. 兰达斯、威利阿姆 · 贝兰茨三世著，大来佐武郎监译，钻石社，1972 年
■《世界遗产（全 12 卷）》
联合国教科文组织，讲谈社，1996 年

■环境的原点

英国的精神科医生杜纳尔多 · 维尼科特曾经说，人类环境的原点是个被无意识化的对象，亦即“holding＝怀抱”。我们身处施惠的环境或舒适的环境中，却竟然忘记它的存在，对怀抱着我们的各种各样的环境本身浑然不觉。就像至今仍对幼儿时被父母抱在怀里存有记忆的成年人恐怕不会有几个一样。

而且，建筑和城市环境也是一样，只有在从位于舒适温暖环境中的房间或建筑物里走出来时，你会感觉到环境的变化，外面不像里面那样舒适和温暖，有了对比，才让你认识到此前身处的环境的存在。不仅物理性环境，甚至当走入学校、公司和近邻等社会性的环境或人文性的环境中去时，我们也往往会又一次真切地认识到环境的存在。

即使离开日常生活环境和社会环境，朝着群山和大海之类的自然环境奔去，依靠人类生理的本能，也同样能可以看到“环境移行”现象。即人类对于时时刻刻都在变化着的周围环境，往往是一边游移在无意识和有意识之间，一边觉察到怀抱自己的环境的存在的。因此，可以说人是一种对环境价值再发现的动物。

■所谓自然环境是指什么

翻开辞典查看一下，其中对“自然环境”词条的释义为，“包围着人和生物，与其生存和活动密切相关，由土地、大气、水和生物等组成的自然界状况”（《大辞林》）；“从原生自然到身边绿地，由地形、地质、植被和水面等自然要素构成的环境”（《建筑学用语辞典　第 2 版》）。其实，仅土地一项就可分为山脉、谷地、沙洲、丘陵、扇地、海岸和半岛等很多种；在地质方面，又有土壤、岩石、淤泥、沙子和砾石等，也是多种多样的。而且，在大气中，除了空气和水蒸气，还存在许多其他物质成分，依据所在地方的气候和气象条件，会带来日照、阳光、雨水和风雪。雨雪则成为滋润大地的水流，其中的一部分被植物吸收，然后再通过蒸发作用重新回到大地和大气中去。雨雪还会形成江河湖海，其中一部分与大气永恒地循环着。

相对于“自然环境”，我们还应该考虑到作为由人类的社会的、经济的和文化的活动等形成的环境总体，即所谓“人文环境”这一概念。在“人文

表 −1　世界遗产目录标准

目录标准项目		事例数（截至 2006 年 7 月）
文化遗产标准	（i）表现人类创造才能的杰作。	644
	（ii）在某个时期或世界的某一文化圈内，表现人类在建筑物、技术、纪念碑、城市规划和景观设计方面进行的有价值的重要交流。	
	（iii）表现与现存或已消失的文化传统和文明有关的独特或稀有的证据。	
	（iv）可以表现出人类历史重要阶段生活形态的建筑样式或建筑性及技术性集合体以及景观的优秀样本。	
	（v）表现具有某种文化（或多种文化）特征的人类传统村落、土地、海洋利用或人类与环境相互作用的优秀例证。尤其是那些在历史发展洪流中其存续面临危险的场合。	
	（vi）具有显著而又普遍价值的事件，与诞生的传统、思想、信仰、艺术作品或文学作品有着直接或显而易见的关联的事件（但这一标准最好与其他标准合并使用）。	
自然遗产标准	（vii）具有不可类比的自然美及美的要素的优美的自然现象或地域。	162
	（viii）代表生命进化的记录，与地质构造同时形成的重要地学过程，或具有地质学及自然地理学重要特征的地球历史主要阶段的明显例证。	
	（ix）代表在陆上、淡水区域、沿岸和海洋的生态系统、动植物群集的进化和发展方面的生态学和生物学重要历程的明显例证。	
	（x）从学术和维护的观点看来，具有显著和普遍价值，包括濒临灭绝种群在内，对于保护生物多样性最重要的栖息地。	
复合遗产标准	上述文化遗产标准（i）～（vi）和自然遗产标准（vii）～（x）合并登记进入目录。	24

表 −2　地球环境 · 建筑宪章

延长寿命	· 由居民参与讨论达成共识
	· 形成新价值
	· 维护建筑的社会体系
	· 构造维护修理方便的建筑
	· 可应对变化的柔性建筑
	· 高耐久性与更新的简便性
	· 改革与延长使用寿命有关的法律制度
自然共生	· 营造可发育自然生态系统的环境
	· 城市的自然恢复、维护和扩大
	· 关注建筑对环境的影响
节能	· 适应当地气候条件的建筑设计
	· 节能系统的开发和推广
	· 削减建设项目消耗的能量
	· 构建地区能源系统
	· 城市空间结构应与充分利用自然能源的政策适应
	· 营造具有节能交通设施的城市空间
	· 节能意识的普及和落实
节省资源 · 循环利用	· 采用环境负荷小的材料
	· 促进再使用和再生利用
	· 扩大木质材料的应用范围
	· 通过促进建设副产物的流通减少废弃物
	· 对生活意识变革和行动的期待
继承	· 继承优秀的建筑文化
	· 构建具有魅力的街区
	· 促进儿童健康成长的环境治理
	· 为了继承而建立的信息系统

环境中”中，包含着人类的社会经济活动（居住、教育、学习、工作、医疗、福利、交通）和文化活动（爱好、娱乐、休闲），进而还包括人类在内的所有生物的存在和相互关系。

自然环境状况与现有课题

在世界自然环境中，存在着形形色色的形态。远古时期形成的地貌和地层，在当地特有的气候和风土的作用下，逐渐演化成多样而又固有的风景。作为世界范围自然环境和生态系统保护的动作之一是以保护湿地为目的的《拉木萨尔条约》(Ramsar，关于水禽生息地的国际条约。——译注)、为保护生物多样性，使其构成要素可持续利用和由遗传资源的归属带来的利益的公正均衡分配等这 3 点为目的的《生物多样性条约》(自 2006 年签订，迄今已有 188 个国家和 EC 加盟)。

在日本的湿地和沿海地区，不仅有候鸟飞来，而且还栖息着许多其他生物。但在日本经济高速发展时期,却没有进行过详细的跟踪调查。结果,湿地、河流、河口、海岸和排水田等由于填埋和护岸工程如今已变得面目全非，而在山岳和丘陵地带，大规模开发建设的公路、高尔夫球场和滑雪场，把原有的生态网络分割破坏了。不过，近年来在关注自然环境和生态系统的同时，以维护和构建可持续人文环境为目标的持久性设计和修复性设计的意识有所加强，开始出现一些好的苗头，如在开发过程中尽可能做出恢复原有风景的尝试等。以城市绿地再生和公共空间再构建为目的的分区制和人口密集区的缩建方案等今后也应该成为研究的课题。

世界遗产

对世界范围的自然环境保护最大的工程，应该算是由联合国教科文组织主持的世界遗产名录认定项目。自 2006 年至今,世界遗产已有 830 项（其中文化遗产 644 项，自然遗产 162 项，复合遗产 24 项），日本被列入名录的有 13 项。在日本的 13 项世界遗产中，自然遗产有屋久岛、白神山地和知床 3 处。自然遗产的保护是人类永恒的话题，凡是与构筑人文环境有关的所有人都有必要加深对世界遗产的理解和认识，并积极参与世界遗产保护有关对策的研究。作为日本象征的富士山，申报世界遗产的呼声此前曾一浪高过一浪，但因为山上垃圾遍地以及森林资源管理维护体系不健全等，所以至今也未能进入世界遗产名录，处境十分尴尬。

地球环境问题

世界人口目前仍在不断增加，伴随人口增加出现的能源不足、食品短缺、产业和大气污染等，是在全球范围内存在的亟待解决的课题。试图以全球的视角讨论资源、人口、军备扩张、经济和环境等问题的智囊机构“罗马俱乐部”，在其 1972 年的研究总结报告《成长的界限——人类的危机》中警示世人，由于人口增加和环境污染的趋势仍在继续恶化，100 年以内地球上人类的成长和发展将达到极限。而且，在接下来的 1992 年的报告《为越过极限而做出的选择》中更进一步深刻地指出，由于资源利用和环境污染的过度化，至 21 世纪前半期悲剧的结局便会到来。

作为对这些问题的回应，有关气候变化的政府间合作组织（IPCC）和以控制温室效应及气体排放为目标的东京议定书相继问世。以日本建筑学会为中心，日本建筑关联团体于 2000 年作为倡议制订了《地球环境 · 建筑宪章》。《宪章》中将以下 5 点看做当前需要探讨的课题：①延长建筑寿命；②与自然共生；③节能；④节省资源及资源的循环利用；⑤继承。而且与这个宪章相对应，日本建筑学会于 2005 年就城市的发展和控制方面的问题提出 3 点倡议：①摆脱市场经济主义的主导；②维护绿地和社会保障制度；③控制城市建筑规模及市民参与等。希望读者诸君也能以此为鉴。（山崎俊裕）

图 –1　第二高峰 K2（摄影：东海大学山岳部 K2 远征队）

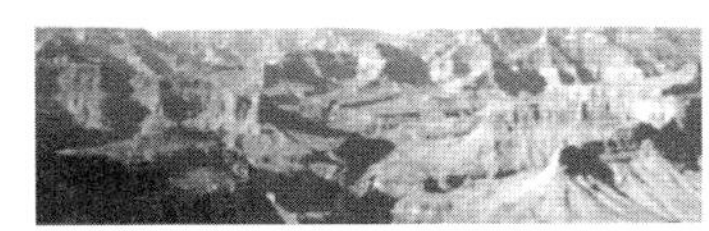

图 –2　由长年河流侵蚀形成的大自然溪谷—美国科罗拉多大峡谷

图 –3　与海共存、成为信仰对象的严岛神社（摄影：小泽朝江）

图 –4　因资源开发而消失的坡面绿地再生实例（淡路梦舞台 / 安藤忠雄）（摄影：藤田大辅）

图 –5　修学院离宫庭园景观（摄影：小泽朝江）

图 –6　创建出文化景观的棚田和村落（长崎县谏早市光叶榉树住宅区 / 现代规划研究所）

27

风土

Climate

Keywords	Topography 地形	Climate Condition 气候条件	Human Habitat 村落

Books Of Recommendation

■《风土　人类学的考察》
和辻哲郎，岩波书店，1935 年
■《风土论序说》
丘斯坦 · 贝尔格著，中山元译，筑摩书房，2002 年
■《村落的启示 100》
原广司，彰国社，1998 年
■《探访村落》
藤井明，建筑思潮研究所，2000 年

建筑设计
社区规划
环境规划

■何谓风土

我们常常把“风土”一词挂在嘴边上，但对风土究竟是个什么样的概念却不甚了了。据《百科事典》，“所谓风土，即为人人所认识并给予人们生活、文化和生产以影响、又由人们耕耘和培育以使之发生变化的自然。风土虽然意味着气候和土地，但并非单纯的自然，而是指以人类的存在为前提并构成人类活动基础的自然环境。因此，不同的国家和不同的地域，其风土均具有各自的特色”(《平凡社百科事典》)。风土的概念和意义，不仅指气象和地形等自然环境或该地域的物理现象，也意味着是个包括固有人类文化生活在内的综合概念。

和辻哲郎在《风土　人类学的考察》一书中，把日本及亚洲的季风型风土看做一种特殊形态，从日本的地理位置处于热带与寒带之间这一点考察出日本人具有双重性格，并认为日本人情绪、感性以及对事物的思考方式从未脱离自然的影响。另外，给予和辻著作以影响、从哲学和地理学两方面阐释其独特风土论的丘斯坦 · 贝尔格断言，日语中的“风土”一词，可以与具有地理学上人类可居住地域这一意义的希腊语“Okumene”(该词实为德语。——译注)和具有宽泛的环境乃至人的聚集存在意义的法语“milieu”对应着理解。处在现代的社会状况和技术状况下，风土的概念已逐渐淡漠。可是，在进行建筑、村落和城市的规划设计时，因与项目所在地的气候、地理和生活文化密切相关，所以必须沿着历史的进程寻找正确的解决方案。

■风土与建筑、村落及城市的样态

1 气候与建筑、村落及城市的规划设计

勒 · 柯布西耶曾给后人留下这样一句话：设计上碰到麻烦就去阿尔及利亚的迦勒底。村落、建筑和城市这些设计对象不一定都在气候宜人的地方，即使在那些气候严酷和条件恶劣的场所，凭着人们的智慧和创造精神，也能够构建出各种各样的生存环境。深入了解世界各地的风土与村落、建筑和城市规划设计的关系，变成有用的知识，一定获益匪浅。

为了学习世界各地的风土，首先要做地理学上的气候区分。作为世界范围的气候区分，应以戈本的分类方式作为基础，这一分类着眼于植被的分布情况。日本的气候区分同样是建立在戈本的基础上的，又经过多位气象学家将其细分化后，开始形成现在的方案。其中应特别提及吉野正敏君的工作，他根据日本各地的气温和降水量，将全日本划分成 323 个小的气候区域。

日本的高温高湿气候导致自古以来便形成了木结构建筑文化，并成为一种可确保通风性的开放空间。日本建筑的特点在于，自里向外是一个具有视觉连续性的空间，将外部的庭园和自然风光作为

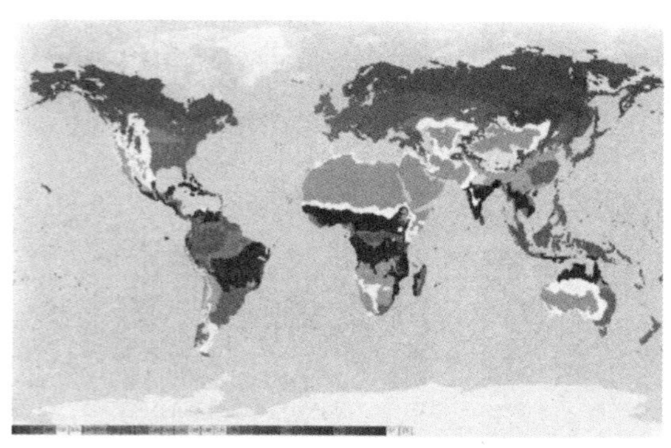

图 –1　戈本的世界气象区分图（31 区）

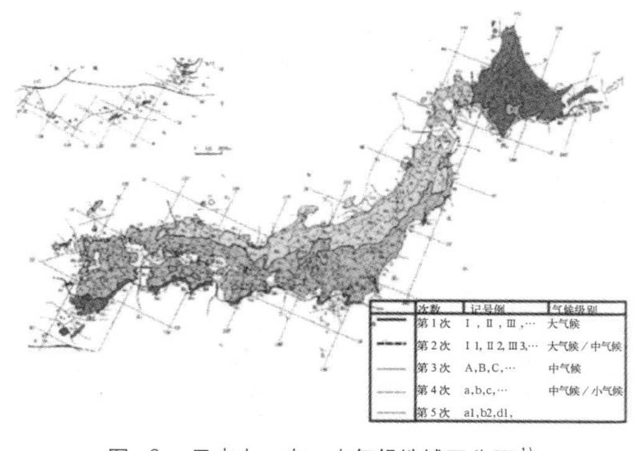

图 –2　日本大、中、小气候地域区分图 [1]

借景纳入空间内部，这是古已有之的一种追求。而且，在开口部狭小、进深较长的京都临街房屋，其市区的老宅子群内，利用与中庭联通的素土房间来确保私密性，却不失去对外部空间的开放性。

自地面至室内地面之间有一定距离，可保证地板下具有良好通风性的建筑形式，多见于高温多湿的亚洲季风地区的民居。确保通风性，不仅可以延长木结构建筑的使用寿命，而且会使室内环境舒适，也是保存食物的有效手段之一。

与开放的日本建筑相反，在湿度较低的欧洲和干燥少雨的中东及北非地区，便不需要采用通风的大开口部和干阑式地板。特别是沙漠地区的气候，通风性反而会助长酷热的程度。建筑物的外墙面和屋顶的开口都不能太大，这样才有利于抵御强烈的阳光和热风的肆虐。外墙砌得很厚是为了防御敌人的侵入，建筑材料大都采用在干旱少雨气候条件下容易干燥的土砖和采掘方便的岩石。

2 世界各地的村落和城市形态

为了在村落和城市里安居乐业，需要采取防御外敌入侵的对策。在各国国土连成一片的欧洲、中东和非洲的村落及城市里，在确保食物万无一失的前提下，为防御外敌入侵，人们巧妙地创造了多种村落及城市形态。村落和城市的外周有阻挡敌人的坚固围墙，内部的街道蜿蜒曲折、布局复杂，使敌人难以辨别方位，而有利于自己人逃生。面对街道和广场的建筑配置，其高度及比例设定得十分巧妙；狭窄的街道则便于对敌人发起攻击，连接在一起的建筑物又可利用屋顶奔逃；具有守望和瓮城功能的高层建筑群都布置在关键的地方。

与外部空间相反，这些封闭着的村落和城市空间内部的适当地方布置了广场和水池，既可以举行各种仪式和庆典，也具有交易和休憩的功能。出于防御外敌的考虑，村落的入口被控制在一定数量以下。在有外敌入侵时用来迷惑敌人并可传递情报和组织逃避行动的中南美洲分散村落形态，与现代的计算机信息网络社会对比一下，则是一个饶有趣味的事例。

3 风土与生活状态

风土与村落和城市的日常生活有着很深的渊源。在土地贫瘠耕作困难的地区，过的是反复频繁迁移的游牧和狩猎生活。北非贝都因人的大棚式民居、蒙古游牧民的蒙古包、美洲印第安人的帐篷以及爱斯基摩人冰冻的雪屋等，都与当地的风土、生活和居住习惯密切相关。文化人类学家默多克对全世界 800 多个村落的人口规模、家族制度和婚姻状态进行了调查，结果表明这些村落基本上都实行一夫一妻制。但在某个特定历史阶段，采取一夫多妻婚姻形态的例子也很多[1]。而一妻多夫的情况则极其少见，这种形态的出现显然主要是因为当地的土地贫瘠造成的。人类生态学家铃木继美以人类生态学的观点对默多克的调查结果进行了分析，认为一妻多夫婚姻形态出现的主要原因，在于控制生育率和规避因家庭成员增加导致的土地分割[2]。在风土对于家庭、婚姻形态和居住及村落形态的影响方面，尚存在许多颇具趣味性的问题，值得我们进一步思索，或许会成为打开现代居住空间之门的钥匙。

（山崎俊裕）

[引用文献]

1）『新建築学大系8　自然環境』木村建一・吉野正敏・村上周三・森山正和・荒谷登，彰国社，1984，34～35ページ，図1.11

[参考文献]

1）『社会構造　核家族の社会人類学』G.P.マードック著，内藤莞爾訳，新泉社，1978

2）『人類生態学と健康』鈴木継美，篠原出版，1989

图 –3　内外空间连续的栗林公园掬月亭（摄影：小泽朝江）

图 –5　山城锡耶那复杂的街道、建筑群和标志性的大教堂

图 –7　与枯山水庭园连着的东福寺正殿回廊（摄影：小泽朝江）

图 –9　建在干燥低湿荒野的 F.L. 赖特设计的西塔里埃森工作室

图 –4　与退潮较少的海共存的渔村丹后伊根町（摄影：小泽朝江）

图 –6　面对着太平洋大自然景观的索尔克研究所（设计：L. 卡恩）

图 –8　为深雪覆盖的飞弹山中村落白川乡（摄影：小泽朝江）

图 –10　利用自然地形和天然材料构筑的南美村落马德拉（摄影：渡边研二）

28	L	Landscape andscape		
城市规划 建筑设计 环境规划	Keywords	Mental Phenomenon 心象	Visual Environment 视觉环境	A Sense The Vanity 宿命观
	Books Of Recommendation	■《土木工程系大系 13 景观论》 中村良夫、小流武和、篠原修、田村幸久、樋口忠彦，彰国社，1977 年 ■《新体系土木工程系 59 土木景观设计》 篠原修，技报堂出版，1982 年 ■《景观地理学讲话》 辻村太郎，地人书馆，1937 年 ■《造园的空间与结构 环境 / 建筑之间的相互关系》 铃木昌道，诚文堂新光社，1973 年		

■何谓 Landscape

利用词典查了一下与 Landscape 对应的日语翻译，其中有，景观、景色、风景以及造园和造景等多种。应该说景观、景色和风景这前面的 3 个译名更贴切一些，且在日常生活中作为同义语使用。不过，如果追根究底，这 3 个词的由来和原有含义仍然有着微妙的差别。而后面的造园和造景的译法，恐怕会有许多人觉得不太符合原义。“景观”一词，是由植物生态学家三好学由德语 Lantschappen 给出的译名，相当于法语的 Paysage 之类的意思。由此可知，因各国使用的语言不同，认为这些语汇的由来和原有含义存在着微妙的差别，也是很自然的事。

关于景观的概念，中村君给出的定义是：“所谓景观，不外乎围绕着人类的环境看点”；篠原君则将景观定义为：“所谓景观，即对象（群）的整体眺望，并以此形成的人类（集团）的心象”。另外，那些才子们又将“风景”与“景观”进行对比，给出这样的定义：“风景”是通过人文社会学的途径，聚焦与人的意识、记忆、思想和精神等所有侧面关系的综合映象；“景观”则是通过自然科学的途径，如同照片一样正确和客观地分析理解的视觉环境映像。丘斯坦 · 贝尔格在《风土论序说》中讲到风景时，提出 5 条标准，

①以风景一词表示的事物成为考察的对象。

②产生称为风景的词汇。

③风景画画家描绘的风景。

④为了愉悦由庭园再现的自然美。

⑤风景成为口头文学和笔记文学描绘的对象。

风景的定义应该满足这 5 条标准，还特别指出最前面的标准十分重要。并且断言，凡是没有满足这些标准就定义为风景，都是对语汇的滥用。

■日本的自然风光和精神性

就像“山清水秀”一词描绘的那样，由于湿润的温带季风气候条件，群山笼罩在朦胧的紫色雾霭当中，河水清澈透明，日本的自然风光确实很美。应该说，日本人对自然和风物的感受是由四季丰富多彩的变化培育起来的。古代的《万叶集》、《古今和歌集》、《源氏物语》、《枕草子》、《徒然草》和《方丈记》等日本古典文学的代表作，其中有大量篇幅都以独特的感性对日本的自然风光做了吟诵和咏叹。日本人的情绪，也被认为与派生自自然和风物

图 −1　毛蕾沼公园（初步设计：勇野口；施工设计：法伊布建筑师事务所 / 摄影：藤田大辅）

图 −2　养老天命反转地（设计：荒川修、马都林 · 吉茨 / 摄影：藤田大辅）

图 −3　直击福冈（设计：日本设计 / 阶梯花园 设计：艾米里欧 · 安帕兹）

图 −4　土门拳纪念馆（设计：谷口吉生）

图 −5　奥克兰美术馆（设计：凯宾 · 洛奇）

变幻的“多愁善感”和“宿命观”有着不解的渊源。鸭长明所著《方丈记》中有一节，“远逝的河水兮，长流不止，然已非适才之水；漂浮的泡沫兮，瞬息破灭，世上绝无恒久之物”，这段话可以说充分表现出了日本人的宿命观和对待事物的态度。

在传统的日本庭园设计中，将自然作为借景取入室内，构筑出洄游式庭园和枯山水庭园，形成一种以季节更替变化为乐趣的文化。日本的庭园，以京都最为发达。究其原因，主要是城市周边盛产可用做庭石的有名石材的缘故，而且还得益于遍布境内的树木、涌泉和流水，当然也不缺少其他造园材料。

给日本带来汉字和诗词的中国，其有关风景的概念被认为主要是由古代诗人造就的。中国六朝时代宋 · 宗炳[生活于东晋宁康（375）～宋元嘉（443）年间]著有《画山水序》，这是一本绘画史上最早的山水画论。宗炳曾遍游湖南一带的名山，到了晚年始留下这样一本著作。在这本书里，已经接触到绘画技法中的透视图法。

日本的风景概念，系通过无视人的视角与外界对象之间的距离而形成的；与此相反，西洋的风景概念则是通过测定人与外界的距离才成立的。西洋和日本对待风景的精神性差异，系由长期的历史和风土形成的不同思维方式带来的。那种把西洋的石造建筑＝永恒性、日本的木纸建筑＝无常观的看法，倒也意味深长。

■当今景观设计状况

相对于自然风景，还应该考虑到人造风景这一概念。在这里，为了解当今的景观设计状况，特别罗列了以下的规划设计案例，其中不乏优秀的典范。

①作为人们集会和休憩场所公共空间的设计案例：MOERE 沼公园

②作为融合自然的巨大盆景式实验场的案例：养老天命反转地

③在阶梯状屋顶空间以人工方式进行大规模绿化、构建与广场一体空间的案例：ACROS 福冈

④与野鸟群集的人造水池和周围丰富的自然景观协调的建筑案例：土门拳纪念馆

⑤屋顶大规模绿化的美术馆案例：奥克兰美术馆

⑥维护历史性广场和小径之美的案例：哈佛大学老校园

⑦服务周到、绿草如茵的高级住宅区内公共空间案例：诹访高级住宅区

⑧以喷泉和铺石营造优美景观的案例：哈佛大学特纳喷泉广场

⑨用再开发项目构筑优美的公共空间和庭园的案例：艾巴 · 贝纳中心及广场花园

⑩在共享空间内大面积栽种植物的早期案例：IBM 总部大楼

⑪广场上的大型雕塑成为街区标志的案例：芝加哥联邦州立法院前雕塑

以上这些案例的共同之处在于，个个都是将所在场所的优美景观、即人对自然的意识、记忆、思想和精神作为视觉的整体具象。（山崎俊裕）

图－6 哈佛大学老校园

图－8 哈佛大学特纳喷泉广场（设计：皮特 · 沃克）

图－10 IBM 总部大楼内共享空间

图－7 诹访高级住宅区内小路（设计：山设计工作室）

图－9 艾巴 · 贝纳中心及广场花园

图－11 芝加哥联邦州立法院前广场上的雕塑（制作：卡尔德）

29 光 Lightscape 环境

环境工程学
建筑设计
城市规划

Keywords	Night View 夜景	LED 发光二极管	Light Pollution 光害

Books Of Recommendation

- ■《阴翳礼赞》
  谷崎润一郎，中公文库，1975 年
- ■《夜间黑暗不行吗？ 黑暗的文化论》
  乾正雄，朝日选书，1998 年
- ■《光与色的环境设计》
  日本建筑学会编，欧姆社，2001 年

■何谓景观照明

标题中的景观照明一词并不是一般的词汇，说起来还与风景和城市景致这两个词汇中的“景”字有些渊源，景观照明除了“景观”的意思以外，又加入了视觉上的光的成分。而且，一提到夜间照明，便会产生使用灯光照亮什么的语感。至于制造夜间景观效果的光源，也包括从室内漏到外面的光。因此，像这样不带有特定意图和目的构成夜间景观的光环境，我们也可勉强地称其为照明景观。

如果将构成城市照明景观的人工照明进行分类的话，基本可以分为路灯、信号、光饰、灯光、被照亮的广告媒体、从建筑物内部漏到外面的光及其他人工照明（汽车照明等）。而且，依据下面将说到的光害的观点，将对象的范围进一步扩大时，甚至连明月和星空发出的自然界中的光也纳入照明的范畴。近年来，如同下面要讲到的光害问题揭示的那样，一种新的趋势正越来越受到人们的重视，即不再一味地追求夜间的照明亮度，对本来黑暗的环境只是进行有节制的照明。

■景观照明的历史

那么，以人工照明形成的照明景观有着怎样的历史呢？像松明、灯台和油灯这些利用燃烧原理的照明器具，都是有着久远历史的照明，而使用电力的照明器具历史则要短的多。白炽灯泡的原理发现于 19 世纪初，直至 1879 年才由爱迪生实际应用到自己发明的碳素灯泡上。作为社会的基础设施之一，向某一地区所有的消费者供应电力的方式，也是由爱迪生公司于 1882 年完成的事业。打那时起，五花八门的照明开始将城市的夜晚装扮得绚丽夺目。

作为一种带有目的性的表现形式，以照明装扮建筑物外部的手法，一开始只是采用光量有限的灯饰。在 1900 年的巴黎万国博览会上，利用霓虹灯所做的漂亮装饰引起了人们的高度关注。此后，又出现了采用投光器的照明景观手法，第一次世界大战后，流行于巴黎和伦敦。

作为一种更平常的照明，路灯成为城市夜间景观的基调之一。由于日本的路灯多使用水银灯，一般会将夜间的景观辉映成白茫茫的一片。而在欧美国家，因为采用发红色调光的钠灯，所以展现在人们眼前的照明景观显得更温馨。至于从建筑物里漏到外面的灯光也是一样，日本的室内照明喜欢采

图 −1　树木和窗轮廓的灯饰、墙面的投光。除左侧树木使用绿色 LED 外，其余皆为暖色调。（蒙特利尔）

图 −2　由设在幕墙上的照明器具演化出的色彩缤纷的夜景。蓝、绿、红交替变化。（台北）

图 −3　LED 路灯

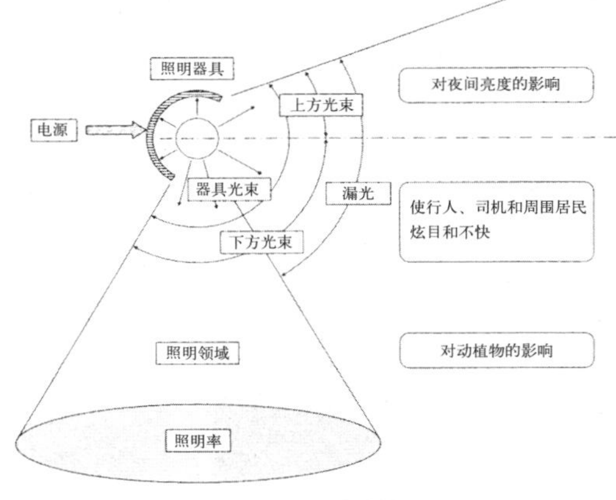

＊据《光害对策指导方针 [2006 年 12 月修订版]》编制

图 −4　与光害有关用语及相互关系

用荧光灯，从室内漏到外面的灯光是白花花的，与水银路灯的灯光合在一起，显得越发白了，白得看不出夜景的真面目。

LED 与景观照明

LED（发光二极管）作为一种新光源，近年来才出现在世人面前。它是完全利用半导体发光原理制成的新光源，随着近来白色 LED 的实用化，我们可以对它的未来充满更多的期待。只是作为通常照明用途的普及程度并不理想，目前只有百分之几。LED 的特点是小型轻量化，使用寿命也较长，而且不使用荧光灯等照明器具离不了的水银，具有环保的优势。至于使用效率正在逐年提高，目前已超过白炽灯泡，在不远的将来就可能赶上荧光灯和 HID 等这些高效率的光源。LED 每一光束的成本目前还相当于普通灯的 1000 倍以上，其显色性也存在改善的空间，这些都是有待今后解决的课题。在建筑空间中，已出现了路灯采用 LED 的例子，主要是利用其耐久性的优点。而且，由于 LED 的小型轻量化，并能够发出各种各样的光色，说不定将来会出现一种与建筑形态融合的照明和前所未有的灯光照明呢。

光害问题及其对策

随着社会的进步和城市的开发，光害已成为人们逐渐认识到的新问题。一个由星星和月亮这些自然界的光和人工照明共同形成的光环境，由于过度地、不适当地使用了人工照明，反而给人类带来妨碍和不便，这就是光害。如果在夜间从卫星轨道上眺望国土狭小、人口密集的日本，被灯光映照着的日本列岛形状历历在目。这样的状况，妨碍了对天体的观测和影响到动植物的健康成长；射入室内的光线会使人无法安睡。种种夜间照明能源的过度消耗，已经带来了关系到地球环境等诸多方面的各种问题。因此，当时的环境厅（现在的环境省）于 1998 年制订了《光害对策指导方针》(2006 年修订)，在实践中由地方自治体列为制订地区照明规划重点的《制订地区照明规划注意事项》也于 2000 年颁布，目的在于将光害对策向地方自治体、开发商和市民进行宣传和普及，以营造更良好的光环境。

由于实施了光害对策，作为用于室外的照明器具设备性能及规格推荐标准，重点放在综合效率、照明率、上方光束比和眩光（glare）等的对策上。所谓综合效率系指照明器具的耗电量与实际照射光束之比，推荐指标为 60lm/W（输入功率 200W 以上时）。照明率系指在由照明器具发出的全部光束中实际到达目的范围内的光束的比例。所谓上方光束比，系指在由照明器具发出的全部光束中，向着高于水平角度射出的光束的比例。对此，都根据各地区特点及实际需要，将地域做了类型划分，对不同类型的区域推荐对应的指标值。该类型系由自治体自行确定，将当地范围内从黑暗区域至位于市中心一带的明亮区域，对光环境总共划分成 4 类。

基于光害对人类的各种活动和动植物影响的研究，以及该采用怎样的程序使用照明器具等问题的探讨，又引出了时间设计的概念。譬如，商业街打烊后只保留最低限度的照明，老龄者住宅夜间走廊照明在使用频度下降后的人感控制，在办公室为防止夜间漏光使用窗帘等。

自发光式广告牌同样是光害的来源之一，对此无法采取防漏光的手段，也不能使用闪烁和着色的方法，应该如光害对策指导方针所规定的那样，换成高效率的照明器具和控制亮灯的时间。

另外，作为与光害有关的国际性方针，国际照明委员会（CIE）规定了对周边建筑物有影响的广告牌亮度允许值，希望在实践中适当参考之。(宗方　淳)

表 -1　照明环境类型及照明器具上方光束比推荐值（据《光害对策指导方针》[2006 年 12 月修订版] 编制）

照明环境类型	地域特点	上方光束比		
		"放心"的街道照明器具	"典雅"的街道照明器具	
			短期目标	由政府完善
照明环境 I	自然公园和山村等本来就是黑暗的区域	0%		
照明环境 II	村落和郊区住宅地等有路灯区域	0 ~ 5%		
照明环境 III	城市住宅地有路灯和户外广告媒体的区域		0 ~ 15%	0 ~ 15%
照明环境 IV	大城市中心部繁华街区和户外照明及户外广告媒体集中区域		0 ~ 20%	

表 -2　为抑制有害光源而规定的诸指标最大允许值举例　(CIE150 2003)

项目	指标	条件	国立公园	昏暗的环境产业、地方居住区	稍暗环境产业、郊外居住区	明亮市中心、商业区
周边地区门窗等处亮度限制	垂直面照度	关灯前	2lx	5lx	10lx	25lx
		关灯后	0lx	1lx	2lx	5lx
被过度照明的建筑物墙面和招牌	亮度	建筑表面	0cd/m²	5cd/m²	10cd/m²	25cd/m²
		招牌	50cd/m²	400cd/m²	800cd/m²	1000cd/m²

30	声	Soundscape 环境		
建筑设计 社区规划	Keywords	Sound Environmental Design 声环境设计	Sound Map 音响地图	Spatial Cognition 空间认知
	Books Of Recommendation	■《世界的旋律 什么是音响景观》 玛丽 · 谢娃著，鸟越桂子译，平凡社，2006 年 ■《声环境——思想与实践》 鸟越桂子著，鹿岛出版会，1997 年 ■《声教学》 玛丽 · 谢娃著，鸟越桂子、若尾裕、今田匡彦译，春秋社，1992 年 ■《制造诉诸音响设计感性的声音》 岩宫真一郎，九州大学出版会，2007 年		

■声音的设计—音响景观的视点

说到建筑和城市空间的设计，人们一般会很容易联想到建筑的外观、动线和形态，其次还有空间的功能，大都集中在视觉形象上面。其实，声音也会给人所感觉到的空间印象以很大影响。

所谓声环境，便意味着“声音的风景”，它是通过聚焦于环境声音附带的意义性、审美性和功能性时看到的。这一语汇所要表达的思想是，不把外部环境中声音的交汇作为噪声来看待，而是将由单调声音组成的声环境当做可以像音乐一样听的对象。

一提起在建筑和城市领域里听到的声音，话题就常常会转到由道路和铁路等产生的环境噪声，或者在公寓里容易听到的邻居传出的噪声上来。关于环境噪声议论较多的，主要是从音量等一元的物理特性的角度评价其影响程度和允许范围。从依法限制噪声水平的观点来看，类似这样认为声音讨厌，作出一元的评价，或许有助于问题的改善；但从另一个角度来说，在议论个个空间的品质时，还应该采取积极的态度，以规划设计的眼光重新进行评价。声音不仅有噪声那样的负面影响，也有可满足精神需求的正面效果。这时，可以说已经将焦点放在声音所具有的个人及社会的意义上，即开始以“音响景观”的视角，对声环境采取积极设计的姿态。

■声环境设计的意义及其实践

如以音响景观的视角考察空间，会使你的想象更加丰富，其中有从空间经过时感受到的听觉空间映象、自然的声音、街道上的声音、人群中发出的嘈杂声和传来的会话，甚而能够想像出这时人们怀有的心态。音响景观规划，可以成为积极设计人自空间接受心绪变化的途径。

声环境设计分为以下几种类型。

1 空间表现

这种方式多见于建筑设计、创意设计与美术作品等的组合、人群集中的商业设施和观光运动场所，将声环境引进到这些空间中来。在将对象空间分区化的基础上，设计中采用高音质的扬声器并分散配置，而广播的曲目也各具特色（图 −1）。虽然因对建筑音响的考虑不够周到，致使有的事例也存在扬声器配置过剩和运用程序单调等问题。然而，一个优秀的声环境设计还是能够给空间印象营造出独特的氛围的。

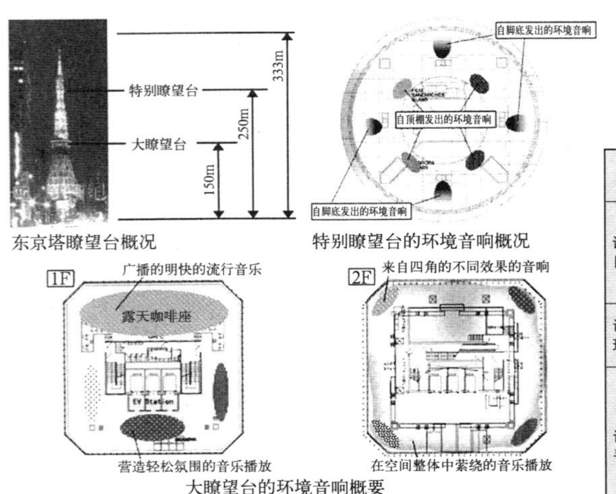

图 −1 东京塔改造项目中的声环境设计事例 [1)]

	整体	大瞭望台 2F	大瞭望台 1F	特别瞭望台
设计目的	营造与“瞭望”情绪适应的宁静气氛。	享受从四个角落瞭望的乐趣。	· 为了让等电梯的参观者不致烦躁。 · 在咖啡座便可享受向远处瞭望的乐趣。	营造出身处宇宙飞船中的漂游感及不一般的氛围。
设计理念	· 创造声环境。 · 去掉不需要的声音。	营造各个角落都不一样的声环境。	· 营造轻松的氛围。 · 播放适合咖啡座氛围的音乐。	营造个性化的声环境。
设计手法	· 拆除有线广播。 · 减少传唤广播。 · 设置“信息板”。	· 萦绕在空间整体中的音乐播放。 · 从四角立柱内发出的不同效果声。 · 使播放的乐声昼夜变化。	· 顶棚上设吸音板。 · 在咖啡座周围播放轻松的流行音乐。	· 采用铝板和玻璃作为内装材料，可产生余音缭绕的效果。 · 从顶棚和脚下的扬声器发出效果声。

2 公共空间的声环境设计

这种方式，一般以车站和机场等要求具有较高信息传递性能和缓和喧嚣感作用的空间作为对象。其中的主体工夫大多下在室内的吸音设计、信号声和扬声器的配置等方面。最近，作为对视觉障碍者行动的援助设施，在火车站的检票口、卫生间和出入口等各个位置发出声响和信号声的事例日见增多，声环境设计在发挥这些信号声和电台广播的作用方面具有重要意义。

3 维护和导入想听到的环境声音

在公园等处，利用喷泉和流水营造声环境的事例越来越多。可是，还应该进一步将叮咚的水声和啾啾的虫鸣之类的自然声音，以及像咚咚的古刹钟声那样的音响标志保全下来，并具有将其引入空间环境加以培育的意愿。就像大分县竹田市的泷廉太郎纪念馆的庭园设计那样，便是一个以再现当年音响景观效果的理念设计空间的例子。

4 音响设置和音响艺术

作为可以制造出悦耳声音的装置或一件积极使用声音的艺术作品，基本都布置在公园和广场。如“耳中的沙漠绿洲”（杉并区）和“Wave Wave Wave”（福岛县岩木市）等。

作为综合众多观点而做出的音响景观设计，也有导入体育场和主题公园的例子（图－2）。

声环境设计上的课题

1 声环境的设计方法

在构思声环境时，作为基本的方法，应该在对背景声音和附加声音等构成声环境的各种声音的种类、音量、与听到这些声音的人的和谐程度以及可听取的范围等有了全面了解之后，再进行规划设计。这时应特别注意假如使用了廉价的扬声装置，便很容易加重空间的嘈杂感（图－3）。除了扬声装置，还可以利用诱鸟树和草丛等引来自然的声音，如果要想听到风声，则可栽植树木或悬挂风铃。至于建筑空间内部的音响现象，譬如为了表现沙沙作响的回廊和微微发颤的回声等，则期待以蕴含着更新创意的设计方法将其展开。

2 将应用作为设计的重点

即使在导入声环境设计的事例中，也有许多由于应用过程中维护不善或未理解设计意图，致使设计当初的声音空间荡然无存。由于大音量声源的出现，往往掩盖了整体效果。因此，一个重要的课题是如何将应用方法也纳入视野，以设计出可长期持续使用的声环境。

3 音响景观设计的推广

像城市建设中的音响景观设计自不待言，即使在建筑的内部空间设计中，也应该以音响景观设计的观点对空间重新进行审视。如果让空间连接在一起，彼此相通，声音便会在空间整体里传播。对某个人的活动不可缺少的声音，有时对他人就是一种噪声。应该充分认识到，怎样构筑一个既让人人都能选听到自己需要的声音又感到心情舒畅的声音空间，绝对不是一件轻而易举的事，一定要将从声音角度重新看待空间设计的态度用到所有的设计事例中去。

（上野佳奈子）

［引用文献］

1）船場ひさお「公共空間における音環境のユニバーサルデザインに関する研究」九州大学学位論文，2006，62ページ・図4-3，64ページ・図4-4，65ページ・図4-5

2）同上，64ページ・表4-1

3）平栗靖浩・川井敬二・辻原万規彦・河上健也・矢野隆「アーケード街路の音環境：熊本市・長崎市中心市街地における実測調査」日本建築学会環境系論文集，№604，2006，4ページ，図1

声环境设计理念

园内噪声源的对策
- 园内机动车噪声限制（大巴 90dBA、小货车 85dBA、出租车 80dBA；30km/h 动力水平），对运行路线进行规制
- 垃圾运输车、双轮运货马车、通风机和游乐设备的低噪声化

发自邻近区域的噪声对策（与美军基地相邻）
- 能源中心的噪声、控制竞赛喧嚣声的传播
- 宴请和雇用当地居民

自然环境声的保全和导入设计
- 培育诱鸟林和草丛

营造氛围的声音
- 路边手风琴演奏、演出、船舶的汽笛
- 开发包括废止个人传呼在内的信息传唤系统

音响标志
- 园内到处响起撞钟声

图－2　临海主题公园的声环境设计事例

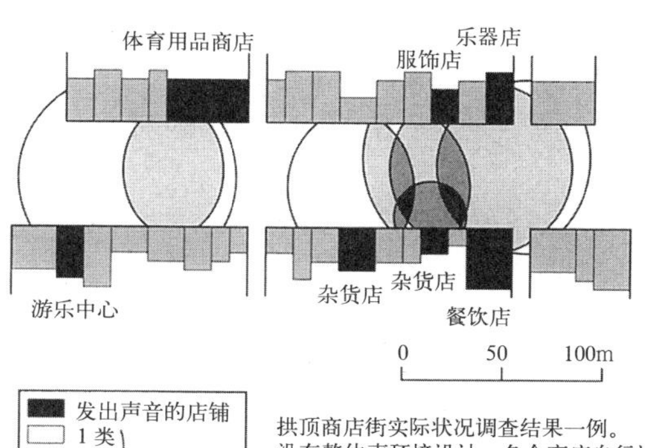

拱顶商店街实际状况调查结果一例。没有整体声环境设计，各个商店自行设置扬声器和随便调整音量，这很容易形成无序的声环境。

图－3　街道空间扬声器分布图

31 集 Space of Event 会空间

建筑设计
社区规划

Keywords	Theatre and hall 剧场 · 大厅	Performance 演出	Concert 音乐会

Books Of Recommendation

■《剧场的构图》
清水裕之，鹿岛出版会，1985 年
■《大厅的设计和运营 从传统艺能剧场到新的多功能厅》
山崎泰孝，鹿岛出版会，1987 年
■《关于医院内的音乐剧场的调查研究》
胜又英明、干原弘人、日本建筑学会，地区设施研究 24，2006 年

■何谓集会空间

集会空间是因何而存在的呢？我想那目的应该是多种多样的，主要是为了提供一个人们相互交流、居民主体街区建设、地区振兴、周边商业街的活跃和发表意见的场所。比较一致的看法是，集会空间应该是一个希望通过人们的集会和相互交流能够出现一点儿什么的空间。

在对集会空间加以思考时，我们首先会想到“集会”到底何所指。据《广辞苑》的释义，“①（发生事件）时人们的聚集，节日庆典；②（竞技体育运动）的各种比赛”。而根据《建筑大辞典 第 2 版》，所谓集会“即许多人在一起举行的公众节假日演出活动和临时庆典。大至城市规模的博览会，小到社区的纪念仪式，乃至民间节日的活动等”。进而还有这样的释义，所谓集会空间“系指举行集会的场所。在城市里因为可以被吸引来参加集会的人多，所以集会的空间也随之扩大。由于集会空间的性质已经高度商业化，因此构建出的集会空间必须是一个非日常性的空间设施。最近出现的集会广场，大部分都是永久性或半永久性的设施”。按照这一说法，集会所表现的含义应当是“演出、庆典和比赛”。

基于以上的阐述，在本小节中将涉及的集会概念只限于“演出、庆典”的意义；不再论及体育比赛和体育设施。然而，即使谈到“演出、庆典”，参加的人们也将会被分成观赏者和参加者两大类。作为观赏者，无论是看戏还是听音乐，都处于被动地位。一般的说，舞台与观众席之间是被分隔开的。只要把舞台的台口部分（pyoscenium）展现在观众眼前就可以了。而参加者则是民众的自发行为，他们是奔着节日庆典和公开演出来的。这样看来，集会的原始意义不就在于“节日”吗！举行节日庆祝活动的场所可以是神社或寺庙的院内，也能在道边或十字路口。

■集会空间的设计

1 设计空间系统

设计空间系统，系指经过规划设计才形成的空间，如剧院、音乐厅、展览馆、体育场、露天剧场、体育馆、演艺场、曲艺场、能乐舞台和爵士乐音乐厅等。

2 非设计空间系统

非设计空间系统系指并未经过规划设计的空间，是呈现多样化的空间。作为一种能够很容易将人们聚集起来、具有一定开放性的空间，可以举出公园、道路、站前广场、广场、火车站、采石场和仓库等例子。

譬如散步（图 −1）用的道路、站前广场和步行者天国（图 −2）等处的空间，都并非是作为集会空间规划设计的。可是，尽管没有将其当做集会空间设计，却仍然是理想的集会空间。还有像伦敦的考文垂花园广场，在那里经常举行各种各样的演出活动（图 −3），人群围成一个半圆形在这里兴致

图 −1　代代木体育馆旁道路上表演（东京）

图 −2　银座步行者天堂的街头演出（东京）

勃勃地观看演出。这里只不过是位于户外地面的空间，既无观众席亦无舞台。如果可以称为舞台的话，也不过就是位于演出者身后的外廊部分。这种形态，可以说正是古希腊罗马时代圆形剧场的再现。

作为人们经常聚集、但却并不宽敞的空间，可以举出电车内部、汽车内部、船内、图书馆、医院、福利设施和学校等实例。譬如，利用大英图书馆设置书架的阅览空间举行的舞蹈表演。舞蹈演员们在图书馆阅览空间的书架间翩翩起舞，观赏者也随着舞者在书架间或游弋或驻足。像这样设有书架的阅览空间既是舞台又成了观众席。类似这种情况，作为集会空间当然是未经设计过的，只能是出自编导和演员的创意，才使其成为集会空间的。

其他的例子还有在伦敦国王十字车站中央大厅举行的演出活动（图 -4）。由于数位扮作旅客的舞蹈演员在旁观者毫不知情的情况下突然间便跳起了舞蹈，使得既无舞台又无观众席的中央大厅一下子变成了集会空间。

在伦敦的切尔西威斯敏斯特医院内的中厅（图 -5）里，利用中厅空间，定期地为住院患者和当地居民举办演出活动。在日本，也有许多在医院和福利设施内举行各种集会活动的例子。

室外的集会空间

在欧美气候温暖的地区常常举行野外的演出活动，例如伦敦每年 9 月举行的勃拉姆斯(PROMS)古典音乐节。到了最后一天，被称为昨晚的勃拉姆斯（图 -6），从作为主会场的皇家阿尔伯特大厅到设在海德公园的分会场都采用大屏幕进行转播。数以万计的听众一边进行野餐，一般聆听着优美的歌曲演唱。这时，伦敦的海德公园也成了集会空间。

日本的气候决定了盛夏和隆冬都不适合在户外举行演出活动。加之降雨频繁，也让室外活动有诸多不便。假如举行体育活动尚可勉强为之；但要进行戏剧和音乐的公开演出则条件的确过于严苛。一想到举办一场不受气候条件制约的演出活动，就必须找到一处有屋顶覆盖的空间。

与此同时，还存在一个演出活动进行时发出的声音向四周传播的问题，这些声音往往会让附近的居民苦不堪言。看看户外演出空间的场地便会发现，不是选在公园内（如日比谷公园的露天音乐堂），就是丘陵中（开放剧场——EAST）。由于这些集会空间远离居民区，因此用不着担心声音对外界的干扰。由此可知，在规划设计集会空间时，还应对周边环境状况做充分的调查。

“集会空间”说到底是指什么

在这里要重点强调的是，尽管“任何地点都有成为集会空间的可能性”，但如果想举办一场高水平的演出活动，却离不开与此相配的设施和装备。另外，即便所有条件差不多都具备，还必须以独到的眼光对集会空间做出分类，即根据什么样的空间会有多大的使用频度，确定设计成常设的集会空间还是临时性的集会空间。（胜又英明）

图 -3　考文垂花园广场的地摊儿演出（伦敦）

图 -5　切尔西威斯敏斯特医院中厅内的音乐会（伦敦）

图 -4　国王十字车站内的舞蹈表演（伦敦）

图 -6　海德公园内的昨晚勃拉姆斯音乐会（伦敦）

32 残余空间

Remaining Space

建筑设计
社区规划

Keywords
Gap 空隙 | Conversion 变换 | Ruins 废墟

Books Of Recommendation

■《废墟论》
李斯特伐 · 乌得沃特著，森下树译，青土社，2003 年
■《一无所有的空间》
皮特 · 布鲁克著，高桥康也译、喜志哲雄译，晶文社，1971 年
■《军舰岛　睡梦中的觉醒》
杂贺雄二，谈交社，2003 年

■何谓残余空间

所谓残余空间究竟是什么样的空间呢？残余空间大体上可以分为两种，即“残余地块类”和“残余建筑类”。前面的“残余地块类”，系由于某种原因没有营造建筑物的地块，如“建筑与建筑之间的空隙”和“构造物的空隙”等。后面的“残余建筑类”，系指虽然营造了建筑物却没有使用的场合。譬如废墟、废弃的学校和工厂遗址等。在这种场合，建筑物之所以未能使用也有着一定的理由。

■作为残余地块弃置的理由

凡是作为残余地块被搁置起来的相应理由可见于表 −1。或许只要弄清了这些理由，便能够找到重新利用残余空间的途径。解决这些理由中提出的问题的方向，说不定会成为使这一空间得以重新利用的理念。当考虑到作为残余空间被搁置的理由时，基本可将其“理由的种类”一分为二，即“搁置理由明确的空间”和“搁置理由难以理解的空间”。

所谓“搁置理由明确的空间”，系指在法律上“限制建筑的区域”和军事基地内等。如果系由政府机构进行调查的话，可轻而易举地搞清其理由。还有一个比较明确的理由是，这个地块使用起来会有危险（图 −1、2、3）。

作为“搁置理由难以理解的空间”，系指单从地块或建筑物表面上无法理解其搁置理由的空间。有时你会发现在某个地方的土地被搁置着，心里纳闷儿：“为什么闲置着，不在这里建座楼房呢？”尽管其中必有缘故，比如说土地有瑕疵啦、从前曾在这里发生过什么事件或事故啦等等。如果在某个地块上，从前曾发生过灾害、事故或事件，并因此有人丧命，但凡了解这些情况的普通人，对利用这块土地和建筑都会有些踌躇。还有其他例子，如因土地与建筑的关系而产生的纷争，这也是难以从表面上理解的，因为遗产继承和土地房产租赁之类的纠纷，都属于权利关系错综复杂的事件。作为另外的例子，即所谓表面上看去是块空地皮，但其地下却有构造物或其他麻烦事等。土地有瑕疵的例子，主要指工厂或医院遗址之类土壤可能受到污染的情况。构造物系指在地面以下的铁道和道路，这些位置的土地表面在利用上是有一定限制的。

表 −1　残余地块的分类

残余地块分类	残余地块产生的原因（例）				
	法律上的	狭小难以利用	危险	无法施工	无利用价值
城市规划类					
街区调整区域	○				
城市规划区外	○				
建筑物					
建筑空隙		○			
建筑屋顶		○		○	
建筑地下				○	
构造物类					
高架线（铁路、公路）下		○			○
道路上部				○	
道路地下					○
桥下				○	○
过街桥下		○		○	○
遗址类					
工厂遗址			○		
废弃铁路					○
游园遗址					○

残余地块分类	残余地块产生的原因（例）				
	法律上的	狭小难以利用	危险	无法施工	无利用价值
医院遗址			○		
军事类					
防空壕			○		
地雷区			○		
水雷区			○		
军事分界线			○		○
基地				○	
建筑受限类					
高压输电铁塔下	○		○	○	
有巨大地下空间的地上部分	○			○	
地铁位置的地上部分	○			○	
地下道路位置的地上部分	○			○	
输水主管道的地上部分	○			○	
缓冲类					
高速公路边的绿化带				○	○
火葬场四周	○				
核电站周边	○				

图 −1　高速公路的高架桥下（河上）

■“残余建筑”的利用

作为原始用途本应有社会性寿命的建筑物，可以说是残余空间的一种形态。像这样的建筑物，不是原封不动地搁置在那里，就是将其拆掉再建起新的空间使之复苏。不破坏旧建筑，而是通过对其内部加以改造又重新得到利用，应该说便脱离了原来的残余空间。表 –2 为残余空间利用（改造）的例子。原有的建筑物，多为工厂、仓库、政府机构和学校等较大的空间和规模较大的设施。改变后的用途，多数都转用做博物馆、商业设施和艺术文化培养设施等有很多人集中的设施。由此可知，转用后的用途与从前完全不同。

■作为空隙的“残余空间”

最为典型的残余空间是建筑与建筑之间的“空隙”。依照建筑规范的规定，在第一种和第二种低层住宅专用区域内，根据具体情况，其占地边界线与外墙的距离不得少于 1 ～ 2m。这样，与邻舍合起来，会出现 2m 以上的空隙。而且，按照民法的规定，相邻地块边界线与建筑物的间隔，必须保持 50cm 以上。这个“空隙”的保留，系出于多座建筑物在同一地块上不能布置得过密的考虑。可是，现实中像这样的空隙很难在营造完美环境方面得到充分有效的利用，只能用做配管铺设空间、室外设备安装场地和背面的道路等。总之，对于建筑来说，都是一些属于次要地位的空间。

在国外，有许多利用建筑与建筑之间“空隙”的好例子。在英国的爱金巴拉皇家玛依尔，利用建筑与建筑之间的空隙构建了被称为“十字交叉”的 60 多条小巷。这是有效利用建筑空隙营造小巷空间的例子。在巴黎，也有一处被称为老佛爷（图 –4）的拱顶商业街，二者都是在建筑与建筑“空隙”的小巷中架起钢筋拱顶构筑的商业街，也都是利用“空隙”营造出的美妙空间。不仅限于在进行建筑与建筑之间“空隙”的设计中才能体验到设计“残余空间”的乐趣，有时在同现有设计对比的过程中，照样可以感受到令人愉悦的情趣。（胜又英明）

表 –2 残余建筑物利用事例（留下旧设施一部分然后再生）

残余建筑物用途	残余建筑物种类	利用设施名称	利用事例
工厂	纺织厂	仓敷常春藤广场	旅馆、资料馆、餐厅
	纺织厂仓库	金泽市民间艺术村	剧院、排练场、餐厅
	酿酒厂	札幌工厂	大型商业复合设施
	船坞（干船坞）	横滨标志塔船坞花园	广场、商业设施
仓库	仓库	横滨红砖仓库	商业设施、画廊、大厅
	仓库	红圣彼得	剧院、排练场
采石场	采石场	军舰岛	（拟申报世界遗产）
	大谷石地下采掘场	大谷资料馆	资料馆
政府机关	近卫师团司令部	国立现代美术馆工艺馆	美术馆
	中央电话局	新风馆	商业设施
	净水厂快速过滤场暂设棚	神户市水科学博物馆	博物馆
	废弃火车站	交通博物馆	博物馆（迁往大宫）
学校	世田谷区立池尻中学校	世田谷造型学校	艺术文化培育基地
	新宿区立淀桥第三小学校	艺能花传舍	艺能文化综合基地
	港区立三河台中学校	港口 NPO 屋	NPO 等培育、扶持及市民活动基地
	大学、研究所	国立公众卫生院	（利用形式在论证中）

图 –2 道路上的空隙

图 –3 铁路上面

图 –4 “老佛爷”（巴黎）

33 空间认知

建筑设计
室内设计

Spatial Perception
空间认知

Keywords | Human Body 人体 | Ceiling Height 顶棚高度 | Image 映像

Books Of Recommendation

■《在空间生存　空间认知发达性研究》
空间认知发达性研究会，北大路书房，1995 年
■《平面 · 空间 · 身体》
矢萩喜从郎，诚文堂新光社，2000 年
■《形式语言》
C. 亚历山大著，平田翰那译，鹿岛出版会，1984 年

■何谓空间认知

“最初映入眼帘的是建筑物，当进到里面去，环视周围”，这是我们常常遇到的场面。有意无意之间，我们就从构成空间的要素中抓到线索，获取了需要的信息。

因此，到底能够得到什么样的信息，会因你着眼的线索而不同。比如，将椅子相对摆放，一般便把注意力放到椅子上去（图 -1）。如果椅子之间的距离刚好适合谈话的话，一定会让你联想到两个人对话的情景。而且，不同的观察者，有的将焦点放在空间形状上，有的则放在空间大小上。这样或许令人想到，“空间如此之大，与其一个人呆着，莫不如大家都在这里过日子”。

从空间获取线索直至对其加以把握，如果采用“信息处理”手段来考察这一系列过程时，最后将得到下面的结果。即把来自外部的“信息（来自空间的刺激）”通过感觉器官“接纳”下来，作为某种特定的信号使之“符号化（即使之同步形成经验上的映象）”。最后，再将其作为一种经验“贮存”起来。空间认知，可以说就是像上面那样进行的感觉上及心理上的活动。

■高度不明的设计

如同自古以来人们说的“起来半个榻榻米，躺下一个榻榻米”那样，面积单位系以人体各部尺寸作为基准制订的，这已广为人知。在住宅设计中需要确定平面形状和大小时，当然也要以人体的尺寸作为基础来加以斟酌。如果将住宅看做纳入人的生活的容器，也是再自然不过的事了。

需要考虑的不仅仅是平面，以人体尺寸测不到头的高度的设计同样重要。正是源于这一点，近年来加大顶棚高度在垂直方向拓展空间的设计事例正在逐渐增多（图 -2）。但与此同时，人们也意识到，在空间规划中设计的手完全够不到的顶棚高度似乎并无必要。将顶棚弄得太高，看上去还是一种浪费和奢侈。当然，在某些必要的设施内，需要设定超出以人体为基准的尺度，也是谁都可以理解的。

在这里，我们设想在住宅的室内，为了对比一下标准的顶棚高度与较之标准更高一些的高度具

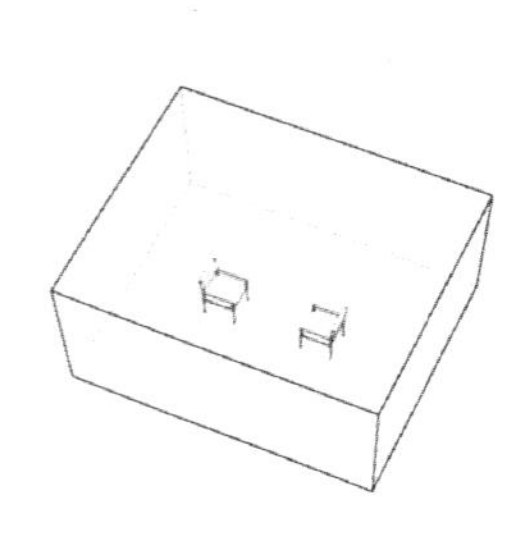

图 -1　空间与椅子

加大层高，在室内设置跳层的例子。LD 的顶棚高度加大了。

图 -2　大层高住宅

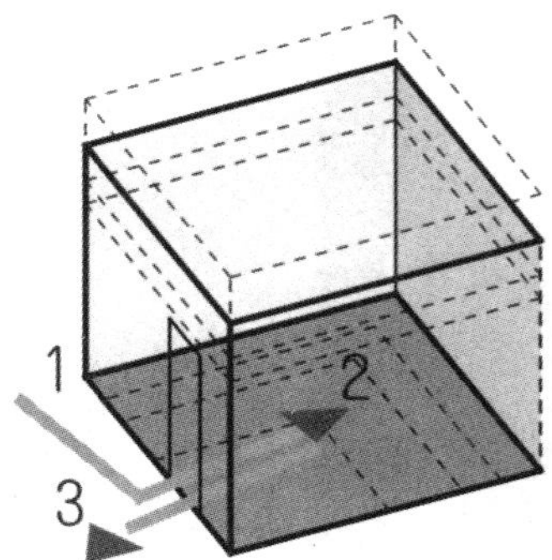

1. 进入室内（参加试验者 30 名，依次单独体验空间）。
2. 在室内体验 3 分钟（不定点观测，自由姿势）。然后说出“这一空间是做什么用的”，并描述具体印象。
3. 经过 3 分钟后自室内退出。如在退出时尚不能回答问题，可在等待处所继续回答。

* 试验是在城市基础设施建设公团（当时名称）的八王子试验场进行的。实验室系由可移动的木板围成。
设问：　采用“是谁、以何种状态、在做着什么”
这样的结构形式，来具体描述关于具象化的室内空间的各种生活场面。

图 -3　试验的步骤

有何种不同的意义，而进行了下面的试验。平面及高度设置成可变的，采用无窗的白色实体大空间，将总计 14 种形态逐一提示给每一位被试验者。然后，让被试验者具体形象地讲述“打算怎样使用这一室内空间”（图 −3）。被试验者以建筑专业的 30 名学生为主，关于体验的场所和应采取的姿势没有特别予以指定。

图 −4 系从被试验者的描述中了解到的“出现了什么样的人物”、“画出何种动线”和“采取何种姿势渡过这段时间的”等 3 个问题，并将其类型化后绘制出来的。从图中可以了解室内空间与映像的相互关系。

让我们再把着眼点放到左图的领域①和②上。在这里，分布着“团圆”、“饮食”、“就寝”、“松弛”、“放松”和“沉静”等映像要素。“在起居室兼餐室中家庭成员及友人之间的交流”则成为最具代表性的模型。与这一领域对应的空间，是右图的领域①′和②′的样本。其顶棚高度都未超过 2550mm。

领域⑤中，分布着“运动”、“演奏”、“开放”和“正式”等映像要素。根据被试验者的回答，我们看到的描述有“棒球防守动作练习”、“被书籍围起来的学习室”、“站着进餐的聚会”和“体操蹦床”等。值得注意的是，其中没有领域①和②中设想的映像模型。应该说已意识到，最终扩大了空间应用范围。与领域⑤的空间对应的，是领域⑤′的样本。在领域⑤′中，室内空间的顶棚高度均为 3000mm 或 3600mm。

如果比较一下各个领域，① − ①′ 及② − ②′ 为起居室和餐室，可以推断是表现室内生活的空间部分。另外，⑤ − ⑤′ 意味着系非日常空间，从使用方法上看，亦可改称为未开拓的空间。至于空间的顶棚高度，如以 3000mm 作为临界尺度，便能够意识到，在 2250mm 及 2550mm 的情况下，与 3600mm 时的映像性质是不一样的。

立体探究的重要性

C. 亚历山大在其所著的《形式语言》一书中，涉及所谓“无可挑剔的顶棚高度分布”问题。

他说：“跨越整个建筑物，特别是连接在一起的房间，顶棚高度应该有所变化。只有这样，每当你进入另外一个房间时才会产生某种亲切感。尤其在公共空间或有许多人聚集的房间内，顶棚就要高一些（10 ～ 12 英尺 /3.0 ～ 3.6m）；而在人数较少的房间要低一些（7 ～ 9 英尺 /2.1 ～ 2.7m）；2 人以下房间和凹室则更低(6 ～ 7 英尺 /1.8 ～ 2.1m)”。

图 −5　无可挑剔的顶棚高度分布

循着以上思路，虽说平面形状和大小所具有的功能和意义这是不言而喻的，但即使完全按照这样的思路来设定顶棚高度，也必须考虑到所谓“不可见”的功能和意义。在进行空间设计时，考虑人体尺寸固然十分重要；可是，与空间认知有关部分的尺寸设计也同样是重要的。（大崎淳史）

[参考文献]

1）大崎淳史・西出和彦「場所の知覚・形成からみた室空間の立体規模に関する考察」日本建築学会大会学術講演会梗概集 E-2，2005

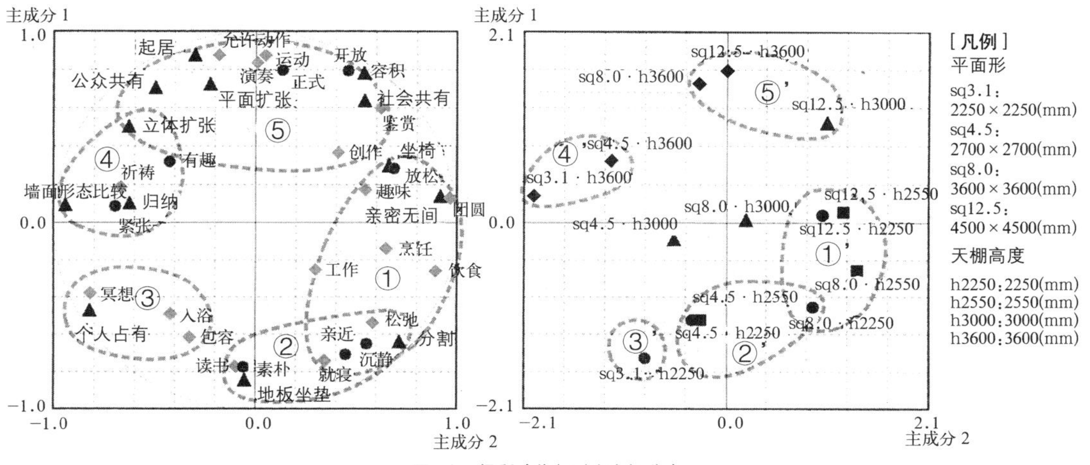

图 −4　场所映像与对应空间分布

34 AFFORDANCE

Affordance

室内设计
建筑设计

Keywords	Ecological Psychology 生态心理学	Search 探索	Unconscious 无意识

Books Of Recommendation

■《生态学视觉论　探索人的知觉世界》
詹姆斯·J. 吉普森著，谷崎敬译，科学社，1986 年
■《奉献 新认知理论》
佐佐木正人，岩波书店，1994 年
■《设计的轮廓》
深泽直人，TOTO 出版，2005 年
■《为谁设计？ 认知科学家的设计原论》
D.A. 诺曼著，野岛久雄译，新曜社，1990 年

何谓 Affordance

所谓 Affordance，是由知觉心理学家詹姆斯·J·吉普森提出的词语（即“给予……”[afford] 这一动词的名词化），被定义为环境给人类提供的有意义及价值的信息，系生态心理学上的重要概念。在日本，生态心理学家佐佐木正人曾发表过不少有关 Affordance 方面的文章。Affordance 为存在于环境中的各种各样物质、场所和事件所具备，是可以直接感觉到的现象。多少有点儿倾斜和凹凸的坚硬表面，可提供人们或站立或行走的场地；而断崖峭壁和水面却不能供人步行。

Affordance 与行为的关系，不同于巴甫洛夫的反复刺激的条件反射关系，也并非一定会引起某种行为的产生。哪怕不将椅子与“坐”的行为合并起来考虑，它也仍然从一开始就能 Affordance 出供人“坐”的功能。亦即，人类的行为并不反映 Affordance，而是在环境中的各种各样物质、场所和事件身上探索 Affordance，再将其拾起并加以传播（图 -1）。

另外，Affordance 容易被看做“印象”和“知识”之类主观的事物，其实是误解，Affordance 真正是一种具有客观的“意义”和“价值”的信息。一座建筑物“能经得住风雨吗？”和“可以居住吗？”这些“价值”的因素，与“是否想住在”那里的“印象”无关，而是由建筑物所具有的性质决定的。即不管建筑是整洁的，还是脏乱的，如果有屋顶的话，就正在 Affordance 着“遮风挡雨”的行为。

Affordance 与设计的关系

存在于环境中的各种各样的物质、场所和事件等，必然具备 Affordance 的功能。因此，构造空间和建筑就是制造 Affordance。也就是说，所谓设计是在创造空间和建筑本身的意义和价值。由于设计手法的差别，既可能创造对人有益的 Affordance；同样也难免会产生不需要的奉献。

在设计空间和建筑时，设计师会有“从这个角度看上去很美”、“想把它用到景观上去”一类的愿望，业主多半也会予以首肯。换言之，无论设计师还是业主，都想在设计上有一个好的创意，给主观上的“印象”和“知识”以影响。

图 -1　“坐”的 Affordance

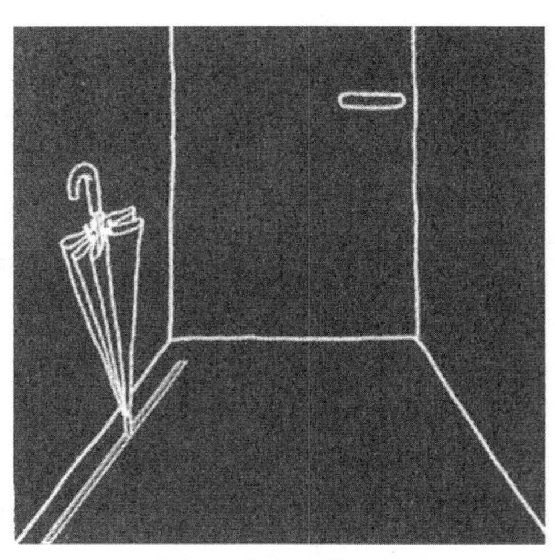

图 -2　将伞立于接缝（制作：深泽直人）

工业设计师深泽直人，以一把自然垂立的雨伞的设计（图－2）为例，对多样性设计做了解说。在下雨的日子，进入建筑物内，如果找不到伞架，几乎所有的人都会采取将伞尖端向下立在地面接缝处的行为。这一行为当然系出于避免雨伞滑倒的考虑，在这样一个具体的环境中探索和找到的Affordance就来自“接缝”。如果能够发现这样自然的行为，在离开墙壁不远的地面上，开凿出一条与接缝同样的槽沟，便自然会联想到可以将伞立在那里。对于立伞的人来说，或许压根儿就没有在地面凿沟槽设计伞立这样的意识吧？亦即作为业主尽管不具有设计的意识，也照样可以达到目的，因为设计师把伞立设计出来了。

像这样在业主的无意识中被采用的设计，就可以算是考虑到了Affordance与设计关系的设计。通过设计，并非要规范人的行为，而是要在满足主要功能的同时，还能够找到多样性的Affordance，这才是一个好的设计。

■应将Affordance作为主体

当考虑到Affordance与设计的关系时，假如体验某个空间，不由得发出“啊，这空间似曾相识呀”，或看到一座建筑能够感到“这个空间再合适没有了”，正是这样的空间和建筑，才可以算做以Affordance为理念的理想的最终形态。不必过分强调设计理念，重要的因素是能够给环境带来心情愉悦的感觉。

根据冈来梦和桥本雅好所做的关于生成“痕迹”要素的作为性调查的结果（图－3），对于以【file.06 枯山水】为目的，将“痕迹”作为设计要素的事例，感觉到是作为的；而像【file.80 看板的污渍】那样经过长时间积累生成的“痕迹”，让人感到是不作为的。其中，对于【file.01 出现在雪中的道路】的“痕迹”，则分别给出了作为和不作为两种评价。走向位于道路尽头的车站的行为，是一种无意识地探索路径行走的行为，可以令人感觉到，也是要使当时环境真正需要的道路表现（设计）出来的行为。

明确Affordance与设计的关系，在有着具有多样化的物质、场所和事件等的环境中，可定义为与运用视觉、嗅觉、味觉、触觉和听觉等感官等人类的无意识行为的关联性，当然也有困难的部分，但这是在环境中设计空间和建筑无法回避的课题。把Affordance作为设计的主题，最重要的一点，就是要在眺望展露出无限可能性的环境的过程中，意识到人们的无意识行为，以寻觅到更多的Affordance。

最后，希望这篇文字中的Affordance，能够拓展同学们做毕业设计的可能性，惟愿能有一天会看到出现让人发出“没想到，真做出来了！”这样感叹的毕业设计。　　（桥本雅好）

[引用文献]

1)『デザインの生態学　新しいデザインの教科書』深澤直人・佐々木正人・後藤武，東京書籍，2004

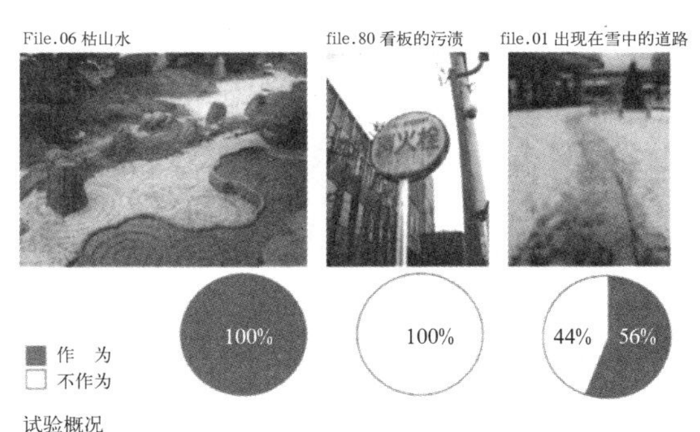

图－3　〞痕迹〞生成要素与作为性的关系

图－4　探索环境中存在的Affordance

35 方案

Program
案

建筑设计
城市规划

Keywords	Existence Mode 存在状态	Social Reality 社会成立性（应有状态）	Building and District 建筑与街区

Books Of Recommendation

■《建筑方案的设计》汤本长伯，建筑杂志 1995 建筑年报，日本建筑学会，1995 年 9 月
■《由建筑方案概念引发的建筑规划论再思考》
汤本长伯，日本建筑学会大会学术讲演概要集（建筑规划），日本建筑学会，1996 年
■《建筑设计与方案的分离 建筑规划设计的未来走向》
服部岑生，建筑杂志，日本建筑学会，2001 年 1 月

■成为规划和设计前提的方案

成为设计对象的建筑（整体），在目的—要求—功能—空间等不同的水平上都有着与该水平相适应的存在状态。因此，作为社会性存在的建筑物，为了使其能存在于社会内，便少不了可称为"方程式"的"建筑方案"，而这样的建筑方案还具有本质性的变化。

所谓建筑方案，系指建筑能够存在于社会的正当性（正当的理由：reason），这一理由则体现在目的—要求—功能—空间等各个水平上面。不过，这与事后被确认的正当性（reason）多少有些不同，而是在设计当时就被设定了的，即"把话说到前头"。由此看来，在设计的行为中，设计的作品并非现实里实在的事物，而是追求具有现实感（看似真的）的事物。

以上说到的概念，就被我们称为建筑方案（如果只提方案，仅此而已）。但作为分支的概念，则可认为方案系由"状态方案"、"存在方案"和"空间方案"等几类构成。尽管最终的结果，一座建筑依据一个方案，但同一方案有时亦可衍生出多个设计作品。实际上，F.L.赖特就在同一个创意的基础上，以相同的布局（作为表示相邻关系的平面图一致）设计出实际形状为○、△和□等不同形态的住宅（图 -1）。

这便是一个在制订方案过程中，从"空间方案"水平上看完全相同，只是实际形状各异的例子。

对社会状态的视角、建筑物所处状态的设定以及关于目的—要求—功能—空间的调节方式等，在方案范畴内都是首先要进行设计的。惟其如此，才有可能向着在质的方面差异很大的新事物接近。一言以蔽之，这应该是一种前所未有、无处可见的新状态处理方式，而且还必须具有现实感。

所谓建筑规划设计的实践，便可以简单归纳为制订这样的"方案"的过程。

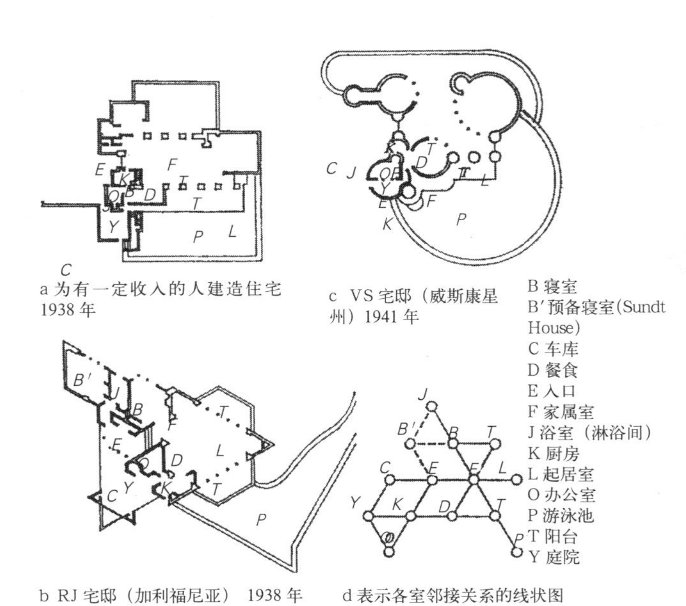

图 -1　F.L. 赖特的 3 个住宅平面

图 -2　巴黎德旺斯的公寓住宅

■层级型方案事例

1 形成街区的方案

在城市里，占比重最大的建筑物仍然是住宅。假设住宅占4成的话，应该采用何种方案设计住宅，对于这座城市来说是个攸关存亡的大课题。我们在这里列举的例子，系由巴黎的拉·德旺斯地区开发管理机构E.P.A.D.建设的公寓住宅。其方案要点可归纳如下：

①住宅采用公寓形式，以区片（volume）构成城市景观。

②所有区片均以各具特色的形态和位置作为街区景观的构成要素。

③结构材料以混凝土（预制）为主，尽可能要以类型最少的材料在街区中创造出多样化的形态语汇。

④沿着以上路径，将生活单元以共有的电梯或楼梯进行分割，形成住户—共有楼梯间—建筑物这样一个层级结构。即通过自然形成的层级结构，使里面的住户具有准确的位置感，可使其对“住所”更觉亲切。虽然各个建筑的设计者各异，但都采用相同的手法来表现建筑形态。

当然，作为城市的再开发项目，在取得土地的途径和开发的形式方面，也有着独特的方案；但我们在这里介绍的，仅限于与建筑和城市有关的方案。作为反复使用少量有限要素，以地球被整个包裹起来作为理念设计的方案，如著名的巴克明斯特·福勒的乔治·迪克教堂。

2 形成宛如街区似的一座建筑的方案

为了便于理解，现以几个建筑物为例。如“嘉年华之窗（栗生明）”，这是一座位于丹波篠山中的职员工会的休养设施。该建筑的方案系采用一个巨大玻璃屋顶作为建筑外形，并将种种功能群都纳入其中，在配置上有如街区一样。采用玻璃屋顶覆盖这样简单的技术，使建筑的整体形态产生很大变化，应该说是一次有趣的尝试。尽管在一件容器（玻璃橱窗）内装入了整整一条街的景观，但毕竟那条街还是由一座一座建筑连接而成的。然而，这件容器其实就是一座建筑物。只不过这座建筑物并非以建筑的造型表现其完成度，而是将各种各样新的元素加入到了设计当中。

如同越层公寓一词体现的，作为一种小型住宅建筑里面又有建筑的意思那样，类似的空间与空间相互贯通的形式本身便颇具魅力。其他例子，还有“横滨人偶之家（板仓建筑研究所）”。就像“小住宅”在很长时间一直受到人们喜爱一样，“房子／家庭”的概念，本来就是空间概念的原型。思考自己喜欢的空间结构，则成为与魅力同时展现的创造的源泉，并可勾勒出一幅描绘世界的五彩缤纷的画卷。

3 每座建筑都基本由一个空间组成的建筑方案

在这里，我们以突出主空间功能的教会建筑方案为例。

教堂对个人而言，首先是祈祷的空间。可是，这并不意味着人们可以随便利用它。无论何种教会，都要举行一定的仪式，包括婚丧嫁娶概莫能外。“与神交流”固然是其重要的功能，但教堂更是与许多人见面的集会场所。而且，这里的例子圣伊那爵（Ignatius de Loyola，1491～1556，西班牙人，天主教教士，耶稣会创始人。——译注）教堂（村上晶子·板仓建筑研究所）由于是一座天主教堂（耶稣会），因此其建筑形式也特别反映出根据罗马梵蒂冈公会议（第2次梵蒂冈公会议：1962～1965）对典礼仪式做了较大修改这一事实。如果按照原有的规定，这里无法举行仪式活动，自然也就不能作为教堂使用。有人提出了教堂是否也存在一个建筑方案这样的疑问。答案是，既然教堂存在于社会中，必然也要有一个方案，此其一也；对于天主教堂来说，它的建筑核心部分在全世界都是统一的，此其二也。

概括起来说，天主教堂方案应该以弥撒圣祭仪式为中心来制订。方案则是为了便于表现下面的情景：纪念最后的晚餐，圣坛即为主的餐桌，教徒团团将餐桌围住，掰碎象征基督肉体的糕饼，再啜饮杯中盛着的象征基督之血的葡萄酒。就像我们经

图－3　空间结构套匣方案（绘制：安波清）

图－4　神殿式状态（圣伊那爵教堂）

常见到和听到的那样，这些仪式无非都是一种精神寄托，表现出来的是对主复活的喜悦。

当你一踏入这样的建筑内部，立刻会产生某种实在感。如“宽敞明亮”、“不仅为了在祭坛前祈祷，人们也在这里经常聚会见面”、“与祭坛如此之近，就像在主身边”等等。这座教堂即使在天主教会中，也是依据新的方案设计的。而且，据说如果要改变所需方案的话，那么连教堂都得易地而建。

以上，共举出“城市一部分的建筑群”、“由多重空间建筑构成的建筑群或街区”和“基本以一个空间构成的建筑”等3个典型事例。假如读者都能以“方案”的观点独立分析各种各样作品的话，一定会大有裨益。

■方案理论的适用例（住宅设计）

尽管有的学校似乎对以单所住宅作为对象所做的毕业设计不予认可，但仍举出其中一例，供大家参考。

1 状态方案设计

如果一提到住宅的设计课题，多数人往往会想到以“标准家庭 = 夫妇 +2 个孩子”作为住宅利用者这一要素。其实，在状态把握（设定）方面，一般来说并没有出现多少新的东西。而且事实上上述的标准家庭在同一代的人口中所占比例正在下降(即使原来也并非整个一代人都组成了标准家庭)，据说目前已只有1/4 ~ 1/5的样子，而且还有的报告说单身一族在同代人中占的比例竟上升到第一位。将目前现实中的有关家庭结构类型的状态方案总括起来，大致有“母女2人（中年以上）同时工作型”、“父女2人子女照顾老人型”、“男性2人合住型”、“30 ~ 40年龄段职业女性与1只猫型”等。在进行状态方案的设计时（这时具有问题意识投射的含义），不能对这些形形色色新的存在形态视而不见。当然，现实中还存在着“夫妇 +5 个孩子”的家庭，也同样需要与此适应的方案。由此可见，在住宅的方案设计上存在着多大的差异。

2 存在方案设计

在某个状态的方案中，要考虑应该给予住宅怎样的社会地位，以使其能够存在下去。或许与医院或剧场大厅之类的公共性建筑不同，住宅与社会的关系既没有那样密切，也觉得不那样明显。

譬如，在某一地区有1000名潜在的患者，其中的 × × % 可以在 30 ~ 40 分钟内到达医院，每天在为地区提供医疗服务时诊治 × × 名患者等，这些社会性存在方案也许很难描述。可是，医院毕竟也是经过建设才实际存在的，而且还对社会产生一定影响，使之具有了新的存在方案。哪怕是在小小的单室住宅里，也不可能与社会一点儿联系都没有。假设有那样一种对外完全封闭，仅靠中庭才能接受光和风的住宅，仅从这一点看似乎也照样存在着一种方案。当这样的住宅展现在这一地区的人们眼前时，它的差异实在太引人注意了，没人认为这是一座住宅。即使关于这样未必明显的社会性，也应该将其吸收到方案里来。

哪怕在房子里常住的是一只猫，也需要给它留出适合猫生存的空间。

3 空间方案设计

所谓空间方案，即如果对住宅的目的—要求—功能加以整理，再将其分解到空间中去，并设法使彼此之间连接起来。现代住宅的居住人数与半个世纪前相比，已经少得多了。因此，分割开来的空间数目也同样在减少，增加的是以室内要素转换和形成的“生活场面”。可是，据说英国人的住宅观却与此不同。譬如，分割出的小房间有时仅为了满足一个趣味和爱好，故意让未完工的帆船模型七零八落地摆在房间里。住宅永远都应该是随时都可以重新开启的空间装置，则成为他们的理念。这与那种按照需要先构筑出一个大的空间，再通过铺陈（陈设、室内要素设定）来转换空间功能的和式房间理念格格不入，仅在“西式与和式空间相互转换”这方面就可以想出相当多的方案。

■小结

建筑的方案，乃使建筑能够存在于世的基本原理，而非单纯的话题也。与其说作为有意识之作业采用之处理方法，莫不如说据此更可当然产生丰富之理念、主题和项目。 （汤本长伯、村上晶子）

图 –5　根据业主实际尺寸体验的情形

36 无处不在（计算机／互联网）

Ubiquitous

建筑设计
城市规划

Keywords	Computing 计算机	Network 互联网	Geometrical Information System 地理信息系统

Books Of Recommendation

■《无处不在系指什么？ 信息·技术·人》
坂村健，岩波书店，2007年
■《自动化空间入门　虚拟世界与电子网络创造的异维空间》
三菱综合研究所尖端科学研究所，日本实业出版社，1995年
■《地理信息系统的世界 GIS会产生什么》
矢野桂司，牛顿新闻报道，1999年

■揭示新时代的语言

Ubiquitous(无处不在)，也可以译成“遍在”，这里要表达的意思是处处都在使用电脑，并受益于PC+互联网。或者换个说法，便成了表示这样一种环境的语汇：“无论何时、何地、任何人都能够得到所需要的信息”。人类的知性已经从多半依赖空间或支撑空间的硬件的时代，转向主要依靠肉眼看不到的软件时代。因此，建筑或空间这些看得到的存在和看不到的功能，应该受到同样的重视，而且包括支撑它们的系统等等，都揭示了与建筑、城市和室内有着关联的新方案。

■关联概念

按照上面的思路进一步探究下去，便可以列举出“软件和硬件”、“网络结构”或“GIS地理信息系统／空间和信息系统”等关联概念。此外，作为二次性的关联概念，还能够举出更多的例子，如“城市基础设施”和“通信路径的结构”等。

■通信路径的类推

迄今为止，已提出过各种各样的城市模型方案。有关通信路径的结构，则完全是循着网络的结构来设计的。人类是能够修筑道路的动物，如在古罗马时代，“道路”成为帝国的核心功能部分。如果考虑到情报、人员和物资的输送，道路即是通信空间。惟其如此，可以说道路对于城市和建筑的重要性是生死攸关的。菊竹清训也将网络看做海上城市发展的根基所在。

■论题

1 软件与硬件

让空间支撑到哪里，又是什么以肉眼看不到的信息功能支撑着，这些都是描述基础方案的良好素材。通过以这样递进方式制订的方案，将对空间的排列产生很大影响。

2 无处不在

由于“无论何时、何地、任何人都能够得到所需要的信息”，因此人在空间内的行动便具有变化较大的可能性。空间对于行动的影响以及信息对于行动的影响，都会自然地改变人的行动。早期的计算机网络，为了将大堆的电源和信息缆线收纳在地板下面，空间上的影响系由形成的OA地面产生的。到了后来，像这样肉眼可见的物理性空间逐渐减少，又出现另一个命题：怎样在空间内确定信息网络与人的接点。首当其冲承载它的是“无处不在”这个语汇，将重点放在设计所谓新生活形态的“状态方案”上，新的建筑方案就是在这种新状态的基础上诞生的。

3 地理信息系统等

亦可称为将深藏在空间（场所）内的信息从其所在位置取出的系统。这是一种可以根据位置、地名和用途地域等基本信息，以多层次的方式向人们提供诸如各种店铺信息和建筑信息等对人的行动具有相当影响的信息的系统，目前仍在发展过程中。

■小结

无处不在本来是指“哪里都有神”的意思，与佛教的佛光普照（佛的慈悲遍施于各处）应该同义。哪怕再细微的事，只要属于无处不在之列，便可能改变人的生活。以移动电话作为终端的导航系统，就使现代生活发生着很大变化。

在思索空间构成与其下部结构（基础设施）的关系方面，这是一个关联到根本性方案的再合适不过的话题。

（汤本长伯）

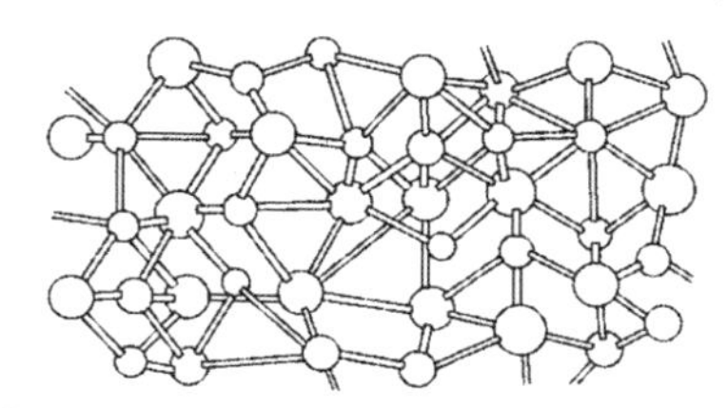

图－1　网络结构（互联网模型／制作：安波清）

5 毕业设计案例

■毕业设计报告

东京工业大学

能作文德 /2004 年度

■在东京工业大学的毕业设计

在东京工业大学，毕业论文和毕业设计是必修课。学生一进入 4 年级，到了 12 月份主要是做毕业论文。10 月份的时候，虽然已经发表了设计的主题，但实际上毕业设计尚未进行。毕业设计的主题不必与毕业研究的内容挂钩，由于主题系由每个学生自行决定，因此很少看到他们在研究室的彩色投影仪前聚集的情景。毕业研究结束后，1 月份则为中间发表时期，从这时开始才正式进入毕业设计阶段。2 月末，提交作品并召开发布会。发布会将发表全部作品，然后从中择优遴选举行讲评会。其中的优秀者，将随同硕士设计一起参加于 7 月份举办的大学毕业设计展。

■制订方案之前

虽然在 1 月份进行的中间讲评一般构思的都是小规模的设施方案，但在老师讲评的启发下，或可扭转设计的大方向。在我读本科生的时候，前辈们正在建设广播电视大厦和金泽 21 世纪美术馆，由此引发了我对大型公共建筑的兴趣。借助做毕业设计的机会，自己一直在思索建筑上的所谓“公共性”究竟是什么。最初，翻看着一幅幅航拍照片寻找地块。后来才发现，地块比想象的要大得多。及至到了那里，则注意到地块与周边的神宫球场和国立竞技场之间存在的关系性质，并以此作为平面构图的线索。而且，为了建成一个可容许多人集会和便于疏散的场所，一直在苦思冥想，可否通过平面形态的处理来解决人群的停滞和流动问题。

之后，对表示人群流动的平面图做了反复的推敲和修改，直至认为满意了才绘制出草图。草图的绘制则参考了植物图鉴和水果图鉴。在设计初期阶段，除了建筑作品集外，一些与建筑无关的资料也对引发造型和空间结构创意的灵感起了作用。然后，又一边考虑动线和尺度，一边对方案做适当的调整，进而采用了将曲线变换成圆弧组合的形态。从功能及结构的观点审视抽象的草图，并使之作为建筑物得以成立的作业，需要花费的心血实在是太多了；但如果能将自己的理念付诸于实践，也未尝

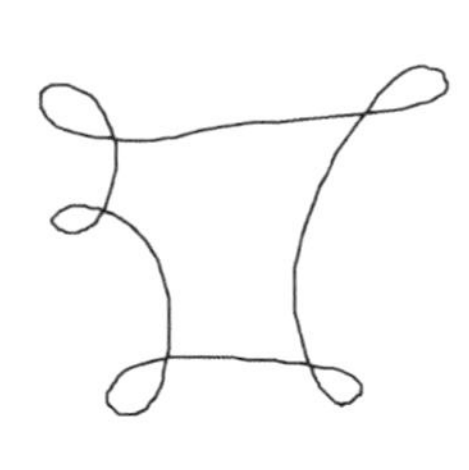
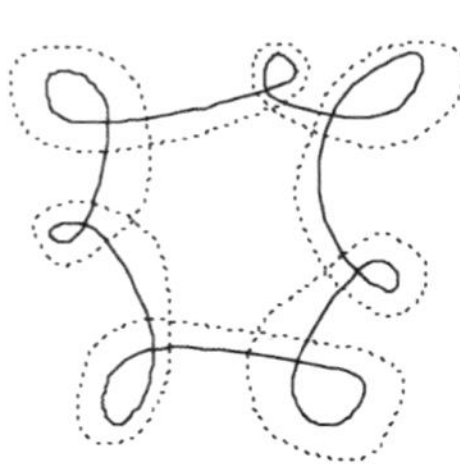
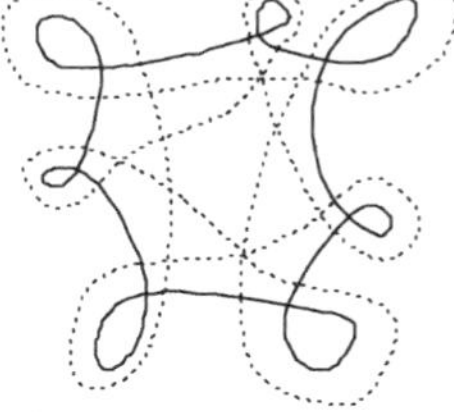
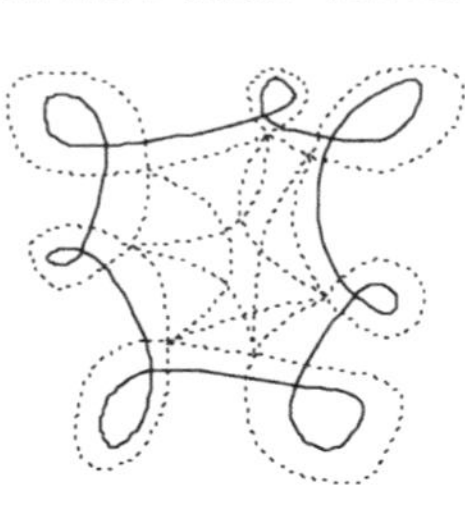

图 —1　图形

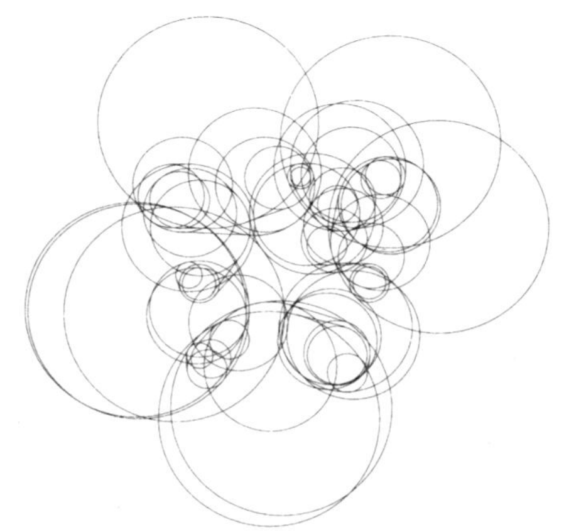

图 —2　从图形向圆弧的变换

图 —3　进餐的情景

不是一件其乐无穷的事。

直至方案设计完成之前的这段时间，我们的主要精力都放在绘制许许多多的草图上。当利用草图仍无法对方案进行彻底的检验，或许存在考虑不周的问题点时，再进而制作研究模型，进行立体式的检验。因为研究室的前辈们有时会来到制图室，所以可以经常向其请教。前辈们道出的思想和理念，对草图和模型的进一步完善所起到的作用弥足珍贵。关于毕业设计问题，尽管没有直接向研究室的指导老师求教；可是，在论文课堂讨论中出现的一些关键词让人获益匪浅，思考这些关键词的过程，也会成为产生创意的契机。

■完成前的运作管理

经过中间讲评，有时会对设计方案作出较大变更，而且进行正式设计约为 1 个月左右。固然也可以在相当短的时间内将其完成，可是我想还是时间越长越好些吧。

在开始设计阶段，要制订出至作品提交前这一期间的日程安排表并将其张贴出来，让助手们(请来帮忙的低年级同学)在作业时也注意到工作进度。毕业设计中的助手是不可或缺的，如果一切都由自己一个人来完成，就必须想办法提高作业效率。个人应该特别注意进餐时间的安排。为了能轻松地享受烹饪的乐趣，可以去超市采购各种半成品菜肴，大家一起动手烹制。尤其是到了作业的后半段，因为大家都很疲惫，聚餐作为转换气氛的时间段是很重要的。而且，还可以利用这段时间与助手们相互沟通和交流。

到了提交作品的前一刻，哪怕再忙，也应该在早上 3 点到 8 点回家里好好睡上一觉。由于夜以继日地工作，生活节奏被彻底打乱，到头来作业效率也大大下降了，这是应该尽量避免的。再说，大家忙活了这么长时间，在最后这一刻也该让他们歇一歇了。

■特别注意之处

在最后绘制成图纸的收尾阶段应该注意的是，要将图纸多复制几份，分发给相关的人。为了把握自己设计进展的总体情况、检查尺寸正确与否和进一步征求前辈和助手们的意见等，从任何角度看都理应如此。最终输出的结果应该是在不断检查的过程中完成的，这对于以图纸作为评价对象的毕业设计来说显得尤为重要。

(《云下铺展的道路和原野》／工学部建筑学科)

图 –4　整体模型

图 –5　模型（放大）

毕业设计报告

东京理科大学

虎居亮太 /2004 年度

东京理科大学的毕业制作项目

东京理科大学工学部建筑学科的毕业制作项目，有 α 和 β 两种方式。按照制度的规定，选择前者的学生须提交毕业论文和毕业制作；选择后者的学生只提交毕业论文。通常情况下，属于创意型的学生，几乎都选择 α 方式。这当然完全由学生自己决定，看一下历年的实际情况可知，选择 α 方式的学生约占整个年级学生的一半左右。其大致的日程安排是，在 12 月中旬提交毕业论文，紧接着进行辅导，在 1 月份提交 2 次中间报告，2 月中旬提交最终报告。自提交毕业论文至完成毕业制作，前后需时 2 个月左右，包括我自己在内，大部分人都是在毕业论文提交后这段时间才着手毕业制作的。作为指导体制，基本上由各自所属的研究室教师负责；不过主要是对制作进展情况进行检查，如果想要接受进一步的原则性指导，则可自主地进行接触。

开头做的事

显而易见，如果能够多将几个主题放在一起，通过比较使之进一步扩展是很重要的。然而，就像只有学生时代才会做到的那样，当时我们都尽可能不让自己的建筑理念局限在狭小的范围内，而且一味地想做些自己过去不曾做过的事。最初想到的都是如何设计出令人赞不绝口和喜不自胜、或具有新的空间形态、规模庞大的作品。除此以外，便是那些人群密集的场所或大面积的绿地配置。就这样想来想去，最后决定设计一座火车站。

作为准备阶段的具体作业，主要是从建筑作品或其他相关资料中收集一些印象深刻的东西，详细调查植被情况，确定火车站的建造规模等。在先置主题于不顾的前提下，也看了几本有关的书。不管怎么样，最后总算找到了营造建筑的切入点。

制作工序

在最终确定了设计方向之后，便开始试着绘制效果图和制作模型。由于造型的曲面较多，很难以模型尽善尽美地表现出来，因此只好先做一个概略的模型，再使用图像处理软件。——Photoshop 将各种素材一点点地贴上去，最后修正确认。这是一种值得推广的比较简便的方法。如果体量过大的话，可以将尺寸按比例缩减，再一部分一部分地进行考察。但是应该意识到，包括设计方法在内都与过去不同，因为几乎没有绘制平面图。对于理应规划先行的火车站项目，也要尽可能意识到不做方案的理由，那种不和谐感逐渐成为了理念。大约在 1 月末的样子，作为一座规模巨大、结构复杂的设施的火车站，以平面形态呈现出来，尽管这经历了一个艰难的过程。

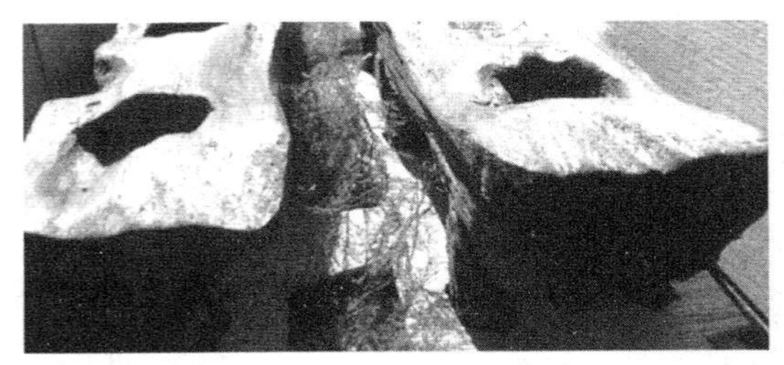

图 -1　模型照片（在浮游生物似的构筑物脚下营造森林）

关于效果渲染

效果渲染的目的，在于能够使没有学过建筑的普通人都容易理解，对其是否具有视觉冲击效果应给予足够的关注。使用的手段，主要包括A1幅面的手绘效果图，再加上造型渲染和文字介绍。设计理念与建筑渲染体现的效果则尽可能前后连贯，让二者具有一致性。而且还注意到尽管其中的一些内容并不具有关联性，但也意识到系在做毕业论文时学过的理论结构元素，照样可以很好地传达问题意识及其答案。进而，为了准确传达自己的创意，将效果渲染方面的力度分做3个层次，以便让只看一眼的人、稍微看了一下的人和仔细看过的人都能够意识到创作意图。反之，应该尽量去掉渲染中那些即使绞尽脑汁也无法理解的成分。

关于模型

最后完成并提交的模型，是1/1000的整体概念模型和1/150（600mm×1200mm）的断面模型。在模型制作上，特别对草原和木纹的表现下了不少工夫。不仅去过绘画材料商店，甚至连手工制品店和家庭维修用品商店等各种凡是能想得到的地方都跑遍了。而且，由于模型照片必须在最后时刻才能拍摄，因此往往会在匆忙间做得很草率。模型照片应该说是费劲心思制作的模型能够表现出最想传达的内容的媒介，因此无论如何也要给予足够的重视，在日程上做出安排，从容地进行拍摄。

关于运作管理

首先是关于本人，应尽可能养成有规律的良好生活习惯。由于参与毕业设计的不止一个人，而是包括助手在内的许多人一起作业，因此如果不能够踏准生活的节奏，既无法做出指示，也不会提高作业效率。关于作业环境，因为当时系使用与同一建筑专业的朋友合租的房子，有一个比较宽敞的共用部分；如果不在学校，也可将自己家里当作工作室。但在这种情况下，我觉得也不必整天猫在家里，时不时地还应到学校里去，与同学们相互交流，了解彼此的作业进展状况。

其次是有关助手的问题。最终总计邀请了10个人来帮忙，但到了快结束的时候，继续留下来帮助制作模型的实际只有6个人。其中在确定概念前的准备阶段（说起来应该是1月中旬）请来的1个人，由于对整个方案了如指掌，帮了大忙。他不仅是交谈的对象，而且在制作模型期间，助手们都到齐了的时候，还能够代替我对助手们发出各种指令。因此，我建议同学们都应该安排一位这样的助手，以使作业顺利地进行。当然，在饮食和休息方面，也应该对助手们予以关怀，使大家相处融洽。

毕业设计之后

向学校提交作品之后，如果作品被拟出版的作品集选中或应征自主举办的作品展时，毕业设计作品便有了一个不仅在学校，而且会在一个迄今为止从未出现过的大范围内接受广泛评价的机会，这也是毕业设计的一个很大的特点。经过一段时间，或许自己的设计思想和设计手法都发生了变化，慢慢地不再愿意让形形色色的人们看到现在看起来如同垃圾一样的当初的作品。然而，即使到了今天，通过自己的作品所表现出来的特质及人们对此所做的各种评价和为了完成作品当时自己确定的理念等，这一切都使毕业设计成为奠定人生道路的基石。机不可失，时不再来。我认为，只要意识到这是一个奠定基础的良好开端，就一定能够竭尽全力完成一件满意的毕业制作。

（《delightful station》／工学部建筑学科）

图－2　火车站范围内效果图

图－3　从屋顶环视的风景（映像）

图－4　作业情景

图－5　仰视和俯视的手绘效果图

毕业设计报告

日本大学

浅野刚史、清水纯一 /2005 年度

日本大学毕业制作概况

由于日本大学生产工学系共有3个专业，分别为建筑工程、建筑环境设计和居住空间设计专业，因此毕业设计须在本专业内部经过初审（第1次审查）。建筑工程学专业的第1次审查，系由2位兼职教师担当审查员，从提交的作品中遴选出参加第2次审查的作品。因此，最终被选中的作品仅占全部作品的2成左右。此后再经过一周左右的修改和润色，使之更加完善，直至达到可以参加全学科终审的程度。因为在专业内初审后又经过了一周左右的修改和加工，作品的整体水平提高了许多。

着眼于主题

A：或许因为上大学之前就对美术有兴趣的缘故吧，脑子里总是转着如何将美术用于城市建设的念头。由于我在这里（取手市）曾参加过与美术有关的城市建设志愿者活动，因此本来打算一边在实践中锻炼，一边寻觅合适的主题和地块。通过这次实际体验活动，我觉得在设计上也更有了现实感，并在此期间确定了主题和地块。而且，我认为即使主题和地块再好，如果在毕业制作中没有做自己想做的事便失去了意义。

S：为实现既定的目标，当时能够想到的，是从地块或主题这2点着手。如果选择地块的话，就选那种存在许多问题的土地。而且，只要找到的地块是那种能够从中发现较多潜在可能性的地块，对毕业设计的制作会更容易一些，并便于将其设计意图传达给公众。具体地说，就是对于作为武藏野风景的崖线，所面临着城市开发时，该如何以建筑形态来破解这一难题呢？对此，我认为应从地块来考虑。

策略

1 建筑效果渲染

S：首先对作品渲染的“通俗易懂性”给予了足够的重视。如果连自己想做的到底是个什么都不能传达给对方，那就等于什么都没干。我们要力图实现这样的效果，像是一幅广告画那样，哪怕只是看上一眼，也能够明白表现的内容是什么。而且，在其中还附上序言，以简短的文字介绍了毕业制作的概况。因此，一定会给看过的人留下“通俗易懂”的印象。图纸的组合和搭配，也使意识流动起来，并通过起承转合让看到的人更易理解。至于图纸，则采用1/100或1/200的比例尺精心绘制。

2 模型

S：我们知道模型外观的华丽同样是重要的。历年毕业制作中的优秀作品，便有许多在模型外观

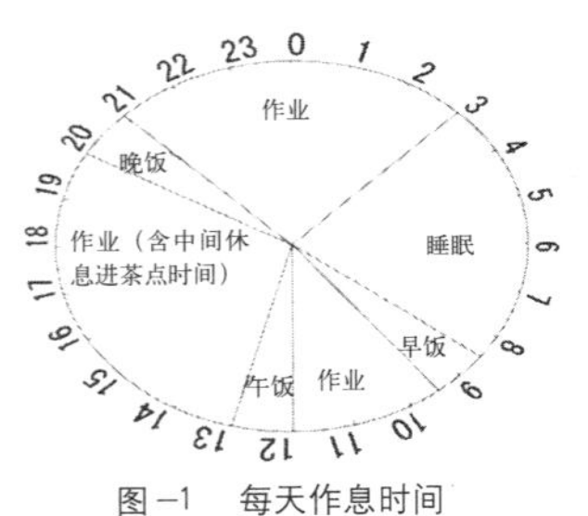

图-1　每天作息时间

图-3　作品事例①／“中庭”（浅野刚史）

图-4　作品事例②／“大地桌面”清水纯一

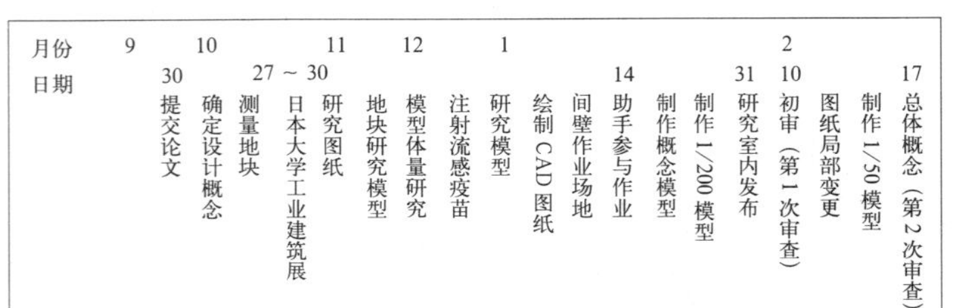

图-2　全部日程

表-1　毕业制作提交资料一览

提交人：浅野	
模型	1/500 概念模型 1/200 整体模型 1/50 断面模型
建筑设计图纸	附配置图的说明图 1/200 图纸 平面图 ×5 立面图 ×2 断面图 ×2

提交人：清水	
模型	1/600 周边模型 1/50 整体模型
建筑设计图纸	招贴图 ×1 地块说明图 ×1 总体设计图 ×5 平面图 ×1 (1/100) 断面图 ×2 (1/100) 透视草图 ×3

上下足了工夫。如果不指定模型的大小，一般都认为模型做得越大越好。而且为了使之看上去更有华彩，制成发光的模型也是有效的手段。还有一个策略是，设法让模型的表现手法与整个会场的氛围协调一致。

3 失败之后

A：我觉得单靠模型就可以了，便没有动手绘制概念图和效果图。当然，如果有手绘的概念图和效果图会使观赏价值更高一些，并可以较容易地传达设计意图，这一点直到终审时才认识到。其实，在初审时也被问到有无概念图的问题。

4 不轻松的活

A：没有想到的是，在打印和剪裁效果图上竟花去了那么多时间！本来认为安排 1 天时间用来打印足够了。在模型材料的采购上也碰到一些问题，由于模型尺寸较大，模型材料自然也就要大一些，往屋里搬运材料便成了一件不轻松的活。

5 不可掉以轻心

S：经过辛苦的劳动，终于将图纸和效果图都打印和复制出来了。但往往会出现这种情形，通过电脑画面看到的色调和图像与实际打印出来的效果有着很大差异。但由于对自己的作业进展情况能够了然于胸，因此也可以做出判断，是否还来得及进行修改。

6 关注细节

A：进餐和茶点等休憩时间也提供了让大家喘口气的机会，并成为作业时间的起始标准，对于有规律地度过这段多人合作的日子意义匪浅。因此，与其预定作业的时间，莫不如事先设定进餐的时间，这样反倒使生活更有规律。而且，每天都将要进行的作业，包括出门买东西等都要写在一张纸上，再贴到电脑上，以免遗忘。

■首次审查前的作业

A：因为收集了许多信息，所以也引发了各种各样的思考。为了将这些思考整理出头绪，征求了不少朋友的意见。在研讨阶段，手绘的草图和简单的模型都交替地做过尝试，并最终形成了固定的映像。首次审查时，提交的渲染图和图纸要尽量将尺寸放大一些，使其看起来更醒目。在发布之前，还请低年级同学做了有关绘制渲染图的练习。

■终审前一周的作业

A：在方案确定之后，还与审查员老师举行了恳谈会。有关方案选择方面存在的一些问题，请老师逐一加以指点。以老师的指导意见作为参考，又变更了方案中的部分内容，连同方案一起，重新制作了模型。而且为了强化建筑渲染的力度，还制作了一件新的 1/50 的断面模型。在接受老师指导之后，助手最多时有 10 人左右。

■应重点关注的事

A：自己需要干的事决不能坐失机会。我们并未简单地模仿某位建筑师曾经使用过的表现手法，而是尽可能多地征求友人、低年级同学、高年级同学和老师们的意见。

S：不仅限于毕业设计的制作，只要干上设计这一行，便应牢牢记住问题意识的重要性。一件没有问题意识的作品，也就缺少了灵魂。在设计过程中，应该经常向自己提出“这是用什么做的”、“都想到了什么”和“想要做什么”之类的问题，正是通过这样的手段，才能将作品的意图从根本上明确地传达给对方。　（A：浅野刚史 /B：清水纯一）

（“中庭”／生产工学系，“大地桌面”／生产工学系）

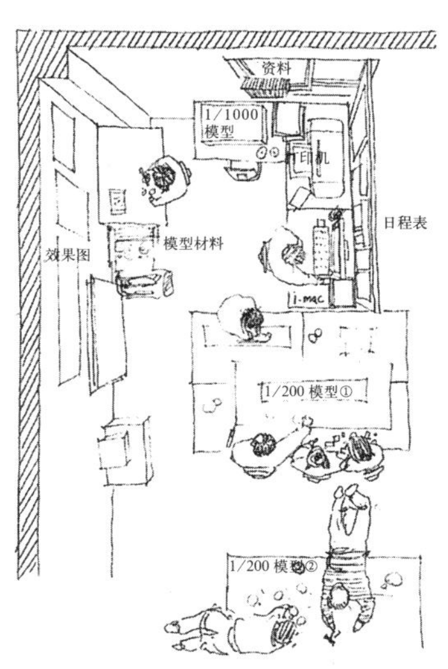

图 –5　作业场所①／“中庭”（浅野刚史）

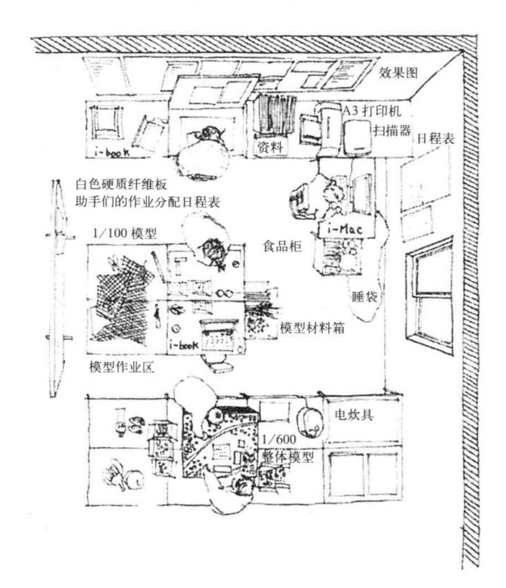

图 –6　作业场所②／“大地桌面”（清水纯一）

毕业设计报告

工学院大学

新井伸二郎、有贺佐和子、佐久间英彰、森野和彬、门谷百莉子 /2005 年度

准备

确认

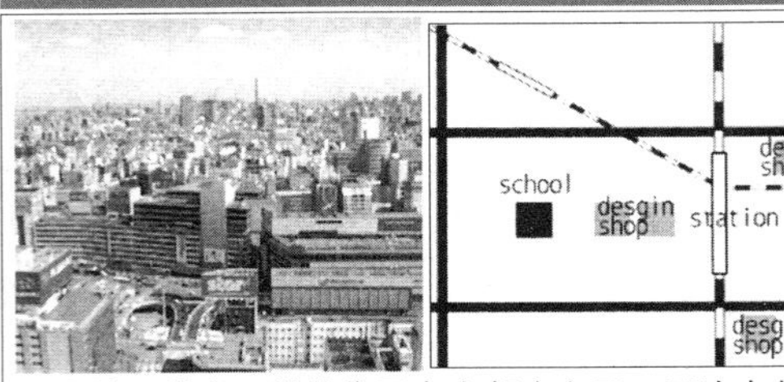

所在地区特点：学校位于东京都中心区，周边有超市和模型材料齐全的文具店，往返很方便。但这里的学生较为集中，有时店里的售品会脱销，必须提前确认。

作业场所：因为学校是一座高层建筑，所以作业场所比较狭窄，只能按照研究室的人头平均分配。由于没有放模型的地方，只好将其重叠地放在纸箱子里。

插叙：因为作业场所狭窄，所以个人所占用的区域界限已变得模糊，模型工具等到场都是，有时要寻找自己的东西都很困难。因此，得将名字写在自己的东西上，再不就贴个标签，以与他人物品区别开来。

作品提交：提交的毕业设计作品不是模型，而是 A1 的渲染图 6 ～ 10 份，其表现手法不受限制。必须严格遵守规定的作品提交时间，哪怕迟交 1 秒钟也不准许。

插叙：作品最终提交时，没想到在印刷上花费了很长时间。由于图纸的数据容量过多，印 1 张要 30 分钟左右。为了印刷忙活得够呛，但好歹赶上了时间。

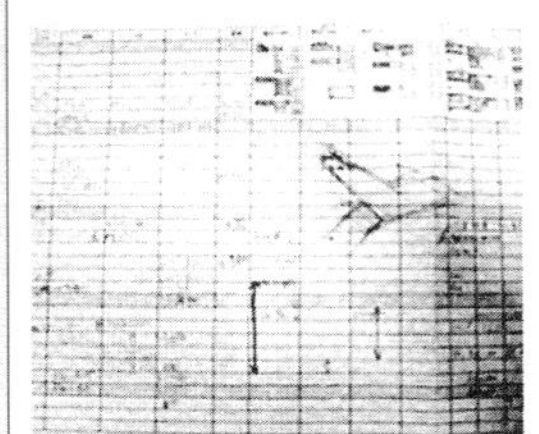

时间表：论文提交日为 9 月末，真正开始毕业设计一般在 10 月份。作品提交时间在来年 1 月末，全部制作时间约为 4 个月左右。

插叙：根据自己的习惯，在制订日程时经常留有余地。在共用一台打印机的情况下，不能集中在临近提交作品期限的日子，而且要规定大家先后使用的顺序。以免发生临到提交作品的那一天却无法送到学校里去的事故。

交流

交流意见：通过向伙伴发布作品、征求他人意见或给他人提意见，使得毕业设计在各个方面都更加完善。而且，通过在伙伴间发布自己的作品，也可以确认自己的进展情况。

月	火	水	木	金	土	日
■	▲	▲	★ ○	■	● ○	●
▲	■	▲	★	■ ● ▲	●	
■	○ ▲	○	★	■	■	★

■山田
佐藤
●铃木
田中
★赤木
▲
○

助手：一般来说，研究室的低年级同学都要作为助手，协助毕业设计的制作。而且在协助别人作业的过程中也提高了自己。因此，应尽可能让低年级同学参与。

插叙：在确定助手人选的过程中，制订了日程表。如果时间来不及的话，把朋友和家里人也请来帮忙；趁着采购模型材料的机会，与卖模型材料商店里的店员攀谈，以了解更多的专门知识。

费用

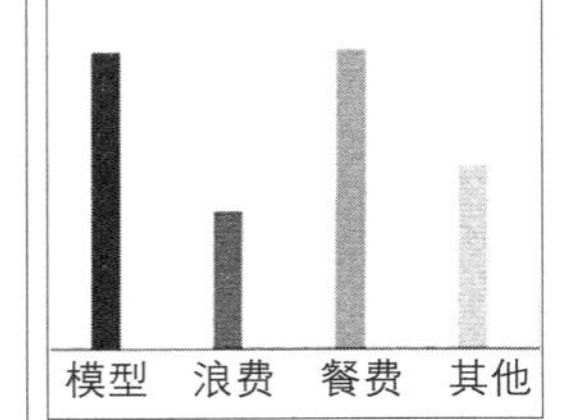

费用：费用中所占比例最大的是模型费和餐饮费。如果加班留宿的人较多的话，餐饮的开支也不可小觑。加上请来的助手有时再铺张一点儿，因此做预算时一定要将这些因素考虑进去。

插叙：毕业设计所需的费用，已提前打工赚钱攒起来了。如果是大家都能使用的模型材料，按照各人需要，一起购回，这样可减少材料的剩余。全部费用约需 10 万日元左右。

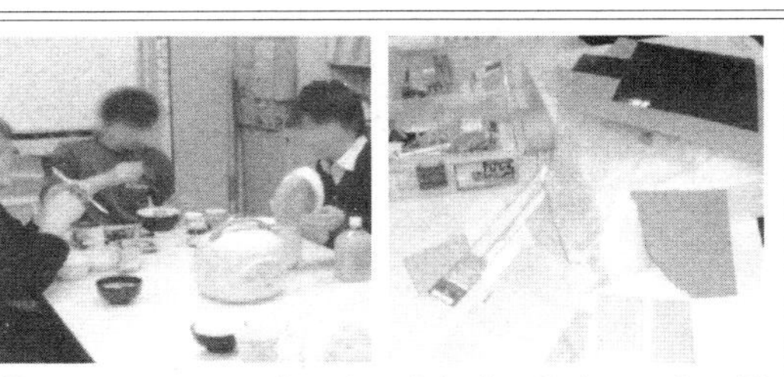

节俭生活：由于经常在外面进餐费用较高，遂自己操炊，大家共同进餐。但附近没有超市，菜肴显得不足。为了节约模型费用，还利用模型材料的边角余料制作研究模型。

日程表

10月1日	毕业设计开始
11月20～22日	建校庆典期间
12月1日	中间提交毕业设计
12月31日～1月3日	大学放假
1月21日～22日	大学入学考试期间（大学限制进入）
1月25日	毕业设计提交日

A类	论文＋设计 论文（9月末日提交、不发布） 设计（1月25日提交）
B类	论文 论文（1月25日提交、发布）
C类	论文＋设计 论文（11月4日提交、发布） 设计（1月25日提交）

＊以2006年度为例

＊我们学校的毕业设计共分3个类型，由学生自由选择。这次选择的是以设计为主的A类。

设计

思考・寻觅

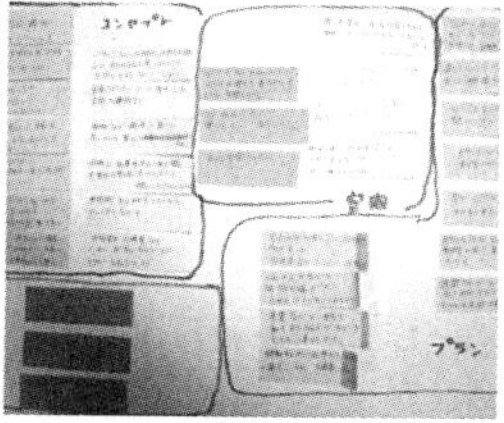

确定设计概念：为了抓住稍纵即逝的思想闪光，经常记下其要点。从同学的谈话及其他专业汲取的常识再升华为理念，用于空间的设计。到处都可产生思想和理念。

用地的选择：由于大学位于东京都中心区，因此便以大学为据点，在东京市内找到了合适的用地。作为候选地块有好几处，从中选定了似乎最有意思、并具特色的一处地块。

拓展

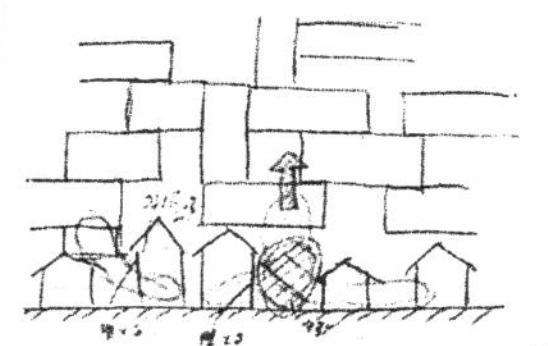

草图：尽管涉及的理论拉拉杂杂的一大堆，但却没有什么实质性的进展。之后将构想的概念择其要点做视觉化处理。再以此为基础，征求其他人的意见。将自己的思想按时间顺序记录下来。

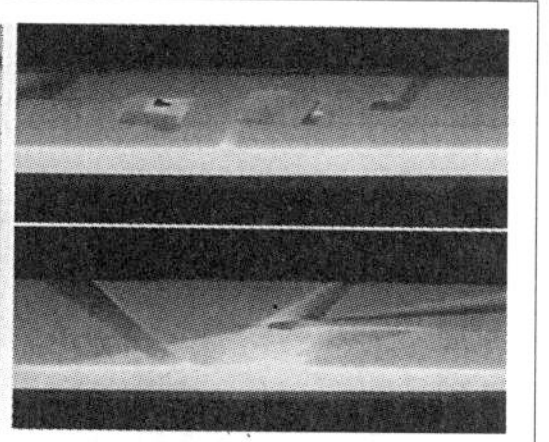

研究模型：这是为了使空间概念具体化而制作的，用以检验想要做的东西能否表现出来，这并不需要花费太多的时间和精力。模型的精度也没多大关系，为了进入下一阶段，也可以多做几个。

作业

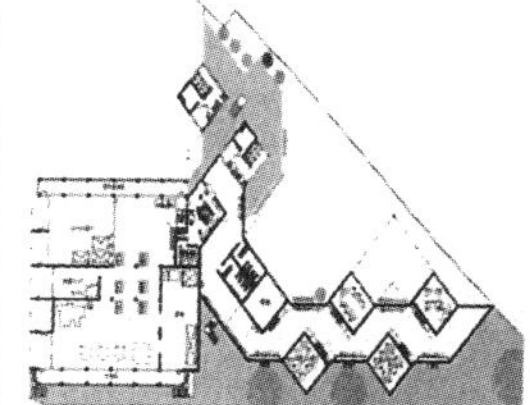

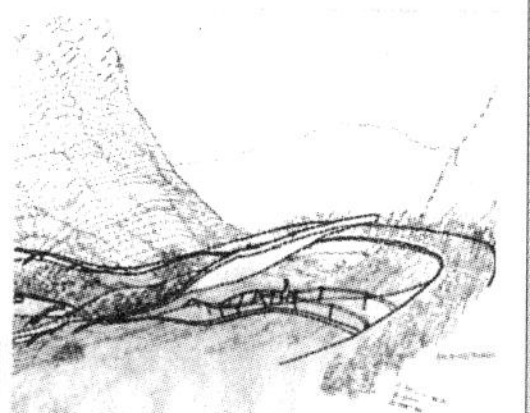

图纸：由于提交日期迫近，尽管映像尚不完整，也不得不开始绘制图纸。因勉强为之，竟出现了从未见过的东西。最近，以电脑制图已成为主流；不过手绘图纸同样受到人们的欢迎。

模型：因为在毕业设计中没有提交模型，所以只把特别需要表现的细部制作出模型。这相当于利用这段时间来渲染设计效果，可使表现更有力度。

表现

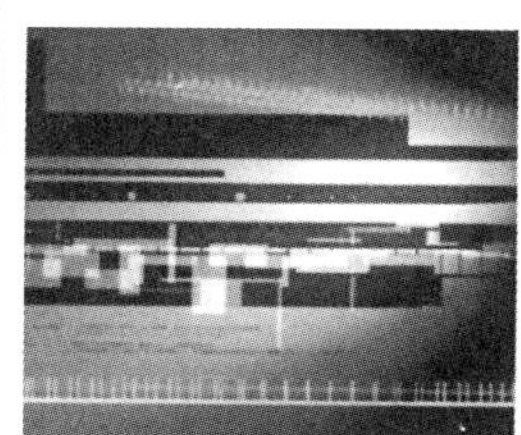

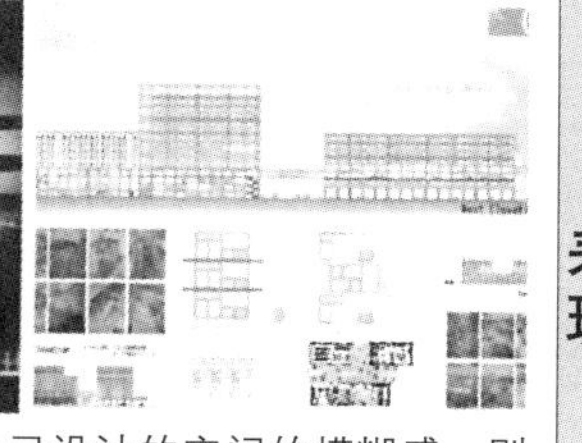

效果渲染：为了表现出自己设计的空间的模糊感，则采用CG来表现模型难以表现的抽象空间。对模型作品即使做些许加工，也能够改变印象。

最后：即使无法进行具体的作业，也可以随时随地产生概念和找到备选的地块。只要平时多加留意就可以了。

毕业设计报告

千叶大学

木村麻美、斋藤健 /2006 年度

关于千叶大学的毕业设计

千叶大学工学部设计工学科建筑专业，每年约有 40 ~ 50 名学生要做毕业设计。凡是做毕业设计的学生，都必须提交毕业论文。自 11 月上旬毕业论文发布会结束后，便开始进入毕业设计阶段。从 2006 年起，提交毕业设计的期限又顺延了一周，至 2 月中旬截止。

需要提交的文件和物品包括，A1 的效果渲染图 10 份和不大于 A1 尺寸（自 2006 年始不再对尺寸作出规定）的模型等，提交作品的第 2 天，在制图室举行作品展示发布会。进而到了 2006 年度，千叶大学的 4 个专业（工学系城市环境设计专业、设计工学科创意专业、园艺学部绿地环境专业等）的志趣相投的同学们聚集在一起，在校园内有名的树林中，举行了毕业制作露天展览会。

民意测验

就有关毕业设计的问题，对 2006 年度之前亲历毕业设计实践过程的（50 人）做了民意调查。

寄语将迎来毕业设计的下年级同学

在完成毕业设计 1 年之后的今天，我们又重新想起前辈们说过的话：毕业设计将让你受用一生。实际上，回顾过去的 1 年，前半段在搞毕业展，后来就为了谋职而奔波，这时曾有许多场合要面对自己的作品。正是“毕业设计让你受用一生”这句话，使我从未后悔过。

Q1　作业期间？

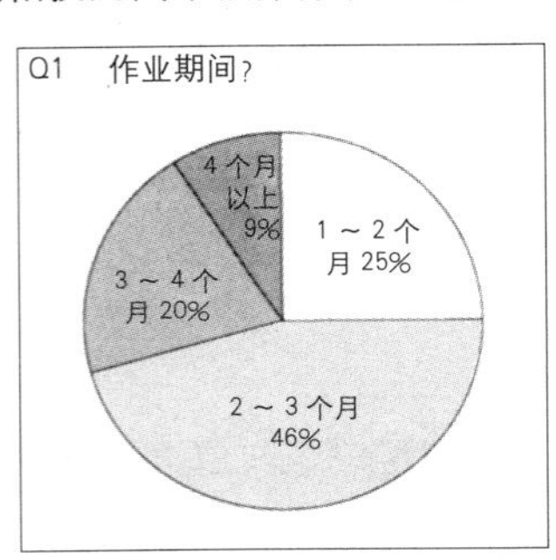

Q2　助手人数？

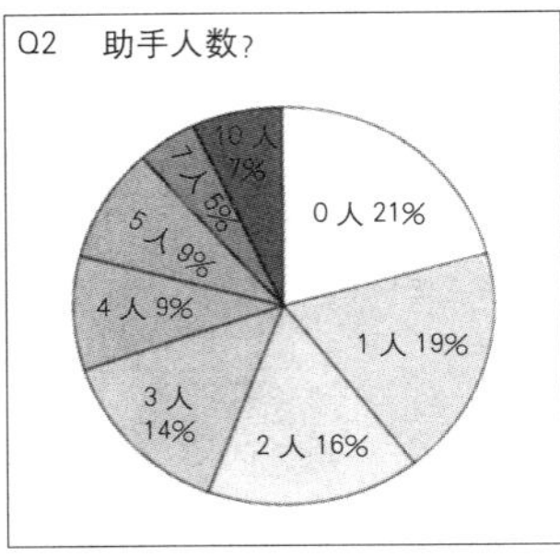

助手人数合适否？

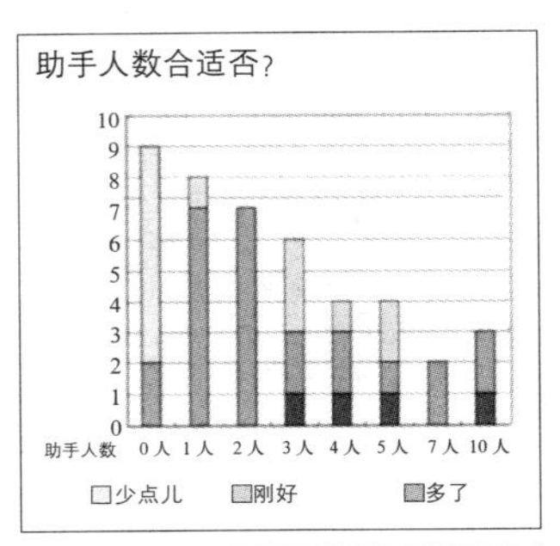

Q3　参加毕业设计展了吗？

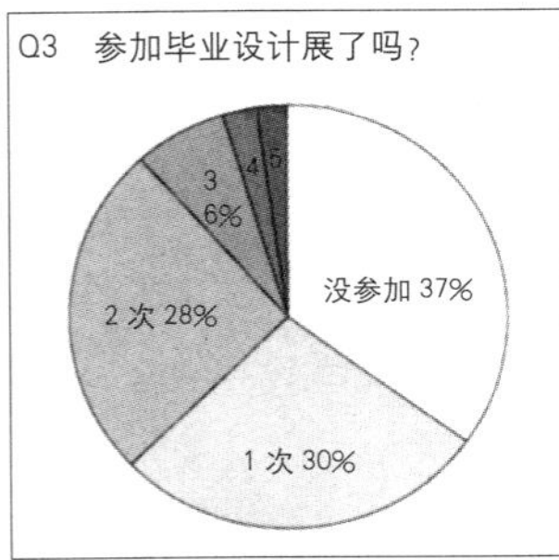

Q4　总计花费多少？

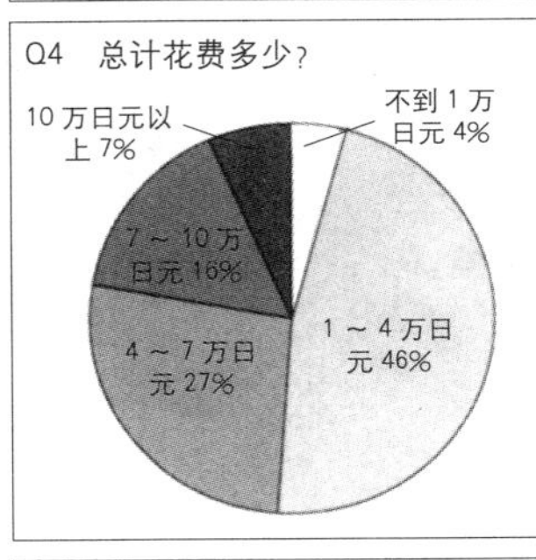

Q5　作业场所？

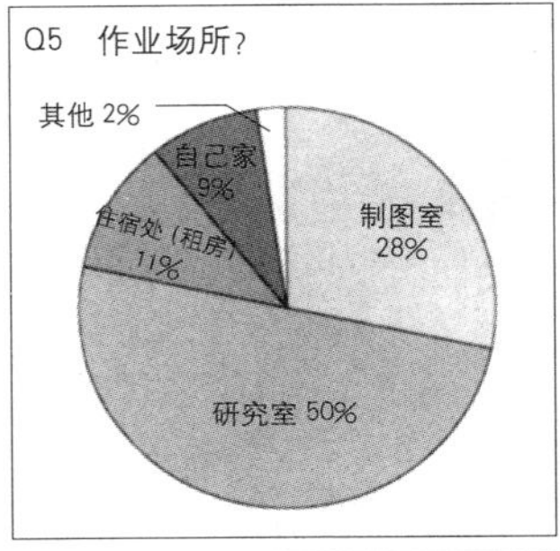

Q6　工夫下的最大的？

第 1 位 12 票：
模型
第 2 位 10 票：
概念、理念
第 3 位 4 票：
建筑效果渲染
（效果图、草图、密度……）

Q7　最辛苦的事？

第 1 位 6 票：
概念、内容、
造型、空间设计、
人事关系（朋友、助手……）
第 2 位 4 票：
印制
日程管理

Q8　毕业设计做的好吗？

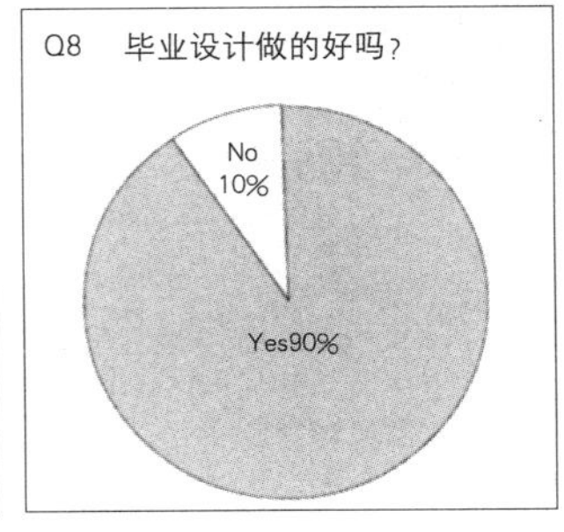

NITONA HEALTHCARE COMMUNITYCENTER

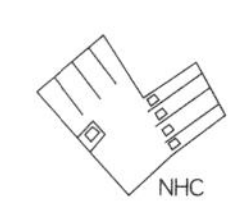

千叶市中央区仁户名町。这是一座大型医院和福利设施集中的城市。因此，其周围弥漫着一种独特的闭塞感。本方案的目的在于规划出一个设施，这个设施可使社会志愿者形成一个网络，提高对在此集中的居民、患者和老龄者的服务水准，并促进他们彼此之间的交流，随着人们健康水平的提高，城市也会得到发展。

用地选择

住宅区

用地

医院群

在与用地相邻的医院里做了毕业论文调查，论文中的内容，对“医院与城市”的关系作了思考。

概念

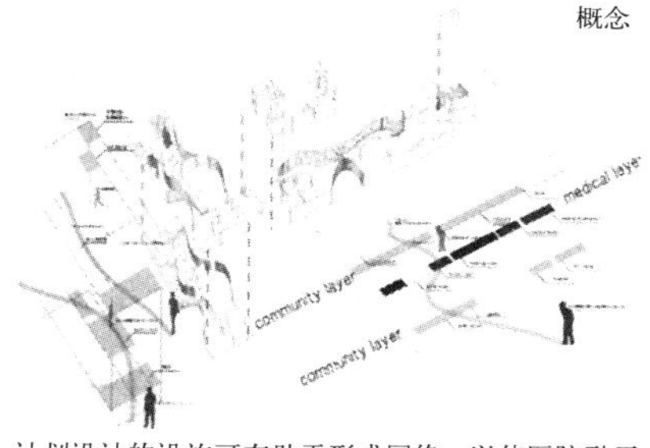

计划设计的设施可有助于形成网络，以使医院融于城市中，并成为健康增进中心和交流中心。

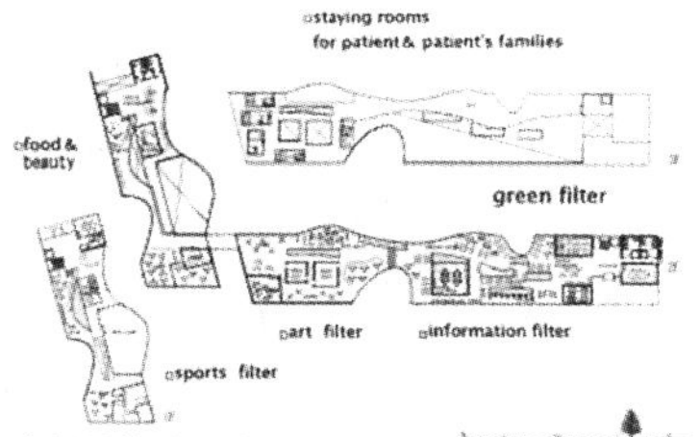

2个设施的功能并没有按区片划分，而是在细长的建筑物内，将数个薄层重叠起来配置的。

制作模型要特别注意到是比例尺，以及材料和密度感。我们制作的总体模型比例尺为1/500，断面的局部模型比例尺为1/100。

千叶大学毕业设计事例

木村君		斋藤君
大学校内弥生奖 柳泽研究室		大学校内鼓励奖 栗生研究室

毕业设计流程

木村君		斋藤君
确定用地 概念	剩11周时间	确定用地 用地沙盘 1/5000
	剩10周时间	收集用地相关数据 用地沙盘 1/500
	剩9周时间 提交设计意图	
	剩8周时间	
平面、断面设计	剩7周时间	用地沙盘 1/300
研究模型	剩6周时间 再次提交设计意图	大厦形态
	剩5周时间	体量 1/500 映像效果图
建筑效果渲染 方案	剩4周时间	方案 概念 1/300
图纸	剩3周时间	结构模型 1/200 外观研究模型 1/100
模型 1/100 ：助手	剩2周时间	概念模型 1/100
模型 1/500 效果图	剩1周时间	内部模型 1/100 主效果图 建筑效果渲染图
模型照片 印刷复制	收尾	图纸 模型照片 印刷复制

斜面如同书架背板一样

这是将图书馆迁移至横须贺的一座火车站前的设计方案。斜面与围绕着车站大楼的土地设计得很协调，成为二者之间的过渡带。只是周围环境嘈杂，遂利用其作为背后的一面墙，这样一来，背面高耸如山的斜面就好像是书架的背板。内中既有开架图书，也有闭架图书，使整体过渡视觉化，而且利用不大的空间可收容大量的图书。

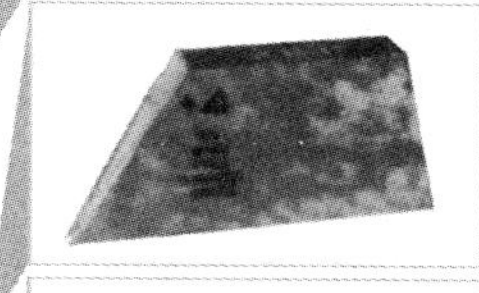

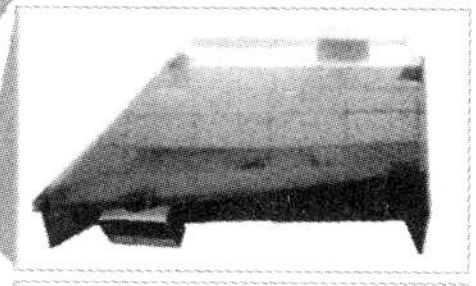

■毕业设计报告

东京电机大学

饗庭淳矩 /2005 年度

■东京电机大学毕业制作有关情况

东京电机大学，只有信息环境学系信息环境设计专业、媒介和环境设计专业、建筑和城市设计部门等专业内部，可以选择建筑专业的毕业研究或开发型项目。而且，在选定了开发型项目之后，便被要求提交设计图纸和模型。

此外，开发型项目的选择者，大都在前期（4 ～ 7 月）做测量和调查，后期（9 ～ 1 月）制订设计方案。根据个人情况，有的还要提交论文。我自己约在 4 ～ 11 月之间写论文，10 ～ 12 月搞设计，1 月上旬参加效果图及模型的展示和讲评会(只有 1 天)。另外，还有校内的选拔考试，3 月份参加千叶县建筑学生奖评比，5 月份参加新人画萃展。

■毕业设计完成之前

1 从何着手

- 踏勘地块
- 反复骑自行车疾驶
- 那里人们的状态
- 感受时间的烙印

就以上这些问题，对参加毕业设计的学生进行了随机调查。

2 发现的问题

铁路的噪声值得注意。这虽然看不到，却是可以听到的。看不到的原因是，铁路位于地块的谷底，从街区中间穿过，被掩盖起来。这里发现的问题就在于“街区被铁路分割”。

3 有关景观效果的研讨

只要在思想上有一闪念，立刻用草图勾画下来（图 -1）。如果对话的结果不满意，再使用 CG 手段。

如果要与实际的尺寸感相对照，则利用模型。大小的比例为草图 :CG：模型 =4:3:3 的样子。

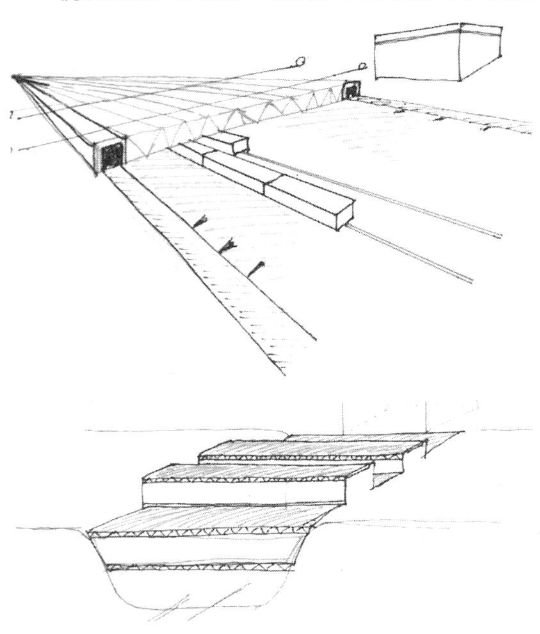

图 -1　构思的草图

■完成前的运作管理

到 11 月末，作品将在研究室内部发表，10 月份论文和制作是同时进行的。从 12 月 20 日左右开始，进入渲染用的模型和图纸的制作阶段。除了新年之外，整整 2 周时间几乎夜以继日地工作，差不多只有在看到朝阳升起时才能休息片刻（图 -2），3 天左右回家 1 次（只是为了换洗衣服和冲个淋浴）。作业全部在研究室进行。由于在所属研究室进行制作的只有我一个人，因此可以利用那张台面

图 -2　从大学屋顶上看到的朝阳

图 -3　制作时的情景

很大的桌子。请来帮忙的低年级同学一共3个人(图－3)，但对制作模型没什么经验，因此要一边教给他们一边作业，如果撒手不管忙别的事那是不行的。

1 顾问

我的顾问是一位熟人，正在其他大学专修建筑（具有1学年以上的毕业设计经验），被请来对我的制作进行指导，陪着我们干了一整天。

2 启发我们灵感的事

每周与指导老师的讨论。国外参赛的设计方案（MVRDV等）。用地（多次踏勘）。

制作资料

提交图纸：平面图、断面图、示意图（图－4）、效果图（图－5）

模型：1/300约2件（图－6）

应用软件：Vector Works,FormZ,Illustrator,Photoshop,Excel

草图集（A4幅面）：2册

感受

以自己的速度进行作业，而且永存感激之情。

作品概要

作品名称《BOARD》，副标题“通向连成一体的街区”。

制作主旨

千叶新城，说白了这还是一处什么都没有的图纸上的街区。不能只是停留在空泛地议论什么都没有和寂静无聊上，总要在这里做点儿事才行。这样的想法开始在心里萌动。

可是，这里又并非一无所有。离千叶新城中央火车站不远的地方，就有住宅、办公楼和学校。我注意到，将它们彼此拉近的重要性。但这是能够用建筑的力量办到的吗？假如办不到的话，是否可以尝试向以火车站为中心的街区展开变化，并将其作为进一步发展的契机呢？

在看过街区的照片之后，越发觉得通过街区中心部的与北总线铁路平行的谷地被南北分割开来，使街区支离破碎、面目全非。如此一来，也给人们的交往造成距离感。首先要阻断使人们产生距离感的山谷，将一个个孤立的区块连接起来。这样就形成了环形路和街区。阻断山谷的BOARD（板）可自由往来，人们彼此交换信息，并逐渐扩展成一个大的环(街区)。BOARD起到了全部信息发布源的作用。

这里共分3层，其中设有美术工作室、演出厅和画廊。3层中的下层为公共机构和当地特产专卖店。最下层（与铁路在同一水平上）配置了面积很大的停车场，设计的意图是，尽量让驾车的人最终可以从车上下来，体验一下在街上漫步的乐趣。

我并未沉迷于这里的白纸一张，其实即使沉迷了也未必就能发现新的东西。先是迷惑，然后寻觅，最后可能会出现无法预测的意外性。这一切，都是为了营造富有魅力的街区。

（《BOARD》／信息环境学部信息环境设计学科）

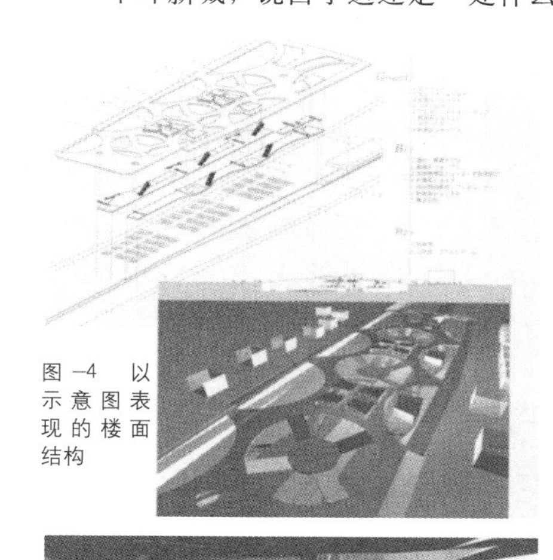

图－4　以示意图表现的楼面结构

图－5 使用CG的效果图

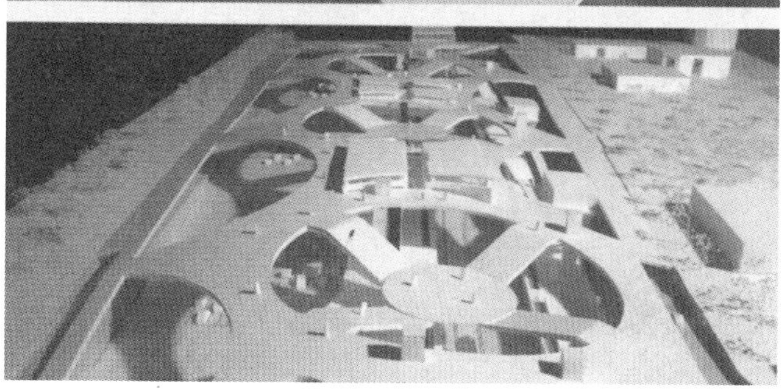

图－6　最终的渲染模型

毕业设计报告

东海大学

信田健太、崛场英 /2005 年度

地方城市再生 /GROOVE NET
——城市创建的源泉（信田健太）

设计概要

与中心城市的信息和人口集中度形成鲜明对照的是，地方城市目前在人口、经济发展和城市空间等方面却呈现衰退趋势。本设计将项目用地选在神奈川县小田原市，该市是地方城市中的典范。将处在埋没状态中的小田原城与火车站前连接起来的中间地带引起我们的注意，在设计的方案中，在城郭护城河一角配置具有回游性的交流空间以及可与时代对应的柔性单位空间连续体。

在这里，将不同时代文化的涟漪作为一种隐喻，并把错综复杂的空间插入地下空间内，试图通过方案中的建筑空间表现出被埋没的护城河的再生及小田原市特有的文化。而且，建筑单体并非自行成立，它成了融入城市整体的原点，我们的目标就是要再生一座新兴城市。由于以柔性单位空间作为方案，因此容易淡化使用功能和外观效果；然而，作为可与未来的多种方案对接的建筑空间，并且能够最大限度地表现出地方城市固有的魅力，而这种魅力是专用设施和综合大厦所不具备的。这样的空间不正是未来的地方城市所需要的吗！

毕业设计中的关键

毕业设计中的关键问题是，从各种各样疑问引发出来的建筑和空间，将给予对象城市怎样的影响，并且是否能以广阔的视角看待它。

如果在一个相当长的时期里反复思考同一件事情，视野便会逐渐变窄，无法客观地看待事物。在这种时刻，最不可缺少的是周围的朋友。不能仅靠自己的头脑思考，还应多听听他人的意见，这样才会自然而然地将思考内容梳理清楚，并能客观地发现问题所在。我本人的情况就是如此，在做毕业设计时，前来帮忙的低年级同学中人才济济，既有擅长组织调度者，又有模型制作专家。尤其是组织调度者，成了能够完全理解我的想法、最可信任的第三只眼睛。他对模型制作专家发出指令，有关模型制作方面的问题几乎可以全部解决。这样一来，我便可以集中精力思考，在我思考时，作业仍然能够顺利进行。因为助手都是预先约定的，所以如果在约定的助手中找到一位能够严格遵守日程表的组织调度者，你会感到心里更踏实一些。其次，能有一副克服睡眠欲望的好体格也是很重要的。

惟一的失败是模型做的过大。因为是按照想要表现的尺寸制作的，因此给搬运带来了困难，既难以进入电梯，又无法放入汽车内。如果事先考虑周密一些，这样的问题本来是可以避免发生的。

还有一点同样很重要，一定要保持团队内部的高涨热情和精神活力，使大家彼此愉快相处。如果大家动不动就出现龃龉不快，那是搞不出好建筑的。我在提交截止日期前 1 周完成的作品，因概念不成立而放弃，只好从头设计。尽管发生了这样令人沮丧的事，但只要能坦然面对，仍然不影响下一

图 -1　利用模型所做的建筑效果渲染

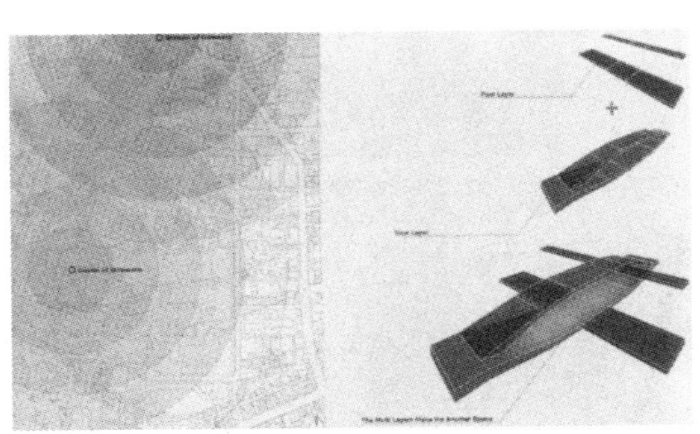

图 -2　用地分析和形态图解

步的作业。结果，只用3天便完成了图纸和效果图，提交日期前2天做完了模型。从设计到图纸都是自己完成的，在模型和日常管理方面则得到了助手们的大力支援，从这个意义上说，是整个团队共同完成的毕业设计。

借此机会，我想对那些能够勇敢面对困难的低年级同学、经常交换意见并让我受益匪浅的友人、总是给予我严格指导的杉本教授，致以衷心的谢意。

年轻人的活动场所／APOSC——通过文化集会拓展的活动场所空间（崛场英）

■设计概要

我的毕业设计的主题是“活动场所”的具体化。我思考的最根本的问题意识在于，对于以大的机制组建起来的建筑和城市现状，是否可以从部分与部分的关系性，即通过从内部小的机制的重叠来进行组建。对于这种与城市有关的问题意识，不少年轻人都将其作为社会性问题，有自己的活动场所理论。从以上问题着眼，我们选中了涩谷区宇田川町的一角作为具体的对象用地。在多元的涩谷文化中，存在着由年轻人创造的流行文化＝“个性”表现，从个体关系又生发出的部分与部分的松散关系，这些都可被用来营造进行多元化交流的场所。我们的目标就是要将这样的场所具体化。

平面配置是灵活不规整的布局，因各建筑物采用了将其角部相连而形成了不同的，目的是能形成不同形状的。而且，由此营造出的建筑空间再向断面展开后便可以出现立体的关系。

整个设计程序和设计概念都获得很高评价。但由于向设计阶段转换所花费的时间过长，致使功能和方案形象变得难以传达。不过，关于当初成为动机的住所的具象化，总算可以构想出一个从部分与部分的松散关系中诞生的涩谷的新形态和新空间。

■毕业设计中的关键

我认为，主题设定是非常重要的。虽然主题设定的方式有许多种，但其中最为重要的是应该传达出这样的意思，即自己构想的建筑和空间到底能够给设定的城市和地块带来怎样的动力。

在做毕业设计过程中，助手和研究室的伙伴都不可缺少。而且在做毕业设计时，一定要有广阔的视野。一味地沉迷于自己的小天地，视野很容易变窄。无论与伙伴或助手的不经意间的谈话，还是对课题的讨论，都有助于让自己更客观地看问题。

我在制作过程中总共请了5位助手。其中1人是头儿，其余的4个人负责制作模型。这位当头儿的助手成了我的左膀右臂，所起的作用实在太大了。他不仅能够完全理解我的意图，而且还不时地提出建议，真是一位知音。他对制作模型的同学发出指示，并承担着解答各种疑问和处理各种问题的责任。多亏了有他在，才使得自己的作业能够顺利进行。

失败之处和值得反省的，是助手们的日常管理。当头儿不在或模型组的人手空缺时，会格外令人焦急。毕业设计不仅是自己个人的事，不应该忘记那些与此相关的人们的帮助。在毕业设计中，最令人感动的是伙伴的存在和许多守护着自己的人们的存在。因此，越发觉得毕业设计已不是自己一个人的了。因此，再一次向那些敢于面对各种困难的助手们、整日不厌其烦地与自己交流思想的同学们、校内的前辈、严格要求热心指导的山崎教授表示诚挚的感谢。

（《GROOVE NET》／工学部建筑学科、
《APOSC》／工学部建筑学科）

图－3　模型的俯视作品

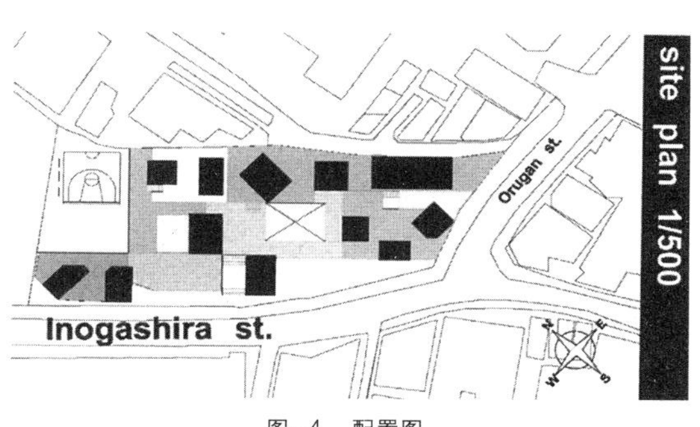

图－4　配置图

毕业设计报告

首都大学东京

柴家志帆 /2006 年度

首都大学毕业制作有关情况

在渡过交织着快乐、辛劳和苦恼的日日夜夜之后，毕业设计终于完成了。这是在建筑专业学习期间，学习成果的集大成。在这里将要记述的，便是对这次毕业设计的回忆。

我所在的大学，给 4 年级学生留出 1 年时间用于硬件课程，主要为了完成毕业论文和毕业设计这两件事。毕业论文的提交时间为 12 月份，毕业设计的提交时间为翌年 2 月。这一期间总共只有两个月，从夏季开始便试着对主题进行了探索，但始终没有确定下来。结果到真正开始行动的时候，已经是 12 月了。

毕业制作运作过程

首先考虑的是方案。今年我们大学似乎流行一种趋势，许多人都是一开始便决定想要构建的空间及其设计手法，然后再考虑与此相适应的功能和用途。我之所以要最先确定方案，主要是因为我本人对设计手法和有规律性的建筑不太感兴趣的缘故。我想要设计的，是那种每个空间都受到重视，任何人都能够将其映像化的建筑。

12 月末的一天，我决定将“图书馆”作为方案的题目。鉴于互联网的发展，已使利用图书馆的人越来越少的事实，我将设计的重点放在如何让图书馆成为一个便捷的设施方面。用地则选在地铁车站旁、公园下面或地下。从便捷角度考虑，应尽量选在火车站周围，但一直苦于找不到合适的地块。时间越来越紧迫，有多少次都后悔：再早点儿干就好了。这一期间，在每周一次例行的研究室会议上，我们反复发出请老师亲自动手的呼吁，终于使老师为之所动，在老师的指导下，进度加快了。

不为烦恼所累，哪怕是个暂时的决定，亦应严格按照既定方针采取行动，使映像不断清晰起来，这些既是教训，也是在毕业设计最初阶段能够克服各种困难的动力。

年末进入自行研究阶段，新年期间把作业停了下来，好好地放松了一下。寒假一结束，1 月 9 日就要进行毕业设计的中间发布。新年伊始，研究室会议照旧每周举行一次。在中间发布和研究室会议上，最为宝贵的是能够倾听来自大家的客观的评价

图 –1　空间映像

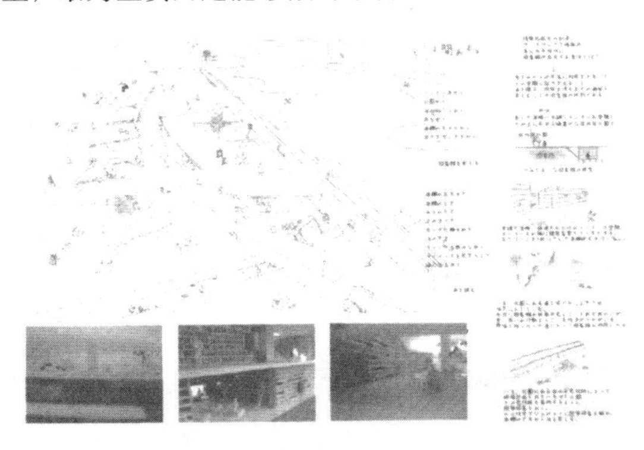

图 –3　建筑效果渲染

图 –2　作业情景（制作模型）

图 –4　作业情景（制图）

和有益的建议。我一边记下这些建议的要点，一边思索品味和从中汲取营养。在过去的这段时间里，因为毕业设计长期专注于一座建筑物上，往往使自己的思考偏离了正确的轨道，结果对存在的问题视而不见。因此我认为，假如能够经常将自己的想法说给别人听，并从对方那里得到建议，实在太重要了。

1 月中旬，进入制图室，与 5 名助手一起，开始了完全与毕业设计有关的生活。我们将全副精力都投入到作业中去，忙得不可开交。

这时，首先要考虑日常管理问题，包括个人、助手、模型、图纸……人生只此一次的毕业设计，尽管做起来不轻松，却应该当仁不让。何况，助手们牺牲了宝贵的春假时间在这里为我忙碌，本来他们也承受着考试和谋职的巨大压力。这样一想，信心倍增，便同助手们一同思考，愉快地干起来，努力把一切可以吸收的东西都用到设计中去。

一开始我先对设计概要全部进行了解说，并请大家毫不客气地说出自己的看法。能够使模型作业顺利进行的关键，在于尽量让自己的想法与大家的想法接近。每天夜里（或早上）睡觉前，我都将第二天要他们做的事写下来贴在墙上，工作的分配都考虑到了每个人的所长适合于做什么。

至于模型的说明，尽管自己被绘图占去了大部分时间，而且忙得不亦乐乎，但并未因此将其砍掉；绘图时间大都放在了回家以后。每当画完一张图纸印制出来后，都一定让助手们看一看，请他们提出自己的意见。

将自己正在思考的内容传达给别人，是一件很困难的事情，做法不得当有时就会使效率下降。该如何与助手们共同作业，应该算是毕业设计中的第二个教训。

说到毕业设计阶段的日常生活，每天大约早 6 时睡觉，10 时起床。最后一天则干了个通宵。基本上都睡在学校里，在家里睡觉的时候 1 个月也就 4、5 次。

■讲评会

2 月 13 日召开毕业设计讲评会。我们大学在 12 日中午前提交作品，讲评会利用 13 日一上午的时间举行。基本程序是这样的，先由校内老师选出毕业设计作品前 10 名，这 10 个人再于午后进一步对自己的作品做渲染，渲染系在包括外请审查员在内的全体人员面前进行，最后确定谁是获奖者。

接下来一切都很顺利，直至领奖为止。在领奖时，我没有忘记从身后正翘首张望的那些低年级同学的笑脸。

■作品资料

提交图纸：8 张 + 草图集 1 册

模型：1800 × 900 × 230（占 1 席塌塌米）

应用软件：Vector Works,Illustrator,Photoshop，尺牍

草图数量：写生画册 2 本 + 许多废弃的画纸

废弃模型数量：难以计数

（《路遇图书馆》／工学部建筑学科）

图 –5 阅览空间

图 –7 总体模型

图 –6 协助制作的低年级同学

图 –8 书架空间

6 参考资料

毕业设计作品集 工学院大学

[名称]建筑设计优秀作品集

[内容]本作品集除收有毕业设计的优秀作品外，还另收入学部优秀作品、硕士优秀作品和校外设计竞赛入选作品。

[购入者]工学院大学生活共同组合

[价格]600日元

[概要]· 大奖作品：最优秀奖作品2（建筑学科作品1+建筑城市规划学科作品1）

· 优秀奖的选定及成绩：由规划设计专业教师合议来确定其成绩和选定优秀作品。优秀作品系经图纸初审，选出各学科10%成绩最佳者，再经二次审查的公开效果渲染决定之。

· 毕业设计作品数（从2006年度实际完成作品中收录）：建筑学科45件、城市规划学科72件

· 毕业设计日程（2006年度实际情况）：

A类　论文+设计〔论文（9月最后一日提交，不发布）、设计（1月25日提交）〕

C类　论文+设计〔论文（11月4日提交，发布）、设计（1月25日提交）〕

＊建筑学科（仅含A类）、建筑城市规划学科（A类或C类）

· 毕业设计作品的限制：原则上A1幅面12张以内。

· 作品展：每年8月，在工学院大学新宿校舍9楼举办“工学院大学建筑设计优秀作品展”。

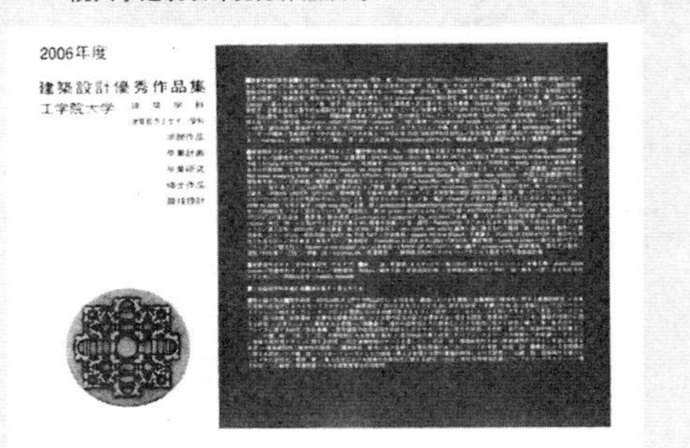

毕业设计作品集 东海大学

[名称]PROJECT FILE200X

[内容]有关学部优秀作品，将每学期课题内容和作品讲评以任课教师对谈形式进行公布。毕业设计，则发表其中的前10名作品及发布会上的答疑、总评和经历过毕业设计的学生的回忆等。此外，还介绍了研究室、专职教师、兼职教师和OB等，并收入了每年改变方向的企划内容。

[购入者]非卖品，分发给学部全体学生。

[概要]· 最优秀毕业设计奖：TD奖（Tokai Design奖）1件

· 优秀毕业设计候选作品 · Top10：由规划系全体教师打分，选出Top10。这10件作品的设计者做了口头发布后，再对其进行公开审查，以从中决定TD奖1件（参加日本建筑学会展）、JIA神奈川参赛作品5件、柠檬画翠展1件和现代建筑社1件。

· 毕业设计作品数（从2006年度实际完成作品收录）：41件

· 毕业设计日程（2006年度实际情况）：

毕业研究报告书（7月下旬提交，不发布）

中间提交毕业设计（10月17日）、中间发布（10月24日）

提交毕业设计（1月22日）、毕业设计发布会（1月29日）

· 有关毕业设计作品的规定和要求内容：原则上A1幅面8张以上。包括设计主旨、志趣、说明图、方案、索引、配置图、各层平面图、立面图、断面图、细部图、透视图、效果图或模型照片、模型（长宽高合计2.5m以内）、梗概A4幅面1页

· 作品展：毕业设计发布后，在湘南校舍相连大厅内展出1周左右。

毕业设计作品集 驹泽女子大学

[名称]毕业设计作品集（CD–ROM）

[内容]本作品集登载了全部毕业制作中的作品，并采用了姓名、作品和研究室等3种检索方式。此外，还介绍了校内和校外展示会的情况。

[购入者]由驹泽女子大学空间造型学科管理。对有入学意向者无偿发放。

[概要]· 最优秀奖：1件

· 优秀奖的选定和成绩：由教师打分，经合议后选出。

· 毕业设计作品数（2006年度）：空间造型学科58件

· 毕业制作日程（2006年度）：论文或设计、制作（12月21日提交，1月14日渲染）

· 毕业制作作品限制：设计A1幅面2张以上，论文没有限制。

· 作品展：每年1月在驹泽女子大学博物馆举办“校内展”，2月借用东京都内画廊举办“校外展”。

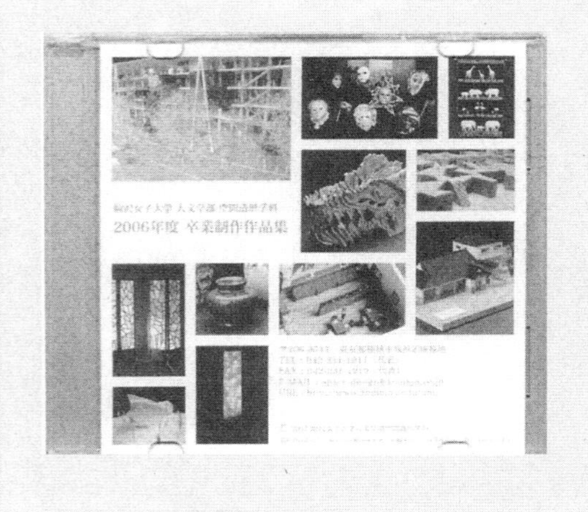

毕业设计作品集 东京艺术大学

[名称]空间

[内容]是一本由建筑专业院校学生策划制作的年刊杂志，其内容和体例不定；但主要登载大学在校生的课题作品和介绍教师及研究室。在最新的24期上，刊载着2005年度的毕业制作和硕士作品。此外，在每年2月末举办的本科和硕士毕业作品展的会场上，还出售美术部的全部作品。据历年情况看，展会期间作品基本售罄，想在会场外购得是很困难的。

[购入者]南洋堂、约克堂、青山图书中心本店、GA画廊、新人N画萃1、TOTO文库、八重洲图书中心本店、三省堂神田本店、NADIff、渡生书店、有邻堂六本木希尔兹店、丸善日本桥店、东京设计图书中心、大书泉、社会调查机构等

[价格]1200日元

[概要]· 毕业制作作品数：历年均为20件左右

· 毕业制作日程：每年1月中旬提交

· 作品展：每年2月下旬在东京都美术馆和东京艺术大学校内举办“东京艺术大学本科及硕士毕业作品展”。

· 优秀奖（收购作品）的选定及成绩：由教师合议确定。

毕业设计作品集 东京工业大学

[名称] Ka
[内容] 本作品集除收入毕业设计中的优秀作品外，还刊载了硕士作品、学部及硕士的设计课题报告、校外设计竞赛入选作品等，以及一年来有关设计教育方面的信息。而且按照每期特辑的主题，收录了由应届毕业生对谈组成的卷首记事。
[购入者] TIT 建筑设计教育研究会（事务局：东京工业大学理工学研究科建筑学专业内）
[价格] 1000 日元
[概要] · 大冈山建筑奖：金奖、银奖（获奖者人数会因审查结果而各年不同）
· 大冈山建筑奖的选定及成绩：举行以全体成员为对象的发布会，由全体教师审查确定成绩和选出优秀作品。优秀作品参加次日的讲评会，由全体教师公开投票确定大冈山建筑奖。
· 毕业设计作品数：作为毕业研究的论文和设计是必修课，全体学生都要制作。
· 毕业设计日程：
论文 + 设计〔论文（12 月提交，发布）、设计（2 月提交）〕
· 毕业设计作品的限制：原则上 A1 幅面 7 张以上。
· 作品展：在讲评会上发布的学生作品，都将在 7 月份于百年纪念馆举办的作品展上展出。

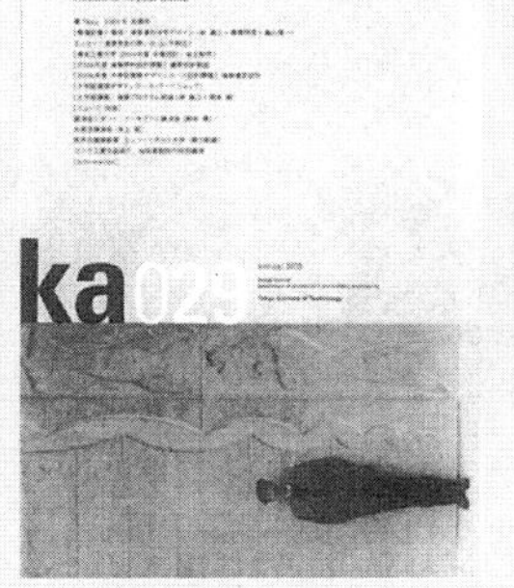

毕业设计作品集 东京理科大学

[名称] 东京理科大学工学部第二部建筑学科 2005 年度毕业设计集
[内容] 本作品集只登载毕业设计。
[购入者] 山名善之研究室
[价格] 免费分发
[概要] · 大奖：最优秀奖作品 1 件、筑理会奖作品 1 件
· 优秀奖的选定及成绩：由第一部及第二部规划设计专业教师和兼职讲师合议，确定成绩及优秀作品。全部作品都要进行渲染，然后从中选出优秀作品。
· 毕业设计作品数（2006 年度）：第二部建筑学科 23 件
· 毕业设计日程（2006 年度）：毕业设计与毕业论文二者选一。
· 毕业制作日程：提交（1 月 26 日）
· 毕业设计作品限制：原则上 A1 幅面 10 张以内。
· 作品展：每年 4 月在东京理科大学九段校舍 5 层制图室内，由第一部和第二部同时举办"东京理科大学建筑设计优秀作品展"。

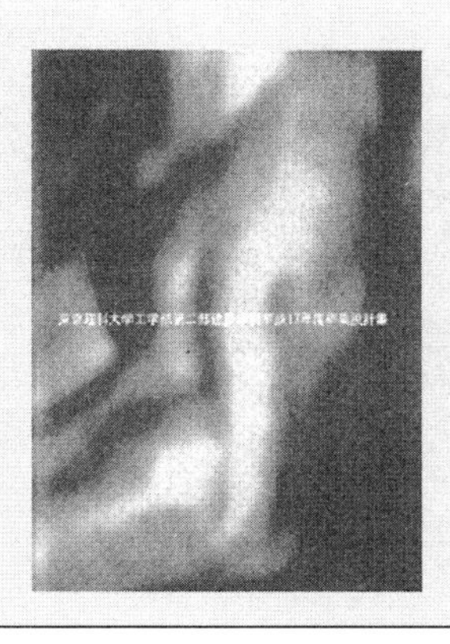

毕业设计作品集 东京大学

[名称] 毕业设计
[内容] 各年度全部毕业设计作品黑白缩小版
[购入者] 非卖品。可在东京大学工学系 1 号馆建筑学科图书室阅览。
[概要] · 辰野奖：2 ~ 4 名
· 鼓励奖：5 ~ 10 名
· 各奖项的选定及成绩：由全体教师投票，再依据这一结果举行规划设计专业教师会议确定获辰野奖和鼓励奖的作品。经过审查、选评、教师推荐作品一览、成绩前 30 名作品均登载在建筑学科网页上。
· 毕业设计作品数（2006 年度）：
53 件
· 毕业设计日程（2006 年度）：
集中指导（7 月 10 日）、提交（12 月 11 日）
· 毕业设计作品限制：自 2006 年起放松了限制，图纸 A1 幅面不限张数，模型也没有尺寸和数量限制。
· 作品展：每年 2 月在东京大学工学部 1 号馆 3 楼举办"毕业设计展"，3 月份在东京大学安田讲堂举行"公开讲评会"。

毕业设计作品集 东京电机大学

[名称] 东京电机大学信息环境学部建筑设计作品集
[内容] 本作品集除登载开发型项目（相当于一般的毕业设计）的优秀作品外，还有学部优秀作品。
[概要] · 开发型项目作品数（2006 年度）：5 件
· 毕业研究和开发型项目日程（2006 年度）：
毕业研究　　论文（1 月 12 日提交，发布）
开发型项目　　设计（1 月 12 日提交，发布）
* 毕业研究或开发型项目二者选一。

毕业设计作品集　日本大学

[名称]日本大学生产工学系建筑工学专业优秀作品概要集
[内容]本作品集为年刊，除刊载毕业设计的优秀作品外，也登载学部的优秀作品。
[概要]·最优秀奖（樱建奖）：作品2件
·UIA纪念奖：1件
·建筑工学科设计奖：5件左右
·各奖项选定：由包括兼职讲师在内的全体教师进行初审投票，选出前20名。初审通过的学生做5分钟左右的发言，根据以上结果，再由规划设计专业教师进行二次审查投票，在交换意见的基础上确定各奖项。
·毕业设计作品数：70件左右
·毕业设计审查：2月中旬
·图纸数目等的限制：一般幅面为高2000×3600（mm）
·作品展：每年2月中旬～4月中旬在日本大学工学部4号馆地下展示厅举办作品展。

毕业设计作品集　武藏工业大学

[名称]武藏工业大学研究梗概集·作品集及硕士研究梗概集·作品集（CD—ROM）
[内容]毕业论文梗概集、硕士论文梗概集、毕业设计作品集、硕士设计作品集
[购入者]非卖品（关于收费发放正在研究中）
[概要]·藏田奖：最优秀作品1件
·毕业设计优秀奖：2006年度实际优秀作品6件
·毕业设计特邀审查员奖：2006年度实际获奖6件
·优秀奖的选定及成绩：藏田奖和毕业设计优秀奖由规划设计专业教师合议确定。特邀审查员奖与上述奖项不同，作为个人奖项另行决定。
·毕业设计作品数（2006年度）：
建筑学科33件、建筑学专业12件
·毕业设计日程（2006年度）：
只有设计〔设计（2月13日提交）〕
论文＋设计〔论文（12月16日提交，发布）、设计（2月13日提交）〕
·毕业设计作品限制：原则上A1幅面10张。
·作品展：每年4月与其他大学一起在横滨红砖仓库举行“毕业设计红砖节”。

毕业设计作品集　文化女子大学

[名称]毕业研究作品集
[内容]本作品集登载居住环境学科及生活造型学科全体学生的毕业研究成果。
[购入者]文化女子大学造型学部
[概要]·优秀作品的选定：由学科全体教师合议确定优秀作品。
·毕业研究作品数（2006年度）：
131件作品（含室内设计及家具等实物制作）
·毕业研究日程（2006年度）：
①建筑·室内设计、②家具·照明器具实物制作、③论文等3项可任选其一。最后提交日期均为1月17日，设计·制作的场合，12月中旬提交模型及实物，至最终截止日期之前，提交图纸和报告。
·毕业研究作品的限制：无
·作品展：每年2月在文化女子大学新宿校舍20层举办“造型学部毕业研究展”。

毕业设计作品集　早稻田大学

[名称]早稻田建筑学报2007
(2006年10月发行)
[内容]早稻田大学建筑学科1年研究报告汇总。
本期系有关早稻田大学理工学部建筑学科内本科及研究生6年一贯制教育中的结构设计研究特集。此外，还登载了2005年度学生优秀作品和建筑学教室的近况报告。学生作品介绍不仅有毕业设计，也包括了2、3年级学生的设计制图课中的优秀作品，以及硕士设计和硕士论文中的优秀作品，并收录了有关讲评会的情况介绍。每年10月发行。
[购入者]早稻田大学学生会、普通大型书店
[价格]1000日元
[概要]·早稻田大学的毕业设计，自2005年起，开始变为共同设计。各小组包括艺术领域（建筑史、建筑设计、城市规划）和工程学领域（结构、环境工程学、制造）的3名学生组成，不受专业限制，可在广阔的范围内寻找主题。本期恰逢实施共同设计的第1年，卷首处用1张卡片将全部作品都列在其中。
·登载的优秀作品（2005年度）：
硕士设计　成绩前5名者
硕士论文　各专业最优秀论文作者6名
本科生毕业设计　成绩位列前5名的小组（总计15人）
学部2、3年生优秀作品　各课题成绩名次靠前者若干名
·毕业设计的成绩判定：
先由各个小组做口头效果渲染，然后再经建筑学科全体教师合议，确定成绩并从中选出优秀作品。但由于教育制度的变更，毕业设计更加突出了本科及研究生6年一贯制教育的作用，没有特别进行表彰。取而代之的，是对学部毕业论文、硕士设计和硕士论文中的优秀作品的奖励。优秀作品在2月份的公开讲评会上发布。
·毕业设计作品数（2005年度）：66件（184人）
·毕业设计日程（2005年度）：
中间提交（2005年9、12月份）
最终提交（2006年2月上旬）
·毕业设计的限制（2005年度）：原则上为B2幅面24张以内。
·优秀作品公开讲评会（2005年度）：2月28日在早稻田大学大隈礼堂举行。一般情况下免费入场。
（早稻田大学理工学术院助手　永井拓生）

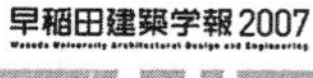